万家口子水电站
高碾压混凝土双曲拱坝
建设关键技术

李志农　高宇　李通盛　洪佳礼　著

中国水利水电出版社
www.waterpub.com.cn
·北京·

内 容 提 要

本书为万家口子高碾压混凝土拱坝关键技术方面的科研专著，主要内容包括：碾压混凝土材料性能优化及设计、超高碾压混凝土拱坝结构优化理论及温控防裂技术、超高混凝土拱坝坝体-坝肩系统整体安全理论及评价。

本书可供从事水利工程设计、施工、管理和科研人员参考使用。

图书在版编目（CIP）数据

万家口子水电站高碾压混凝土双曲拱坝建设关键技术/
李志农等著. -- 北京：中国水利水电出版社，2020.6
ISBN 978-7-5170-8810-3

Ⅰ．①万… Ⅱ．①李… Ⅲ．①碾压土坝－混凝土坝－
双曲拱坝－筑坝－研究－西南地区 Ⅳ．①TV642.2

中国版本图书馆CIP数据核字（2020）第160804号

书　　名	万家口子水电站高碾压混凝土双曲拱坝建设关键技术 WANJIAKOUZI SHUIDIANZHAN GAONIANYA HUNNINGTU SHUANGQU GONGBA JIANSHE GUANJIAN JISHU
作　　者	李志农　高宇　李通盛　洪佳礼　著
出版发行	中国水利水电出版社 （北京市海淀区玉渊潭南路1号D座　100038） 网址：www.waterpub.com.cn E-mail：sales@waterpub.com.cn 电话：（010）68367658（营销中心）
经　　售	北京科水图书销售中心（零售） 电话：（010）88383994、63202643、68545874 全国各地新华书店和相关出版物销售网点
排　　版	中国水利水电出版社微机排版中心
印　　刷	清淞永业（天津）印刷有限公司
规　　格	184mm×260mm　16开本　19印张　503千字
版　　次	2020年6月第1版　2020年6月第1次印刷
定　　价	**89.00元**

前言

万家口子水电站位于北盘江支流革香河上，坝址距宣威市约 70km，是北盘江干流的第四个梯级电站。工程以发电为主，电站装机容量为 180MW（2×90MW）。坝址以上控制流域面积为 4685km²，多年平均年径流量为 23.27 亿 m³，多年平均流量为 73.8m³/s。水库总库容为 2.793 亿 m³，为不完全年调节水库，其中调节库容为 1.698 亿 m³，正常蓄水位为 1450.00m，设计洪水位为 1450.72m，校核洪水位为 1451.95m，发电死水位为 1415.00m。工程规模为二等大（2）型，主要建筑物级别大坝为 1 级，引水发电系统为 3 级。挡水建筑物设计洪水重现期为 1000 年，校核洪水重现期为 5000 年；消能防冲建筑物设计洪水重现期为 100 年。地震基本烈度为Ⅵ度，按 7 级地震设防。

万家口子大坝是世界上最高的碾压混凝土双曲拱坝，水头高，受力大，工程复杂性相对其他工程急剧增加，因此对应力变形控制和渗流控制要求更加严格，为保证坝体长期安全运行，在大坝施工过程中，混凝土材料性能、温控措施、坝体坝肩稳定等方面均面临巨大挑战，很多以往类似工程施工经验已不能满足万家口子水电站安全保证需求；另外，在科学技术迅速发展的情况下，作为有代表性的典型工程，万家口子水电站对于新技术的创新及应用也是水利行业急切需要的突破口，推动了日后水利工程建设的发展。

在创新方面，万家口子水电站掺新型聚羧酸系减水剂高性能碾压混凝土技术、超 100m 高差满管输送碾压混凝土技术、双向曲率可调连续上升全悬臂模板技术、石灰岩人工砂制粉掺粉技术等获得了良好的技术经济效益和社会效益，碾压混凝土施工技术达到国内先进水平，为今后类似的项目提供了经验。通过改向贵州省送电，上网电价大幅提高，每年增加效益 5500 万元。万家口子水电站工程项目研究成果共发表论文 30 余篇；共申报专利 17 项，其中获得授权实用新型 6 项，受理发明专利 11 项。

万家口子水电站工程的预可行性研究设计工作于 2004 年 4 月由云南省宣威市万家电力开发有限公司委托吉林省水利水电勘测设计研究院和广西电力工业勘察设计研究院联合进行。2008 年 4 月，吉林省水利水电勘测设计研究院和广西电力工业勘察设计研究院完成了《云南省万家口子水电站工程补充可行性研究报告》，同年6月，云南省发展和改革委员会主持召开了"云南省万家口子水电站工程补充可行性研究"报告审查会。2009年3月，工程项目获得云南、贵州两省发展和改革委员会联合核准，同年7月，万家口子水电站的建设拉开帷幕。

项目建设以来，宣威水电公司采取精研政策、多方协调，创新思维、化繁为简、效益导向、严控投资的方式，一方面争取到地方政府基础设施配套费、搬迁费、搬迁奖励等各类政府资金共计1000余万元用于项目移民安置；另一方面，在水库移民"同库同策"的大原则下，创新地在贵州部分采用长期补偿方案，大幅度降低了移民投资。通过与地方政府共同努力，分别在云南、贵州两省建设移民集中安置点，新建安置房211套，安置远迁移民697人，采用后靠安置、土地开发等方式妥善安置受水库淹没影响的3384人，并为当地百姓建设大、中型桥梁4座，惠及两省2个市10余个乡镇。目前，库周交通通畅、社会稳定，移民安置区更是呈现出一幅安居乐业、其乐融融的幸福美好景象。

万家口子大坝的成功实践，标志着超高碾压混凝土双曲拱坝建设的新跨越，极大地推动了高碾压混凝土双曲拱坝筑坝技术的发展，促进了行业技术进步。作为推动碾压混凝土筑坝技术在拱坝中应用的代表性工程，万家口子大坝对于新技术的创新及应用也是水利水电行业急切需要的突破口，对推动我国碾压混凝土拱坝建设技术进步有里程碑意义。

本书引用了大量的设计科研成果和文献资料，并得到了多家单位和多位专家的大力支持，在此向他们表示衷心的感谢！谨以此书献给所有参与和关心万家口子大坝研究、论证和建设的单位、专家、学者，并向他们表示崇高的敬意与衷心的感谢！

由于本书涉及专业众多，囿于作者水平有限，错误和不当之处难免，敬请同行专家和广大读者赐教指正。

作者

2020年1月

目录

第 1 部分

碾压混凝土材料性能优化及设计

万家口子水电站水库大坝设计为碾压混凝土双曲拱坝，坝高 167.5m，坝体碾压混凝土约 90 万 m³。大坝主体碾压混凝土于 2011 年 3 月 22 日开始施工，由于防洪度汛于当年 6 月 2 日停止施工，在这一阶段里共浇筑碾压混凝土约 7 万 m³。

在混凝土施工过程中，钻取的混凝土芯样外部表观暴露出混凝土某些性能存在不足，在一定程度上影响了混凝土的质量。主要表现为：在高温（>30℃）天气条件下施工，混凝土的凝结时间未能满足施工覆盖所需要的凝结时间，钻取的混凝土芯样表面分布有较多较大的气孔及缝隙。经参建各方会议讨论分析，认为主要原因是混凝土施工掺用外加剂的性能和掺量使混凝土的凝结时间不足，气泡较大，造成混凝土内部和表面气孔较多、较大。

对在前一阶段混凝土施工中的试验检测结果进行了总结统计，抗压强度统计显示，设计龄期的平均抗压强度均超强一个等级以上，最小值也达到了 27.5MPa，强度保证率均大于设计要求。

汛期后对坝体混凝土进行了钻芯取样，芯样抗压强度试验结果表明，5 组芯样的平均抗压强度为 29.4MPa，最小值为 27.2MPa，坝体芯样抗压强度与现场施工取样的抗压强度基本一致。

现场施工显示，混凝土拌和物含浆量较富裕，在抗分离、保塑、保水性、泛浆效果等方面性能比较突出。施工碾压泛浆效果表明，无振碾压来回 1 遍后开始少量泛浆，当有振碾压 2～3 遍后泛浆已丰满，浆体黏稠、光亮、无泌水。碾压混凝土泛浆过早、浆体黏稠、光亮并非是绝对优点。相反，过早的泛浆及黏稠，在碾压层面形成一层板结黏稠的浆体，过早封堵了排气通道，空气滞留在拌和物内部，硬化后形成气孔。因此，混凝土的这些性能各有利弊。

针对混凝土存在的这些不足，各方会议研究决定，有必要对原碾压混凝土材料性能进行优化试验，进一步提高混凝土施工质量。为此，2011 年 8 月研究提交了《万家口子水电站工程碾压混凝土施工配合比优化试验计划》。在获得参建各方的认可后开展碾压混凝土配合比优化试验工作。优化试验以改良、调整聚羧酸系减水剂组分性能为重点，通过与厂商的研发人员合作，对减水剂的组分性能进行多个样品多次反复的研究和调整试验，根据性能试验结果和比较分析，确定适应于理想碾压混凝土施工要求的剂型。在确定剂型后，对配合比的各项参数及性能进行系统的优化试验。

第1章

超高性能聚羧酸系减水剂的研制及应用

　　根据设计要求，拱坝采用薄层通仓碾压施工。每层层面约 $3500\sim4000m^2$。万家口子水电站大坝是目前世界上最高的碾压混凝土双曲拱坝，因此，对施工技术要求很高，对碾压混凝土拌和物的性能也自然要求很高。在主体工程施工前，是掺用萘系减水剂进行碾压混凝土施工配合比试验。由于工程确定使用的"华新"中热水泥的调凝材料及其他成分发生了改变，因此与萘系减水剂产生了不相融的反应。为此，经研究决定，拱坝碾压混凝土施工掺用普遍适应各种水泥的新型聚羧酸高性能减水剂。聚羧酸高性能减水剂这几年在其他行业已经有比较成熟的使用经验，但用于大坝碾压混凝土施工，目前在国内还没有先例。因此国内外加剂厂家及施工单位没有任何聚羧酸经验可以借鉴。在前期试验过程中发现，现有的聚羧酸系减水剂应用于大坝碾压混凝土的配制和施工，存在减水率不高、施工性能的保持性不佳，聚羧酸系减水剂与工程原材料适应性不理想等问题。为此，决定开展绿色高性能大坝碾压混凝土应用关键技术及工程示范工作，从满足大坝碾压混凝土实际技术要求出发，开发减水率更高（＞30％）、流动性（3h 保持率）保持更好（＞80％）、收缩率比更低（＜95％）的新型超支化聚羧酸系高性能减水剂，并应用于云南万家口子水电站双曲碾压混凝土薄拱坝施工中。2014 年 8 月，广西水电工程局项目组成功研制出新型超支化聚羧酸系高性能减水剂，并委托武汉大学进行"新型聚羧酸系减水剂对碾压混凝土性能影响的机理研究"。2015 年 2 月试验材料运抵武汉大学。武汉大学项目组随即开始了试验。

1.1　减水剂

1.1.1　减水剂的分类

　　减水剂是一种能维持混凝土拌和物坍落度不变的情况下，减少拌和水用量的混凝土外加剂。减水剂按其减水效率的大小可分为普通减水剂和高效减水剂。其中普通减水剂减水率不小于 8％，高效减水剂减水率不小于 14％。使用减水剂能够改变混凝土浆体的流变性能，改变混凝土的孔结构，起到改善混凝土性能的作用。

　　近代混凝土外加剂发展约有 70 多年的历史。其中以研制出萘磺酸盐为主要成分的分散剂为标志，各种外加剂开始迅速发展。20 世纪 60 年代出现的以萘磺酸盐甲醛缩合物和磺化三聚氰胺甲醛树脂为主要成分的高效减水剂奠定了混凝土材料现代施工方法的基础。减水剂的发明被公认为世界混凝土技术发展的一次突破。混凝土掺入减水剂后可以产生以下 3 种效果：

（1）在不改变配合比的情况下，能够显著增大混凝土拌和物的流动性，便于施工或实现泵送，基本不降低混凝土的强度。

（2）在不改变混凝土水灰比及流动性的情况下，能够减少用水量和水泥用量，达到节约水泥的目的。

（3）在保持流动性和水泥用量不变的情况下，能够减少用水量，降低水灰比，从而达到提高混凝土的强度和耐久性的目的。

目前常用的减水剂按化学成分组成通常分为：木质素磺酸盐类减水剂、萘系高效减水剂、三聚氰胺系高效减水剂、氨基磺酸盐系高效减水剂、脂肪酸系高效减水剂、聚羧酸盐系高效减水剂等种类。同时通过改变减水剂分子结构或与其他外加剂复合使用，达到引气、早强、缓凝等其他效果。目前在混凝土中应用较多的为萘系减水剂以及聚羧酸系减水剂，其中萘系减水剂的特点是减水率高、不引气、水泥适应性较好、价格相对较便宜、与各种外加剂复合性能好，缺点是坍落度损失较大；聚羧酸系减水剂的特点则是减水效率高、坍落度损失小、对混凝土后期强度影响小。聚羧酸系减水剂性能优越，适用于高性能混凝土，也是混凝土减水剂的发展方向。

碾压混凝土的组成材料与普通混凝土相似，也是由水泥、掺合料、骨料、外加剂和水组成。但是其组成比例却与普通混凝土有较大的不同，此外，根据 DL/T 5112—2009《水工碾压混凝土施工规范》要求，碾压混凝土中应掺用与环境、施工条件、原材料相适应的缓凝剂和减水剂。

1.1.2 减水剂聚羧酸系减水剂的作用机理

聚羧酸系减水剂分子和一般减水剂分子一样，都是带有正负离子的亲水基团和憎水基团组成。其中，憎水基团吸附在水泥颗粒表面，亲水基团则与水接触。聚羧酸系减水剂分子中带负电的亲水基团（如羧基、磺酸基团）在水泥分散体系中的水泥颗粒表面形成电荷层，包裹在水泥颗粒表面，使水泥颗粒表面产生相同电荷，相互排斥。而憎水基团则吸附在水泥颗粒上，产生空间位阻作用。因此，当聚羧酸系减水剂分子加入水泥浆体中后，并没有与水泥颗粒产生化学反应，而是通过改变水泥颗粒的表面吸附状况，从而起到分散作用。聚羧酸系减水剂的减水机理主要有两种：

（1）DLVO 理论。DLVO 理论又称静电斥力理论，是一种关于胶体稳定性的理论，是带电胶体溶液理论的经典描述分析。DLVO 理论认为，溶胶在一定条件下能否稳定存在，取决于胶粒之间的相互作用位能。水泥在与水接触之后，C_3A（$3CaO \cdot Al_2O_3$）首先开始水化，形成水化铝酸钙并带有正电荷，随后 C_3S 水化生成的水化硅酸钙带有负电荷。正负电荷相互中和，使得水化产物所带电荷逐渐减少。水化初期，减水剂分子的阴离子与水泥颗粒的正电荷相互吸引，并吸附在水泥颗粒表面，形成吸附双电层。吸附了减水剂的水泥颗粒，由于带上同种电荷而相互排斥，得以分散。整个体系的稳定主要取决于范德华力。

（2）空间位阻理论。当聚羧酸系减水剂分子与水泥颗粒接触时，由于水泥颗粒表面的静电吸引，大量聚羧酸系减水剂分子吸附在水泥颗粒表面，随着吸附的聚羧酸系减水剂分子越来越多，分子层越来越厚，这些分子就将水泥颗粒分离成一个一个的单体，在水泥颗粒之间形成隔离层，阻止了水泥颗粒的相互接触，正是由于聚羧酸分子的存在，使水泥颗粒之间存在很大的排斥力，这种排斥力就称为空间位阻排斥力。离子聚合物大多存在着一定的空间位阻，这种位阻通的大小常取决于分子结构和分子量的大小。由于空间位阻对于水泥品种不敏感，聚羧酸系减水剂表现出良好的水泥适应性。

1.1.3 聚羧酸系减水剂的研究现状及存在的问题

1982 年 7 月 22 日，日本公开了第一个关于新型聚羧酸系减水剂的专利（JP57118058）。日本触媒公司的椿本恒雄等人发明了一种梳状分子结构的聚羧酸类减水剂，其性能明显优于萘系减水剂，椿本恒雄等人认为这种新型减水剂对水泥粒子的分散作用主要是靠羧酸基团在水泥颗粒上的吸附和侧链的空间位阻作用，是一种新型的减水剂发展方向。随后，椿本恒雄申请了一系列专利，自此开创了聚羧酸系减水剂研究应用的新局面。

由于混凝土使用量的不断增大，环境资源问题也越来越突出。20 世纪 90 年代提出的高性能混凝土（HPC）要求混凝土不仅要有优异的力学性能，也需要有良好的耐久性、工作性、体积稳定性和经济性能。高性能混凝土需要使用高效的减水剂，聚羧酸系减水剂由于具有优异的减水性能和环境友好性能，从众多混凝土减水剂中脱颖而出。其优点主要有：掺量低却有很好的减水效果（减水效率可达 30%～40%）；流动性能保持较好；对于水泥的适应性较好；对环境无污染；由于高分子材料多支链的特点，具有良好的可设计性。因此，聚羧酸高效减水剂迅速在世界范围内推广开来。

高效减水剂的开发和应用，是混凝土技术发展历程中的一个重要的里程碑。聚羧酸系减水剂也是在这个背景上发展起来的。它与萘系减水剂不同，可根据实际需要生产出不同的产品，产品性能稳定。与其他减水剂产品不同，聚羧酸系减水剂可以往主链上添加不同的基团，除使其具有减水功能以外，还可以具有引气、调节凝结时间的功能。

近年来，国内外对聚羧酸系减水剂的合成技术进行了大量的研究，但还有很多方面需要完善。大部分企业生产聚羧酸系减水剂没有一个统一的生产标准，不同企业生产的减水剂工艺性能千差万别，质量的稳定性难以保证。生产过程中质检手段也不完善，难以生产出放心的产品。对比国外的大规模化生产的产品，我国还有很长的路要走。

对于聚羧酸系减水剂的研究，目前主要集中在以下方面：

（1）聚羧酸系减水剂分子结构与性能之间的联系。主要体现在合成过程的检测分析与过程控制、聚合物结构的表征、结构性能的关系等基础问题。

（2）聚羧酸系减水剂分子结构设计与产品系列化。通过设计一些不同的分子结构的聚合物，获得具有不同性能特点的聚羧酸系减水剂母液。

（3）合成工艺的标准化以及生产设备的专业化。

（4）聚羧酸系减水剂应用技术。主要包括与传统减水剂的协同使用，混凝土原材料对于聚羧酸系减水剂的影响的研究等。

（5）聚羧酸系减水剂经济性。

1.1.4 聚羧酸系减水剂在碾压混凝土中的应用

目前，人们对聚羧酸系减水剂在一般混凝土中的应用及其对混凝土性能影响的研究比较多，但在碾压混凝土中，对于聚羧酸系减水剂使用的研究还比较少。与一般混凝土相比，碾压混凝土中常常掺入大量的粉煤灰，对水化热要求比较严格，施工方式也与一般混凝土不同。因此，需要专门研究聚羧酸系减水剂对碾压混凝土性能的影响。

本书着重研究广西水电工程局自主研发的聚羧酸系减水剂（GXPC）对碾压混凝土性能影响的机理，以在机理上诠释 GXPC 在碾压混凝土中应用的可行性。

1.2 研究内容及技术路线

"绿色高性能大坝碾压混凝土应用关键技术及工程示范"研究项目的主要内容及技术路线如图 1.2-1 所示。"聚羧酸系减水剂对碾压混凝土性能影响机理研究"为其中的部分

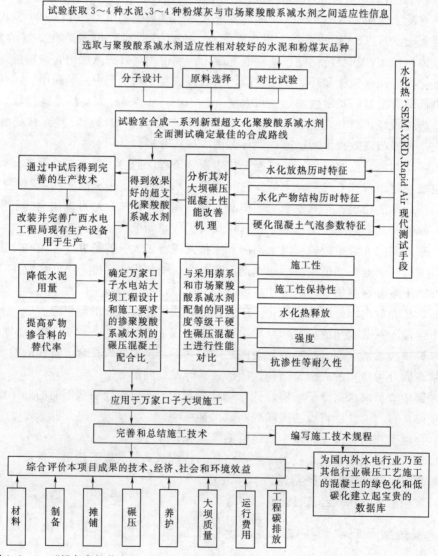

图 1.2-1 "绿色高性能大坝碾压混凝土应用关键技术及工程示范"研究内容及技术路线

研究内容，主要围绕广西水电工程局自主研发的聚羧酸系减水剂对碾压混凝土作用的机理而进行，试图从聚羧酸对碾压混凝土孔隙特征的影响、对水化产物及水化进程的影响、对水化放热过程的影响及对流变特征的影响等，找出宏观现象背后的微观本质，研究内容及技术路线如图 1.2-2 所示。

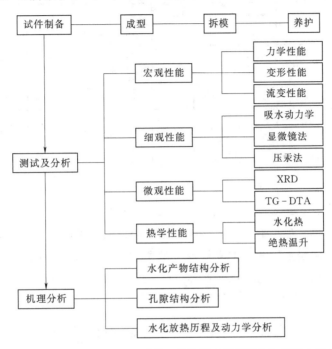

图 1.2-2 "聚羧酸系减水剂对碾压混凝土性能影响机理研究"项目内容及技术路线

1.3 高程 1370m 以下碾压混凝土超高性能缓凝减水剂检验及性能试验

在 2011 年 2—5 月施工期间，碾压混凝土施工掺用的缓凝减水剂是由江苏博特公司生产的 PCA 缓凝型高效减水剂，胶凝材料为"华新堡垒"牌中热 P·MH42.5 水泥和黔桂发电有限责任公司生产的 II 级粉煤灰。在施工过程中，检验发现 PCA 减水剂在减水率、缓凝时间、保塑性能等方面虽满足施工规范的要求，但达不到理想的碾压混凝土施工要求，还有较大的优化空间。为了使减水剂更适用于碾压混凝土的施工，提高和保证混凝土质量，配合比的优化试验首先对各组分的减水剂性能、掺量进行调整试验，这项试验也是本次优化试验的主要内容之一。通过与厂家研发人员的合作研究和现场试验，在工地试验室对减水剂的组分进行多个样品多次反复的研究和调整，并进行比较试验检测，根据性能试验结果和比较分析择优选定 2~3 个剂样，再对碾压混凝土进行性能效果试验。

1.3.1 PCA 不同剂型检验及结果分析

PCA 减水剂常规检验结果详见表 1.3-1。

表 1.3 - 1   **PCA 减水剂常规检验结果**

样品编号	PCA掺量/%	用水量/(kg/m³)	减水率/%	坍落度/mm	含气量/%	泌水量比/%	凝结时间差/h：min 初凝	凝结时间差/h：min 终凝	抗压强度比/% 3d	抗压强度比/% 7d	抗压强度比/% 28d
1 号样	0.8	133	23.6	87	1.4	38	5：35	7：16	141	142	139
2 号样	0.8	124	28.7	88	1.5	40	6：15	8：35	152	145	145
3 号样	0.8	117	32.8	79	1.3	35	9：50	11：30	162	159	154
4 号样	0.8	122	29.9	86	1.3	48	6：40	8：15	163	161	156
5 号样	0.8	119	31.6	82	1.5	31	8：26	10：45	138	129	128
基准混凝土试验结果	—	174	—	84	1.2	100	3：29	4：41	27.6	32.6	36.3
DL/T 5100—1999（缓凝高效减水剂）标准	—	—	≥15	—	≤3.0	≤100	+120～+240	+120～+240	≥125	≥125	≥120

表 1.3 - 1 检测结果表明，当掺量为 0.8% 时，5 个样品的技术指标均满足 DL/T 5100—1999《水工混凝土外加剂技术规程》的要求。其中 3 号样品在减水率、凝结时间差、抗压强度比、混凝土保塑性及外观等各项性能最优，5 号样次之，确定采用 3 号、5 号样品对碾压混凝土进行进一步的性能效果试验。

1.3.2 PCA 不同掺量碾压混凝土参数与性能试验及结果分析

根据 PCA 缓凝减水剂试验选择的结果，综合考虑前期碾压混凝土的施工状况，确定在原施工配合比的基础上进行 PCA 不同掺量碾压混凝土参数与性能试验及结果分析。每个样品优选采用 3 个不同掺剂量，对碾压混凝土的参数关系、性能等进行试验及外观评估，然后根据评估情况确定外加剂剂型，再对碾压混凝土施工配合比进行下一步的试验。碾压混凝土性能试验结果见表 1.3 - 2，V_c 值经时损失率试验结果见表 1.3 - 3。

表 1.3 - 2   **碾压混凝土参数与性能试验结果**

骨料级配	样品编号	外加剂 PCA掺量/%	外加剂 GYQ掺量/‰	水胶比	用水量/(kg/m³)	V_c值/s	含气量/%	凝结时间/(h：min) 初凝	凝结时间/(h：min) 终凝	抗压强度/MPa 7d	抗压强度/MPa 28d	抗压强度/MPa 90d	抗压强度/MPa 180d
二	3 号剂	0.7	2.0	0.45	87	6.9	3.3	11：35	14：16	12.7	18.1	24.4	31.5
		0.8	2.0	0.45	87	4.9	3.1	13：15	17：22	13.2	19.9	23.9	33.2
		0.9	2.0	0.45	87	5.1	3.0	14：50	18：30	13.0	17.4	25.1	32.8
	5 号剂	0.7	2.0	0.45	87	7.3	3.0	9：43	13：15	11.7	18.6	26.8	31.4
		0.8	2.0	0.45	87	5.8	3.7	11：26	14：45	12.4	18.2	23.6	30.6
		0.9	2.0	0.45	87	5.8	2.9	12：35	16：16	10.9	17.7	24.3	34.9

骨料级配	样品编号	外加剂		水胶比	用水量/(kg/m³)	V_c值/s	含气量/%	凝结时间/(h:min)		抗压强度/MPa			
		PCA掺量/%	GYQ掺量/‰					初凝	终凝	7d	28d	90d	180d
三	3号剂	0.7	2.0	0.47	81	6.2	3.4	11:15	14:55	12.5	17.9	22.9	35.0
		0.8	2.0	0.47	81	4.4	3.4	12:52	16:10	13.6	19.4	25.5	34.2
		0.9	2.0	0.47	81	4.6	2.8	14:20	18:05	10.9	16.5	22.4	33.6
	5号剂	0.7	2.0	0.47	81	6.5	3.9	10:26	13:45	13.4	18.8	24.7	36.4
		0.8	2.0	0.47	81	4.9	3.5	11:38	15:16	11.5	17.0	23.3	31.5
		0.9	2.0	0.47	81	5.3	3.3	13:19	16:55	12.9	18.3	24.2	32.1
备注		凝结时间试验室温控制在25~28℃之间											

表 1.3-3　　V_c 值经时损失率试验结果

骨料级配	样品编号	外加剂		水胶比	用水量/(kg/m³)	初始V_c值/s	1h		2h	
		PCA掺量/%	GYQ掺量/‰				实测值/s	损失率/%	实测值/s	损失率/%
二	3号剂	0.7	2.0	0.46	89	4.9	6.5	32.7	7.0	42.9
		0.8	2.0	0.46	89	3.9	5.4	38.5	5.8	48.7
		0.9	2.0	0.46	89	4.2	5.8	38.1	6.2	47.6
	5号剂	0.7	2.0	0.46	89	5.9	7.6	28.8	8.0	35.6
		0.8	2.0	0.46	89	4.5	5.9	31.1	6.5	44.4
		0.9	2.0	0.46	89	4.4	6.0	36.4	6.4	45.5
三	3号剂	0.7	2.0	0.47	81	6.0	7.3	21.7	7.5	25.0
		0.8	2.0	0.47	81	4.8	6.3	31.2	7.0	45.8
		0.9	2.0	0.47	81	4.6	6.2	34.8	7.0	52.2
	5号剂	0.7	2.0	0.47	81	6.8	8.3	22.1	8.5	25.0
		0.8	2.0	0.47	81	5.4	7.1	31.5	7.5	38.9
		0.9	2.0	0.47	81	5.5	7.1	29.1	7.7	40.0

　　表1.3-2试验结果显示，用于试验的两个剂样当PCA掺量为0.8%时，二、三级配碾压混凝土的V_c值最小，凝结时间最长，其中3号剂样在抗压强度、凝结时间性能方面较优。两个样品的混凝土拌和物外观亮泽、保塑性好、泛浆丰满，外观没有明显差别。

　　表1.3-3试验结果表明，PCA不同掺量均对碾压混凝土有很好的保塑效果，随着掺量的增加，V_c值经时损失率呈上升的趋势。

1.4 高程 1370m 以上碾压混凝土超高性能缓凝减水剂检验

采用江苏博特新材料有限公司生产的 PCA 高效缓凝减水剂,其检验结果见表 1.4-1。

表 1.4-1　　　　　　　　　混凝土外加剂性能检验结果表

检 测 项 目		检测结果	外加剂的性能要求 (GB 8076—2008《混凝土外加剂》)
		PCA 聚羧酸高效能减水剂 (缓凝型)	缓凝高效能减水剂
减水率/%		22.6	≥14.0
含气量/%		2.3	≤4.5
泌水率比/%		37.0	≤100
凝结时间差/min	初凝	+513	>+360
	终凝	+685	>+120
抗压强度比/%	3d	135	≥125
	7d	157	≥125
	28d	152	≥120

1.5 聚羧酸系减水剂对力学性能的影响

1.5.1 聚羧酸系减水剂对净浆强度的影响

为分析聚羧酸系减水剂(GXPC)对强度的影响,实验以净浆和混凝土为对象,设计了相同水灰比条件下,不同减水剂掺量的净浆和混凝土配合比,并以掺萘系减水剂(FDN)作为对照组。

1.5.2 聚羧酸系减水剂对碾压混凝土强度的影响

为分析 GXPC 减水剂对碾压混凝土强度的影响,在其他材料用量不变的条件下,采用不同掺量的 GXPC 减水剂,对照组采用 FDN 减水剂进行试验工作。

1.5.3 本节小结

本节主要采用强度试验的方法,分析不同 GXPC 掺量对水泥净浆以及碾压混凝土强度的影响,同时还对比了 GXPC 减水剂和 FDN 减水剂对净浆和碾压混凝土抗压强度的影响,由试验结果得出以下结论:

(1)掺入减水剂后,由于缓凝作用的影响,体系早龄期强度(7d)都出现不同程度的下降,而 GXPC 减水剂的缓凝效果优于萘系减水剂,其原因应与聚羧酸系减水剂的大分子结构以及在胶凝材料颗粒表面的多层吸附作用有关。

(2)GXPC 减水剂的掺量对于体系的抗压强度也有很明显的影响。随着 GXPC 掺量的增加，体系早龄期（7d）抗压强度变小。GXPC 对体系早期强度影响较大，但对中后期强度的影响并不大。

（3）在掺入 70％粉煤灰的条件下，GXPC 对于体系强度的影响延长到 28d 龄期，说明缓凝也推迟了粉煤灰的反应。90d 龄期以后则强度基本相当。

1.6 聚羧酸系减水剂对流变性能的影响

减水剂是一种表面活性剂，由亲水基团和憎水基团构成，亲水基团与水分子结合，而憎水基团会与浆体中颗粒表面结合在一起。未掺入减水剂时，颗粒由于相互间的作用易汇聚在一起，集成团，使浆体的流动性变差，导致浆体的表观黏度大。加入减水剂后，大量减水剂分子的憎水基团会和浆体中的颗粒结合，而亲水基团会和水分子结合，使颗粒表面形成一层水膜，减少了颗粒之间的摩擦力，也增加了颗粒积聚成团的难度，从而使浆体的流动性变好；同时，由于同种电荷的排斥作用增加了颗粒之间的距离，从而增加了流动度。

根据净浆流变特性测试结果可以得到如下结论：

（1）GXPC 减水剂和 FDN 减水剂都能够大幅减小体系的表观黏度、屈服应力、经时静切力。但 GXPC 作用效果更强。

（2）随着 GXPC 减水剂掺量的增加，体系的表观黏度、屈服应力、经时静切力也都呈下降的趋势，当掺量超过一定值后，随着掺量增加，降低的效率下降。

（3）掺粉煤灰会使体系的表观黏度、屈服应力、经时静切力增大，并随着掺量的增大而增大。GXPC 减水剂也能大幅度减小掺粉煤灰体系的表观黏度、屈服应力、经时静切力。

（4）不同的粉煤灰掺量对应不同的最佳 GXCP 掺量。

（5）对不同品种、不同细度的胶凝材料体系，存在不同的最佳 GXCP 掺量。

1.7 聚羧酸系减水剂对碾压混凝土变形性能的影响

碾压混凝土的变形是研究和分析抗裂性能的重要指标，包括非荷载作用下的变形和荷载作用下的变形。非荷载作用下的变形主要是干缩湿胀变形、自身体积变形及温度变形，荷载作用下的变形主要有抗压弹性模量、极限拉伸及徐变变形等。

混凝土的极限拉伸变形是指混凝土轴心拉伸时，断裂前的最大拉伸应变，用极限拉伸值表示，它是混凝土防裂的重要指标之一。碾压混凝土的极限拉伸变形受胶凝材料用量、掺合料类型与掺量、混凝土抗拉强度、混凝土弹性模量以及龄期等因素的影响。

混凝土的湿胀干缩是由于混凝土内水分变化而引起的，当混凝土长期在水中硬化时，会产生微小的膨胀；当混凝土在空气中硬化时，由于水分蒸发，水泥石凝胶体系逐渐干燥收缩，混凝土产生干缩。已干缩的混凝土再次吸水变湿时，原有的干缩变形大部分会消失，也有少部分是不消失的。通常湿胀对混凝土的性能影响不大。

混凝土在干燥过程中，首先发生气孔水和毛细孔水的蒸发。气孔水的蒸发并不引起混凝土的收缩。毛细孔水的蒸发使毛细孔中的负压逐渐增大产生收缩力，使混凝土收缩。当毛细孔中的水分蒸发完毕后，如果继续干燥，则凝胶体颗粒的吸附水也发生部分蒸发。失去水膜的凝胶体颗粒由于受分子引力的作用，粒子间距离变小而发生收缩。

引起碾压混凝土干缩的因素主要有混凝土配合比、水泥品种、掺合料等。若单位用水量大，胶凝材料用量多则干缩率大，骨料用量多则干缩率小。

本章由极限拉伸和湿胀干缩研究了 GXPC 对碾压混凝土变形性能的影响，对照组减水剂品种为 FDN，通过试验得到如下结论：

（1）GXPC 对碾压混凝土极限拉伸的影响与 FDN 相当。

（2）GXPC 对碾压混凝土干缩性能的影响优于 FDN，且在早期表现更突出，这有利于防止碾压混凝土早期开裂。

（3）试验中两种减水剂对湿胀的影响相当，且都较小，远小于干缩率。

1.8 聚羧酸系减水剂对孔结构的影响

硬化后的混凝土是一种多相共存的混合非均质体，其固相体系主要由水泥水化后的产物、未水化物质以及骨料等组成，还存在着空隙中的水、空气等，是一种由固、液、气三相组成的复杂体系。各种尺寸的微孔结构是混凝土的重要组成部分，这些孔隙对混凝土的各项宏观性质产生极大影响。例如，混凝土的抗压强度、抗离子侵蚀的能力，甚至隔热隔音性质都与其孔结构息息相关。

正是由于孔结构对混凝土的性质有着重要的影响，许多学者对于硬化后的混凝土的孔隙结构进行了研究，并且提出了很多研究方法。混凝土内部结构在尺度上可分为 3 个研究等级：微观、细观和宏观，其划分如图 1.8－1 所示。

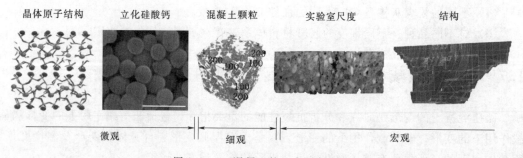

图 1.8－1　混凝土的 3 个研究尺度

其中微观尺度指的是微米（10^{-6} m）级尺度，该尺度能够反映水泥浆体原子结构，水化硅酸钙凝胶的基本特征。该尺度的研究方法主要有 X 射线衍射和扫描电子显微镜观测。可以观测得到水泥颗粒外观以及颗粒之间的孔隙分布。细观尺度大致为 $10^{-4} \sim 10^{-1}$ m，在该尺度下，主要可以观测到混凝土规律分布的较大孔隙结构，这些孔隙结构也是影响混凝土主要宏观性质的主要孔隙。混凝土的力学性能，抗冻、抗渗、抗侵蚀的性能取决于这些尺度的孔隙。宏观尺度是更大的尺度，在这个尺度下不能反映混凝土的内部结构，但是能够反应混凝土的宏观性能，这一尺度可以通过经验来获得混凝土的基本性能。

对于孔结构的分类，国内外很多专家学者对其进行了研究，并提出的不同的观点和划分方法。如吴中伟院士在 1973 年提出孔隙划分和孔隙率及其影响因素的概念，根据孔径的大小以及孔隙率对混凝土的影响，将孔分为无害孔、少害孔、有害孔和多害孔，其中无害孔是小于 200Å 的孔，少害孔为 200～1000Å 的孔，有害孔则是 1000～2000Å 的孔，多害孔则是大于 2000Å 的孔，并且指出要改善混凝土材料的性能就需要减少 1000Å 以上的有害孔或多害孔、增加 500Å 以下的少害孔或无害孔。

由碾压混凝土孔结构的分析数据，可得到以下结论：

（1）随着龄期的增长，无论是否掺减水剂，碾压混凝土的孔均匀性系数增大，平均孔径参数减小。即碾压混凝土的孔趋向于均匀，平均孔径逐步减小。

（2）GXPC 和 FDN 两种减水剂对平均孔径和孔均匀性等参数的影响：7d 龄期时 FDN 组优于 GXPC 组，但随着龄期的延长，差别逐渐减小；180d 龄期时除掺量 1.4% 稍偏小外，其他基本无差别。

（3）压汞实验显示，空白组、GXPC 组、FDN 组等，均随着龄期的延长，孔隙逐渐改善。无害孔和少害孔增多，多害孔减少。

（4）压汞法、吸水动力学法和显微镜法的试验结果都表明，在试验掺量范围内，GXPC 在早期会影响碾压混凝土强度，但后期，这种影响基本消失，这也与前述的试验结果相符。

（5）压汞法、吸水动力学法和显微镜法实验结果说明，长龄期看 GXPC 减水剂对由水泥和粉煤灰构成的胶凝材料体系及碾压混凝土的孔结构基本无影响。因此，就对孔隙的影响而言，它是适宜用于碾压混凝土中的。

1.9　GXPC 减水剂对硬化水泥浆体微观结构的影响

1.9.1　X 射线衍射分析

X 射线又称 X 光或伦琴射线（XRD），可根据所制备的样品对 X 射线衍射产生的图谱，分析样品的结构，进而探究样品的性能、属性。通常只要辨认出样品的粉末衍射图谱分别和哪些已知晶体的粉末衍射图相关，就可以判定该样品是由哪些晶体混合组成的。当一束单色 X 射线入射到晶体时，由不同原子散射的 X 射线相互干涉，在某些特殊方向上产生强 X 射线衍射，衍射线在空间分布的方位和强度，与晶体结构密切相关，有着一一对应的关系，且任何一种晶态物质都有自己的 X 射线衍射特征图谱，不会因为与其他物质混合在一起而发生变化。

1.9.2　热重-差热分析

（TG - DTA）热重-差热是指利用物质在热处理过程中物理性质（如质量、温度、尺寸等）随着温度变化而变化的性质来确定物相组成的一种方法，同时也可研究物质在温度变化时产生的性质。有很多物质在加热或者冷却的过程中都伴随着质量的变化，这种变化的大小及出现的温度与物质的化学组成以及结构有着密切联系。因此，借助加热或者冷却过程中物质质量变化的特点来区别和鉴定不同的物质，这种方法便是热重分析（TG）法。差热分析（DTA）则是在程序控制温度下，建立测量物质和参比物之间温度差的一种技术，其曲线就称为差热曲线。而 TG-DTA 就是同时对试样做热重分析和差热分析，于是可以在 DTA 曲线上同时记录物质质量的变化，利用这两种变化来判断发生变化时反应物质的种类和含量。

根据 TG-DTA 曲线特征还可以计算出体系内的水化产物的数量，由此可以间接反映出减水剂对于体系水化产物的影响。

依据 $Ca(OH)_2$ 的反应吸热峰发生的温度计算出体系内 $Ca(OH)_2$ 的含量。

$Ca(OH)_2$ 反应方程式为

$$Ca(OH)_2 \longrightarrow CaO + H_2O \tag{1.9-1}$$

$$\begin{array}{cc} 74 & 18 \\ W_{CH} & W_H \end{array}$$

可见，质量损失恰好对应 $Ca(OH)_2$ 失去水分子的质量，根据化学反应方程式计量关系可知：

$$\frac{74}{W_{CH}} = \frac{18}{W_H} \tag{1.9-2}$$

即 $W_{CH} = 4.111 W_H$。

除此之外，体系内的 $CaCO_3$ 也是由 $Ca(OH)_2$ 经过碳化得到的，所以，还应该加上此部分的 $Ca(OH)_2$。

700℃附近 $CaCO_3$ 发生分解反应的方程式为

$$CaCO_3 \longrightarrow Ca(OH)_2 + CO_2 \tag{1.9-3}$$

$$\begin{array}{cc} 100 & 44 \\ W_C & W_{CO_2} \end{array}$$

质量损失部分对应失去 CO_2 的质量，根据化学反应方程式计量关系可知：

$$\frac{100}{W_C} = \frac{44}{W_{CO_2}} \tag{1.9-4}$$

而 $Ca(OH)_2$ 发生碳化反应方程式为

$$Ca(OH)_2 + CO_2 \longrightarrow CaCO_3 + H_2O \tag{1.9-5}$$

$$\begin{array}{cc} 74 & 100 \\ W_{CH} & W_C \end{array}$$

根据化学反应方程式计量关系可知：

$$\frac{74}{W_{CH}} = \frac{100}{W_C} = \frac{44}{W_{CO_2}} \tag{1.9-6}$$

即 $W_{CH} = 1.682 W_{CO_2}$。

1.9.3 微观形貌结构分析

扫描电子显微镜简称扫描电镜（SEM），是继透射电镜之后发展起来的一种电镜，由电子光学系统（镜筒）、偏转系统、信号检测放大系统、图像显示和记录系统、电源系统和真空系统等部分组成。它主要用于测试观察混凝土的水化产物及孔隙等微观结构特征在硫酸盐长期侵蚀作用下发生的变化，为弄清混凝土微观结构与其抗环境水侵蚀能力的内在联系机制提供依据。

由电子枪发射出的电子束经过聚光镜系统和末级透镜的会聚作用形成一个直径很小的电子探针束（PROBE）投射到试样表面上，同时，镜筒内的偏转线圈使该电子束在试样表面作光栅式扫描。在此过程中，入射电子束在试样的每个作用点激发出各种信息，如二次电子、X 射线和背散射电子等，安装在试样附近的各类探测器分别把检测到的有关信号经过放大处理后输送至阴极管（CRT）的栅极调制其亮度，从而在与入射电子束同步扫描的 CRT 上显示出试样表面的图像。扫描电镜像的分辨率取决于：①入射电子束的直径与束流；②成像信号的信噪比；③入射电子束在试样中的扩散体积和被检测信号在试样中的逸出距离。

扫描电镜的工作原理示意如图 1.9-1 所示。

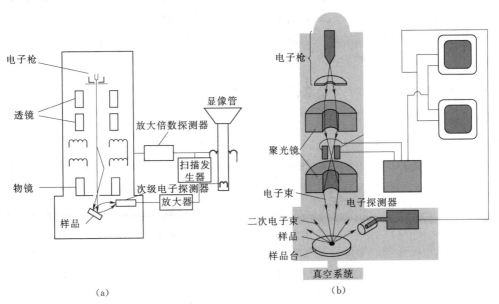

（a）　　　　　　　　　　（b）

图 1.9-1　扫描电镜（SEM）的工作原理图

针对设计的 16 种配合比混凝土，进行试验分别对其在标准养护及 90 次干湿循环两种机制条件下的试样采用扫描电镜（SEM）测试方法，观察各配比试样的微观形貌结构变化规律，从微观形貌结构分析硫酸盐的侵蚀特征，为混凝土抗硫酸盐侵蚀性能试验结果提供理论依据。

1.9.4　本节小结

（1）7d 龄期时，掺入 GXPC 减水剂组的 $Ca(OH)_2$ 含量＜FDN 减水剂组＜空白组，说明 GXPC 的缓凝作用比萘系减水剂强；28d 龄期后，GXPC 组、FDN 组以及空白组的 $Ca(OH)_2$ 含量相当，说明两种减水剂都有推迟了体系早期水化反应的作用，并不影响 28d 龄期时水化产物的生成。

（2）GXPC 对体系早期 Ca(OH)$_2$的产生有抑制作用，这种抑制作用随着 GXPC 掺量的增加而增加。28d 龄期后，Ca(OH)$_2$的含量逐渐增多，180d 时大致相当，说明 GXPC 对体系早期水化的抑制作用随掺量的增加而增大，但并不影响体系后期的水化。

（3）GXPC 对掺粉煤灰胶凝材料体系也有相似的影响，但随粉煤灰掺量增加，这种影响减小，主要原因是粉煤灰早期不易水化与 GXPC 缓凝作用的叠加造成的。后期 GXPC 同样不会影响粉煤灰胶凝材料体系的水化。

（4）SEM 微观形貌照片也表明，GXPC 仅对胶凝材料体系早期的水化有影响，对后期性能无不利影响。

1.10　GXPC 减水剂对水化放热及绝热温升的影响

硅酸盐水泥是多种熟料矿物的复合体系，各组分水化活性的差异使得整个体系水化过程与水化机理显得更加复杂。胶凝材料的水化机制直接影响体系的水化放热量，水化速率以及硬化后浆体的微观结构和成型混凝土的各项物理性能的发展，对于最终改善碾压混凝土的各项性能有着很重要的影响。

1.10.1　GXPC 减水剂对水泥基体系水化放热的影响

水泥基材料的水化过程一般可分为 5 个阶段，如图 1.10 - 1 所示，第一阶段为快速反应期，此阶段由于水泥刚遇水发生反应，因此反应速度非常迅速，体系此时放热剧烈，此时，对应着水泥放热曲线中的第一个峰值；第二阶段为诱导期（静止期），此时水化速度较慢，这是由于水泥颗粒表层水化后产生的一层水化产物膜覆盖在颗粒表面，阻止了水泥颗粒内部继续与水接触，从而使水化速率非常缓慢，诱导期结束表示水泥开始初凝；第三阶段为加速期，此时覆盖在水泥颗粒表面的水化物膜开始破裂，水化重新开始加速，进而出现第二个反应放热峰；第四阶段为减速期，随着水化产物的增多，水泥颗粒周边填充着水化产物，使水分子与水泥颗粒接触的面积变小，此时，水化反应速率逐渐减慢；第五阶

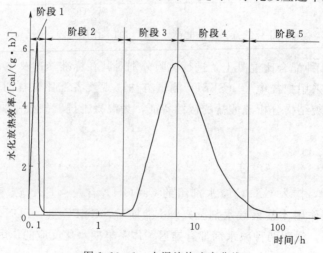

图 1.10 - 1　水泥放热速率曲线

段为衰退期，水化产物逐渐填充水泥颗粒外部，水化反应的阻力越来越大，反应进行得非常缓慢并逐渐趋向于 0。水泥种类、矿物掺合料、水泥细度、水灰比、温度、外加剂的种类对于水化速率都会有影响。

在实际工程中，混凝土拌和与浇筑之间的时间间隔往往在 0.5h 以上，其中的水泥基材料的水化已进入诱导期。第一放热峰的影响可隐含在混凝土初始浇筑温度之中，在研究中通常略过第一放热峰的影响，即从诱导期结束开始讨论。

1.10.2 绝热温升试验

混凝土的绝热温升是指混凝土在绝热条件下由混凝土中胶凝材料水化释放出的热量引起的温升值。由于混凝土的热传导性能较差，连续浇筑的大体积混凝土内部的温升接近混凝土的绝热温升。为考察广西水电工程局提供的碾压混凝土配合比绝热温升情况，了解 GXPC 对碾压混凝土水化放热的影响，分别掺 GXPC 和 FDN 进行了混凝土的绝热温升试验。

1.10.3 本节小结

（1）掺入 GXPC 能大大降低系统早期水化热，也会推迟第二放热峰的出现，缓凝效果明显，对大体积混凝土的早期温控极为有利。

（2）对比 FDN，掺 GXPC 减水剂早期缓凝使得混凝土早期绝热温升相应较低，对大体积混凝土的早期温控极为有利。

1.11　GXPC 使用中的注意事项

GXPC 减水剂减水率高、混凝土和易性好，使用以后对提高建筑物的质量和使用寿命、降低能耗、节约水泥以及减少环境污染等都能起到非常好的作用，适用于碾压混凝土中。但在使用过程中，也应适当注意，以获得良好的使用效果，注意事项如下：

（1）产品最终使用效果与项目施工所使用的原材料有直接关系。工程应用前，应进行相容性实验，以确定合适的水泥、掺合料、其他外加剂、拌和水及砂石骨料等。所用原材料（如水泥、砂、石、掺合料、外加剂）均应符合国家现行的有关标准的规定。试配掺 GXPC 的混凝土时，应采用工程使用的原材料，检测项目应根据设计及施工要求确定，检测条件与施工条件相当。当工程所用原材料或混凝土性能要求发生变化时，应再次进行试配试验。现场试验是保障使用效果的重要手段。

（2）使用中，要严格计算减水剂用量和拌和用水量。严格按照实验室确定的用水量，不能随意增加和减少，以免出现不良现象，影响碾压混凝土正常施工和浇筑质量。

（3）掺 GXPC 减水剂碾压混凝土拌和物 V_c 值对用水量的敏感性很高，因此，必须控制好砂、石骨料饱和面干状态，以保证适合施工的 V_c 值。

（4）与其他外加剂复配，须经过试验确认。不得未经试验确认在其中复配任何其他组分，特别是不能因疏忽将其他组分混入其中。

（5）GXPC 减水剂在使用的过程中，对凝土干缩性能影响比较小，但是这不表示掺加

GXPC 减水剂的混凝土可以不养护，应该加强前期的养护，防止出现开裂的现象。

（6）严格碾压振捣时间。碾压振捣时间过长，易造成混凝土含气量下降。

（7）计量设备应当清洗后使用；当共用搅拌设备、运输车辆和碾压设备时，必须彻底清洗这些设备。

（8）聚羧酸系减水剂产品呈现酸性，与铁质材料接触会发生反应，因此，在储藏过程中应避免聚羧酸系减水剂与铁质材料接触。

1.12 结论

本章从强度性能、流变性能、变形性能、孔结构、水化及水化产物、水化热及绝热温升等方面，对照萘系 FDN 减水剂，研究了 GXPC 减水剂对碾压混凝土性能的影响机理，通过试验研究分析，得出以下结论：

（1）GXPC 减水剂对流变性能的改善作用优于 FDN 减水剂。

（2）由于缓凝作用 GXPC 减水剂会降低早龄期（7d）净浆和碾压混凝土强度，但对长龄期（180d）无不利影响，同水灰比条件下，180d 强度不低于掺 FDN 试验组。

（3）GXPC 减水剂对碾压混凝土变形性能无不利影响，干缩性能优于 FDN 试验组。

（4）由于缓凝作用 GXPC 减水剂会影响 7d 龄期时的孔结构，但对长龄期基本无影响，因此 GXPC 减水剂不会影响到与孔隙结构相关的碾压混凝土性能。

（5）XRD、TG－DTA 和 SEM 测试证明：由于缓凝作用，GXPC 减水剂会影响胶凝材料体系早期的水化反应，但对后期的产物构成基本无影响。

（6）掺入 GXPC 能大大降低系统早期水化热，也会推迟第二放热峰的出现，达到缓凝效果，对大体积混凝土的温控极为有利。

（7）GXPC 减水剂能降低早龄期混凝土的绝热温升，有利于大体积混凝土的温控。

（8）以上试验研究分析证明，广西水电工程局聚羧酸系减水剂（GXPC）适用于碾压混凝土中，与 FDN 相比具有一定的优势。

参 考 文 献

［1］ 荣华，王畅. 基于微结构改造的水泥混凝土材料耐久性试验研究 ［J］. 水利水电技术，2019，50 (11)：155－159.

［2］ 王庆彦，王建林，马艺斌. 木质素磺酸钙减水剂对混凝土强度的影响 ［J］. 中国建材科技，2019，28 (5)：70－71.

［3］ 钟世云，李丹. 聚羧酸减水剂的物理结构对其分散性影响研究 ［J］. 新型建筑材料，2019，46 (10)：84－87.

［4］ 刘梦珠，卞立波，王琴，等. 碱激发矿渣/粉煤灰胶凝材料力学性能研究 ［J］. 粉煤灰综合利用，2019 (5)：49－54.

［5］ 王文平，苏亚林，李若兰. 功能型聚羧酸减水剂的制备与性能 ［J］. 弹性体，2019，29 (5)：21－25.

［6］ 赖华珍，邵幼哲，方云辉，等. 聚羧酸减水剂与水泥浆体流变参数的相关性分析 ［J］. 硅酸盐通报，2019，38 (10)：3260－3265.

［7］ 吕美忠. 聚羧酸减水剂在万家口子水电站碾压混凝土配合比设计中的应用及机理性能试验［J］. 广西水利水电，2019（4）：7-11，28.

［8］ 赵亚丽. 聚羧酸系高性能减水剂在桥梁工程混凝土中应用对比研究［J］. 粉煤灰综合利用，2019（4）：30-32，55.

［9］ 阮燕，方坤河，曾力，等. 高掺量粉煤灰碾压混凝土的孔结构研究［J］. 粉煤灰综合利用，2003（2）：23-26.

［10］ 曾力. 碾压混凝土孔隙结构与粉煤灰掺量的关系［J］. 人民长江，1994，25（9）：21-25，62.

［11］ 方坤河，曾力，吴定燕，等. 碾压混凝土抗裂性能的研究［J］. 水力发电，2004（4）：24-27.

［12］ 阮燕，方坤河，曾力，等. 高掺量粉煤灰碾压混凝土的孔结构研究［J］. 粉煤灰综合利用，2003（2）：23-26.

［13］ 曾力，方坤河，蔡海瑜. 过渡湾水电站混凝土配合比设计及性能试验［J］. 农田水利与小水电，1995（7）：35-40.

第 2 章

高性能碾压混凝土配合比设计研究

配合比设计是碾压混凝土筑坝施工最重要的环节。配合比设计应满足工程设计的各项指标及施工工艺要求。可以说，配合比的好坏从根本上决定了碾压混凝土的施工质量。好的碾压混凝土配合比具有好的抗分离能力和可碾性（可密实性）。本工程根据高程分两次进行了混凝土配合比试验。

2.1 高程 1370m 以下碾压混凝土配合比试验

2.1.1 试验遵循的规程及技术标准

（1）水泥。

GB 200—2003《中热硅酸盐水泥 低热硅酸盐水泥 低热矿渣硅酸盐水泥》。

GB/T 8074—2008《水泥比表面积测定方法（勃氏法）》。

GB/T 208—94《水泥密度测定方法》。

GB/T 1346—2001《水泥标准稠度用水量、凝结时间、安定性检验方法》。

GB/T 17671—1999《水泥胶砂强度检验方法（ISO 法）》。

（2）粉煤灰。

DL/T 5055—2007《水工混凝土掺用粉煤灰技术规范》。

（3）粗、细骨料。

DL/T 5151—2001《水工混凝土砂石骨料试验规程》。

DL/T 5112—2009《水工碾压混凝土施工规范》。

（4）外加剂。

DL/T 5100—1999《水工混凝土外加剂技术规程》。

GB 8076—2008《混凝土外加剂》。

（5）配合比设计。

DL/T 5330—2005《水工混凝土配合比设计规程》。

DL/T 5112—2009《水工碾压混凝土施工规范》。

（6）混凝土、砂浆性能试验。DL/T 5433—2009《水工碾压混凝土试验规程》。

（7）45087S-051-008U《云南万家口子水电站拱坝碾压混凝土施工技术要求》。

2.1.2 · 原材料的试验检验

1. 水泥

采用华新水泥（昭通）有限公司生产的"华新堡垒"牌中热 P·MH42.5 水泥，样品由厂家送样，所检水泥的各项物理性能指标符合 GB 200—2003《中热硅酸盐水泥　低热硅酸盐水泥　低热矿渣硅酸盐水泥》要求。其物理性能检验结果见表 2.1-1。

表 2.1-1　　　　　　　　　　　水泥物理性能检验结果

品种/技术指标	比表面积/(m²/kg)	密度/(g/cm³)	标准稠度用水量/%	安定性	凝结时间/min		抗折强度/MPa			抗压强度/MPa		
					初凝	终凝	3d	7d	28d	3d	7d	28d
"堡垒"牌 P·MH42.5	314	3.23	25.9	合格	142	223	4.2	5.3	7.9	20.1	28.4	49.3
GB 200—2003 标准	≥250	—	—	合格/不合格	≥60	≤720	≥3.0	≥4.5	≥6.5	≥12.0	≥22.0	≥42.5

2. 掺合料

采用黔桂发电有限责任公司生产的Ⅱ级粉煤灰，其品质达到 DL/T 5055—2007《水工混凝土掺用粉煤灰技术规范》品质指标规定的"Ⅱ级灰"技术要求。其物理性能检验结果见表 2.1-2。

表 2.1-2　　　　　　　　　　粉煤灰物理性能检验结果

品　种	密度/(g/cm³)	细度/%	烧失量/%	需水量比/%	含水量/%
黔桂Ⅱ级灰	2.33	14.4	5.7	101	0.3
DL/T 5055—2007 标准	—	≤25	≤8.0	≤105	≤1.0

3. 细骨料

采用万家口子水电站工程砂石系统生产的人工砂。在拌和楼抽取样品，所检项目指标均满足 DL/T 5122—2009《水工碾压混凝土施工规范》技术要求。其物理品质指标检验结果见表 2.1-3。

表 2.1-3　　　　　　　　　　人工砂物理品质检验结果

密度/(kg/m³)		堆积密度/(kg/m³)		空隙率/%		吸水率/%		泥块含量/%	含粉量/%	微粒含量(≤0.08)/%	细度模数
饱和	干料	松散	紧密	松散	紧密	饱和	干砂				
2650	2650	1590	1780	40	33	1.1	1.1	0	17.9	8.7	2.67

4. 粗骨料

采用云南万家口子水电站工程砂石系统生产的 5~20mm、20~40mm、40~80mm 碎石，检验结果表明粗骨料各项性能指标均符合 DL/T 5122—2009《水工碾压混凝土施工规范》技术要求。其物理品质检验结果见表 2.1-4。

表 2.1 - 4　　　　　　　　　　　　　　碎石物理品质检验结果

项目结果 粒径/mm	表观密度 /(kg/m³)		体积密度 /(kg/m³)		空隙率 /%		吸水率 /%		泥块 含量 /%	含泥量 /%	针片状 含量 /%	超径 /%	逊径 /%	中径筛 筛余量 /%	压碎 指标值 /%
	饱和	干料	松散	紧密	松散	紧密	饱和	干料							
5～20	2710	2730	1470	1680	46	38	0.7	0.7	0	0.5	1	0	8	43	11.3
20～40	2710	2730	1480	1650	45	39	0.7	0.7	0	0.5	3	2	5	51	—
40～80	2710	2730	1420	1590	48	41	0.7	0.7	0	0.4	0	1	7	47	—

5. 碎石级配组合比例试验

试验目的是通过试验综合权衡各种因素，力求既能达到最大密度和最小空隙率，又能满足施工条件的要求，为混凝土优化试配提供参数。碎石级配组合比例体积密度试验结果见表 2.1 - 5。

表 2.1 - 5　　　　　　　　　　　　碎石级配组合比例体积密度试验结果

级配	粒级组合比例/%			体积密度/(kg/m³)		空隙率/%		备注
	40～80	20～40	5～20	松散	紧密	松散	紧密	
二	—	60	40	1510	1730	44	36	试验时碎石处于自然风干状态
	—	57	43	1500	1730	45	36	
	—	55	45	1510	1680	44	38	
	—	65	35	1470	1660	46	39	
	—	62	38	1490	1750	45	35	
三	45	35	20	1540	1810	43	33	
	40	35	25	1520	1780	44	34	
	35	40	25	1580	1820	42	33	
	30	40	30	1550	1840	43	32	
	30	45	25	1590	1850	41	32	

6. 试验用水

试验用水使用万家口子水电站工程经过处理的生产用水。

2.1.3　缓凝减水剂检验及性能试验

见 1.3 节、1.4 节。

2.1.4　引气剂选型试验

1. 选型对比

为保证引气剂的选择质量，选择国内 3 个知名品牌的引气剂进行选型对比，在碾压混凝土中进行不同掺量的含气量试验，并通过试件的表面及劈开试件观察内外气孔遗留情况，根据引气效果、气孔大小择优确定品牌和掺量。引气剂选型对比试验结果见表 2.1 - 6。

表 2.1－6　　　　　　　　　　　　引气剂选型对比试验结果

骨料级配	引气剂		用水量 /%	V_C 值 /s	含气量 /%	抗压强度/MPa			
	品牌	掺量 /‰				7d	28d	90d	180d
二	南京博特 GYQ	1.0	87	5.8	2.3	12.5	19.1	24.3	32.8
	广西民瑞 LZ	1.0	87	5.5	2.5	13.3	19.8	25.6	35.1
	浙江龙游	10.0	87	5.6	2.6	13	17.5	23.8	33.7
二	南京博特 GYQ	2.0	87	5.9	3.3	12.1	18.4	24.1	32.6
	广西民瑞 LZ	2.0	87	5.0	3.1	12.7	20.1	27.6	35.7
	浙江龙游	15.0	87	5.5	3.5	11.9	16.7	25.7	32.3
二	南京博特 GYQ	3.0	87	5.2	4.1	10.8	18.1	24.9	30.4
	广西民瑞 LZ	3.0	87	5.0	4.2	11.4	17.5	23.3	33.7
	浙江龙游	20.0	87	5.8	4.4	10.6	18.1	25.7	34.9
三	南京博特 GYQ	1.0	81	5.1	2.6	13.7	20.7	28.3	35.2
	广西民瑞 LZ	1.0	81	4.7	2.4	12.2	19.2	26.8	37.7
	浙江龙游	10.0	81	4.8	2.6	14.9	20.8	25.5	33.5
三	南京博特 GYQ	2.0	81	4.6	3.3	13.4	17.5	23.6	33.3
	广西民瑞 LZ	2.0	81	5.3	3.4	11.2	18.3	24.2	34.0
	浙江龙游	15.0	81	5.4	3.5	12.6	19.1	25.1	32.8
三	南京博特 GYQ	3.0	81	5.2	3.7	13.1	18.2	25.0	32.1
	广西民瑞 LZ	3.0	81	5.3	3.7	12.6	16.6	24.3	32.6
	浙江龙游	20.0	81	4.5	4.2	11.7	17.1	25.4	31.4

2. 引气剂试验结果评述

引气剂选型试验采用 3 个品牌的样品，在碾压混凝土中进行不同掺量的引气效果试验及不同龄期的混凝土抗压强度试验。表 2.1－6 试验结果表明：博特 GYQ 和民瑞 LZ 引气效果明显，掺量在 2‰时混凝土含气量达到设计要求的含气量指标。龙游引气剂引气效果不明显，掺量增加至 15‰时，引气效果仍不明显。从试件表面及混凝土内部残留气孔观察比较，GYQ 残留的气孔较 LZ 和龙游的要多且孔径大。各龄期的混凝土抗压强度随着引气剂掺量的增加而降低，综合以上各项性能指标，LZ 性能较优。因此，优选南宁民瑞 LZ 型引气剂与 3 号样 PCA 剂样组合进行后继的试验项目。

2.1.5　碾压混凝土施工配合比参数及性能试验

1. 碾压混凝土设计技术指标

设计单位在《云南万家口子水电站拱坝碾压混凝土施工技术要求》（45087S－051－008U）、《碾压混凝土拱坝材料分区图》（45087S－0531－020）中对工程碾压混凝土的技术性能及施工控制参数作了规定。碾压混凝土施工配合比的试验以保证满足技术性能指标及施工性能为前提。高程 1370.00m 碾压混凝土技术性能及控制参数见表 2.1－7。

表 2.1－7 表 2.1－7　　　　高程 1370.00m 碾压混凝土技术性能、控制参数

序号	材料分区	级配	强度等级	抗冻等级	抗渗等级	最大水胶比	最大粉煤灰掺量/%	极限拉伸/10⁻⁴
1	坝体内部碾压混凝土	三	C18025	F50	W2	0.44	60	0.85
2	坝体上游面表层变态混凝土	二	C18025	F100	W8	0.44	40	0.85
3	坝体上游防渗层碾压混凝土	二	C18025	F100	W8	0.44	60	0.85
4	坝体下游面表层、左右岸坝基过渡层变态混凝土	三	C18025	F100	W6	0.44	40	0.85
5	坝体下游面表层变态混凝土	三	C18025	F100	W4	0.44	40	0.85
6	坝体帷幕灌浆及排水廊道周边变态混凝土	三	C18025	F50	W2	0.50	30	0.85

2. 不同粉煤灰掺量与碾压混凝土性能关系试验

设计单位在《云南万家口子水电站拱坝碾压混凝土施工技术要求》（45087S－051－008U）及《碾压混凝土拱坝材料分区图》（45087S－0531－020）中对拱坝各分区混凝土粉煤灰掺量作了规定。施工单位认为，各分区粉煤灰掺量不同将增加施工难度，不利于碾压混凝土的快速施工，也不利于大坝温控。经与设计代表人员沟通和咨询专家意见，认为各分区粉煤灰掺量不宜划分过细，在相关规程、规范允许范围内，粉煤灰掺量通过试验确定。碾压混凝土不同粉煤灰掺量试验结果见表 2.1－8。

表 2.1－8　　　碾压混凝土不同粉煤灰掺量与强度、性能关系试验结果

级配	外加剂		水胶比	用水量/(kg/m³)	砂率/%	煤灰掺量/%	胶材用量/(kg/m³)		Vc 值/s	抗压强度/MPa		
	PCA/%	LZ/‰					水泥	粉煤灰		7d	28d	90d
二	0.8	2.0	0.45	87	39.5	55	87.0	106.3	5.0	12.8	20.0	25.1
	0.8	2.0	0.45	87	39.0	60	77.3	116.0	5.8	11.1	18.6	25.3
	0.8	2.0	0.45	87	38.5	65	67.7	125.6	7.3	9.8	15.8	24.0
三	0.8	2.0	0.47	79	35.0	55	79.0	96.6	5.0	12.4	18.8	26.4
	0.8	2.0	0.47	79	34.5	60	70.2	105.4	6.1	11.1	16.6	24.7
	0.8	2.0	0.47	79	34.0	65	61.5	114.1	6.3	7.3	11.0	22.2

表 2.1－8 试验结果显示，在水胶比、胶凝材料总量相同条件下，随着粉煤灰掺量的增加，各级配碾压混凝土早期强度相应降低，后期强度发展速度较快。

3. 碾压混凝土不同水胶比与抗压强度、耐久性能关系试验

经过前述系列试验，根据最优选择结果，确定了外加剂的剂型和掺量、混凝土单位用水量和粉煤灰掺量，在这些参数的基础上，对水胶比与强度及耐久性进行下一步的试验。

水胶比是保证和提高混凝土耐久性的主要因素，因此设计对各分区碾压混凝土的水胶比作了比较严谨的规定，经与设计代表人员勾通及咨询专家意见，碾压混凝土水胶比的上限可控制在 0.48，但应通过试验确定。为此，经过总结前期的施工经验和分析，采用 3 个不同的水胶比分别为 0.48、0.46、0.44 进行试验，成型混凝土试件，对力学、耐久性指标进行试验。试验结果见表 2.1－9。

表 2.1-9　　　　碾压混凝土不同水胶比与抗压强度、耐久性能关系试验结果

级配	PCA掺量/%	水胶比	LZ引气剂/‰	用水量/(kg/m³)	砂率/%	煤灰掺量/%	胶材用量/(kg/m³)		含气量/%	V_C值/s	抗压强度/MPa			劈裂抗拉强度/MPa	抗渗等级	抗冻等级	弹性模量/MPa	极限拉伸值/10^{-6}
							水泥	粉煤灰			7d	28d	90d	90d	90d	90d	90d	90d
二	0.8	0.48	2.0	86	39.0	60	71.7	107.5	3.0	6.3	10.0	16.4	23.7	1.93	W6	F75	38800	73
二	0.8	0.46	2.0	88	39.0	60	76.5	114.8	3.2	5.7	10.6	17.9	25.3	1.90	W6	F75	42600	70
二	0.8	0.44	2.0	90	39.0	60	81.8	122.7	3.2	5.4	12.2	18.8	26.7	2.18	W8	F75	39400	75
三	0.8	0.48	2.0	78	34.5	60	65.0	97.5	3.3	5.5	10.8	16.2	22.1	1.91	W6	F75	41500	69
三	0.8	0.46	2.0	80	34.5	60	69.6	104.3	3.2	4.7	11.7	18.5	25.8	1.89	W8	F75	37900	78
三	0.8	0.44	2.0	82	34.5	60	74.5	111.8	3.4	4.5	12.8	19.3	27.4	2.34	W8	F75	44800	73

表 2.1-9 试验结果表明，在配合比其他参数不变的条件下，混凝土力学性能和耐久性指标随着水胶比的增加而降低，3 个不同水胶比的碾压混凝土力学及耐久性指标均满足施工规范及对碾压混凝土性能的要求。

4. 变态混凝土不同加浆量试验

《碾压混凝土拱坝材料分区图》(45087S-0531-020)，对各分区变态混凝土的粉煤灰掺量作出了规定，变态混凝土总胶凝材料在碾压混凝土总胶材的基础上对粉煤灰掺量比例进行调整，在碾压混凝土中加入不同比例的净浆，将材料投入搅拌机中搅拌 90s，以坍落度表示其和易性，对成型试件进行力学、耐久性能试验。变态混凝土不同加浆量试验结果见表 2.1-10。

表 2.1-10　　　　　　变态混凝土不同加浆量试验结果

级配	PCA掺量/%	水胶比	LZ引气剂/‰	用水量/(kg/m³)	砂率/%	煤灰掺量/%	胶材用量/(kg/m³)		加浆量/%	坍落度/mm	抗压强度/MPa			含气量/%
							水泥	粉煤灰			7d	28d	90d	
二	0.8	0.45	2.0	87	39.0	60	77.3	116.0	4	11	12.9	19.4	26.2	3.0
二	0.8	0.45	2.0	87	39.0	60	77.3	116.0	6	34	11.7	19.1	25.3	3.4
二	0.8	0.45	2.0	87	39.0	40	116.0	77.3	4	13	17.4	27.5	33.4	3.0
二	0.8	0.45	2.0	87	39.0	40	116.0	77.3	6	31	18.2	25.4	30.8	4.4
二	0.8	0.45	2.0	87	39.0	30	135.3	58.0	4	16	23.8	32.9	37.7	4.0
二	0.8	0.45	2.0	87	39.0	30	135.3	58.0	6	28	99	28.0	32.5	4.6
三	0.8	0.47	2.0	81	34.5	60	68.9	103.4	4	11	12.3	18.8	24.5	3.2
三	0.8	0.47	2.0	81	34.5	60	68.9	103.4	6	42	11.4	17.9	25.3	3.2
三	0.8	0.47	2.0	81	34.5	40	103.4	68.9	4	24	18.2	25.5	31.6	3.8
三	0.8	0.47	2.0	81	34.5	40	103.4	68.9	6	48	16.7	24.1	29.7	3.4
三	0.8	0.47	2.0	81	34.5	30	120.6	51.7	4	27	20.5	28.7	32.0	4.4
三	0.8	0.47	2.0	81	34.5	30	120.6	51.7	6	45	19.9	26.7	31.4	4.8

5. 优化配合比平衡试验及结果分析

根据表 2.1-8、表 2.1-9 的试验结果确定碾压混凝土配合比参数，对试验结果的置信度进行平衡试验。试验结果见表 2.1-11。

平衡试验结果表明，在配合比参数相同的条件下，混凝土拌和物性能、力学及耐久性试验结果基本一致，置信度较高，由于试验时间跨度较大，一些结果偏差可能与试验过程

表 2.1 – 11　　　　优化推荐的施工配合比平衡试验结果表

序号	混凝土等级 (C18025)	外加剂掺量 PCA /%	外加剂掺量 LZ /‰	水胶比 /(W/B)	用水量 /(kg/m³)	砂率 /%	煤灰掺量 /%	胶材用量 /(kg/m³) 水泥	胶材用量 /(kg/m³) 粉煤灰	加浆量 /%	坍落度 /Vc值	抗压强度/MPa 7d	抗压强度/MPa 28d	抗压强度/MPa 90d	凝结时间 /(h:min) 初凝	凝结时间 /(h:min) 终凝	含气量 /%
1	RCC, C318025W2F50	0.8	2.0	0.47	81	34.5	60	68.9	103.4	—	4.1 (S)	10.8	17.4	24.7	13 : 36	16 : 24	3.1
2	RCC, C218025W8F100	0.8	2.0	0.45	87	39.0	55	77.3	116.0	—	4.8 (S)	11.5	18.7	25.2	14 : 17	18 : 08	3.4
3	RCC, C318025W2F50	0.8	2.0	0.47	81	34.5	40	103.0	69.0	—	3.2 (S)	17.3	25.9	—	—	—	—
4	RCC, C318025W2F50	0.8	2.0	0.47	87	34.5	30	120.0	52.0	—	2.8 (S)	21.9	28.4	—	—	—	—
5	RCC, C218025W8F100	0.8	2.0	0.45	81	39.0	40	116.0	77.0	—	3.7 (S)	18.5	24.6	—	—	—	—
6	变态 C318025W6F100	0.8	2.0	0.47	81	34.5	60	68.9	103.4	5	38 (mm)	13.4	19.2	—	12 : 53	16 : 31	3.8
7	变态 C218025W8F100	0.8	2.0	0.45	87	39.0	55	77.3	116.0	5	31 (mm)	12.6	18.5	—	14 : 38	17 : 44	3.3
8	变态 C218025W8F100	0.8	2.0	0.45	87	39.0	40	116.0	77.3	6	37 (mm)	17.6	26.5	31.1	—	—	3.2
9	变态 C318025W6F100	0.8	1.5	0.47	81	34.5	40	103.4	68.9	6	44 (mm)	16.9	25.9	30.0	—	—	3.5
10	变态 C318025W4F50	0.8	1.5	0.47	81	34.5	30	120.6	51.7	6	51 (mm)	19.7	28.6	32.4	—	—	3.8
11	变态 C218025W2F50	0.8	1.5	0.45	87	39.0	30	135.3	58.0	6	43 (mm)	21.3	30.8	33.9	—	—	3.3

的气候条件变化有关。根据拌和物工作度试验和外观表现，混凝土泛浆丰满、表观亮泽、塑性上佳，混凝土含砂中上偏富。

2.1.6 碾压混凝土不同砂率与拌和物性能试验及表观评述

1. 碾压混凝土不同砂率与拌和物性能试验

根据混凝土的砂率情况，为了降低骨料的比表面积，增加净浆富余量，有必要对配合比的砂率做进一步的优化试验。砂率优化试验以原配合比试验砂率为基准，其他参数不变，按递减砂率 1% 进行试验，通过工作度试验，观察泛浆、塑性、粗骨料分离情况及工作度圆柱体外观表现评定拌和物含浆丰满程度。碾压混凝土不同砂率与拌和物性能试验结果见表 2.1 - 12。

表 2.1 - 12　　　　碾压混凝土不同砂率与拌和物性能试验结果

级配	外加剂		水胶比	用水量 /(kg/m³)	砂率 /%	煤灰掺量 /%	胶材用量 /(kg/m³)		V_C 值 /s	抗压强度 /MPa		拌和物外观描述
	PCA /%	LZ /‰					水泥	粉煤灰		7d	28d	
二	0.8	2.0	0.46	89	39.0	55	87	106	4.0	14.9	24.3	塑性好、含砂略富、浆富
	0.8	2.0	0.46	89	38.0	55	87	106	4.5	14.4	25.2	塑性好、含砂中、光泽亮
	0.8	2.0	0.46	89	37.0	55	87	106	2.1	14.7	25.3	亮泽、圆柱体孔隙多
三	0.8	2.0	0.47	81	34.5	60	69	103	4.0	12.0	21.6	塑性好、含砂略富、浆富
	0.8	2.0	0.47	81	33.5	60	69	103	2.8	12.4	23.2	塑性好、含砂中、光泽亮
	0.8	2.0	0.47	81	32.5	60	69	103	2.5	12.7	20.4	粗骨料裸露、分离大

2. 碾压混凝土不同砂率拌和物表观评述

拌和物工作度试验及外观表明：

(1) 二级配当砂率为 39% 时，拌和物含砂略富、较亮泽、塑性好、泛浆丰满；当砂率为 38% 时，拌和物含砂中、亮泽、塑性好、泛浆丰满；当砂率为 37% 时，拌和物粗骨料裸露、分离较多，工作度圆柱体石子散落、表面较多孔隙，泛浆不丰满。

(2) 三级配当砂率为 34.5% 时，拌和物含砂富、较亮泽、塑性好、泛浆丰满，粗骨料裸露少；当砂率为 33.5% 时，拌和物含砂略偏上、骨料裸露适中、塑性好、泛浆丰满。

综合上述拌和物性能，二级配砂率为 38%、三级配砂率为 33% 时，混凝土拌和物能满足碾压施工。

2.1.7 碾压混凝土施工配合比的确定

1. 碾压混凝土施工配合比参数的确定

经过前述各参数的系列试验，根据拌和物的工作性能表现及力学、耐久性试验结果，并进行适当的调整，可以确定优化试验后的碾压混凝土施工配合比的各项参数。确定的配合比参数见表 2.1-13。

表 2.1-13   碾压混凝土施工配合比参数

RCC 等级	水胶比	用水量 /(kg/m³)	砂率 /%	粉煤灰 代水泥 /%	PCA 减水剂 /%	GYQ 引气剂 /‰	粗骨料比例 D80：D40：D20/%	Vc 值 控制 /s	备注
C18025/W8/ F100 二级配	0.46	89	38.0	55	0.8	2.0	0：62：38	3～7	—
C18025/W8/ F100 二级配	0.46	87	38.0	40	0.8	2.0	0：62：38	3～7	—
C18025/W2/ F50 三级配	0.47	81	33.0	60	0.8	2.0	30：43：27	3～7	—
C18025/W6/ F100 三级配	0.47	81	33.0	40	0.8	2.0	30：43：27	3～7	—
C18025/W2/ F50 三级配	0.47	80	33.0	30	0.8	2.0	30：43：27	3～7	—

2. 碾压混凝土材料用量计算参数

混凝土材料用量以绝对体积法计算，计算参数见表 2.1-14。

表 2.1-14   混凝土材料用量计算参数

材料密度/(g/cm³)					粗骨料组合比例 D80：D40：D20/%		碾压混凝土含气量/%	
水泥	粉煤灰	粗骨料	人工砂	水	二级配	三级配	二级配	三级配
3.23	2.33	2.71	2.65	1.0	0：62：38	30：43：27	2.0	2.0

3. 碾压混凝土施工配合比配制强度的计算

依据 DL/T 5330—2005《水工混凝土配合比设计规程》碾压混凝土配置强度计算公式为

$$f_{cu,o} = f_{cu,k} + t\sigma$$

式中　$f_{cu,o}$——混凝土配制强度，MPa；

　　　$f_{cu,k}$——混凝土设计龄期立方体抗压强度标准值，MPa；

　　　t——概率度系数，由给定的保证率 P 选定，其值按表 2.1-15 选用；

　　　σ——混凝土立方体抗压强度标准差，MPa，其值按表 2.1-16 选用。

表 2.1-15   保证率和概率度系数关系

保证率 P/%	70.0	75.0	80.0	84.1	85.0	90.0	95.0	97.7	99.9
概率度系数 t	0.525	0.675	0.840	1.0	1.040	1.280	1.645	2.000	3.000

表 2.1-16   抗压强度标准差 σ 选用值

设计龄期混凝土抗压强度标准值/MPa	<15	20～25	30～35	40～45	50
混凝土抗压强度标准差/MPa	3.5	4.0	4.5	5.0	5.5

本工程高程 1370.00m 以下碾压混凝土抗压强度标准值为 180d 龄期 25MPa，强度设计保证率为 80%，所以，配制强度为 $f_{cu,o} = 25 + 0.840 \times 4.0 = 28.36$（MPa）。

4. 碾压混凝土施工配合比

经过系列试验，在前述施工参数的基础上，采纳专家意见，对个别参数作适当的调整，最终确定用于施工的配合比，拱坝高程 1370.00m 以下碾压混凝土施工配合比见表 2.1-17。

表2.1-17　万家口子水电站工程拱坝EL1370m以下碾压混凝土施工配合比（华新 P·MH42.5、黔桂Ⅱ级灰）

编号	类型	设计等级	石子级配组合 D80:D40:D20/%	水灰比	粉煤灰取代水泥率 F_c/%	砂率 S_a/%	PCA减水剂/%	GYQ引气剂/‰	水 W	水泥 C	粉煤灰 F	人工砂 S	大石	中石	小石	PCA减水剂 J1	GYQ引气剂 J2	V_c值/s
1	RCC	C18025/W8/F100 二级配	0:62:38	0.46	55	38.0	0.8	2	89	87	106	824	0	853	523	1.548	0.039	3~7
2	RCC	C18025/W8/F100 二级配	0:62:38	0.46	40	38.0	0.8	2	87	113	76	831	0	860	527	1.513	0.038	3~7
3	RCC	C18025/W2/F50 三级配	30:43:27	0.47	60	33.0	0.8	2	81	69	103	729	454	651	409	1.379	0.034	3~7
4	RCC	C18025/W6/F100 三级配	30:43:27	0.47	40	33.0	0.8	2	81	103	69	732	456	654	411	1.379	0.034	3~7
5	RCC	C18025/W2/F50 三级配	30:43:27	0.47	30	33.0	0.8	2	80	119	51	736	458	657	412	1.362	0.034	3~7
6	变态混凝土水泥浆	C18025/W8/F100 二级配		（水泥+粉煤灰）:水:PCA=(0.45+0.55):0.46:0.6%（比重=1.70g/cm³）					540	528	646	—	—	—	—	7.044	—	—
7	变态混凝土水泥浆	C18025/W8/F100 二级配		（水泥+粉煤灰）:水:PCA=(0.6+0.4):0.46:0.6%（比重=1.75g/cm³）					552	720	480	—	—	—	—	7.200	—	—
8	变态混凝土水泥浆	C18025/W2/F50 三级配		（水泥+粉煤灰）:水:PCA=(0.4+0.6):0.47:0.6%（比重=1.70g/cm³）					541	461	691	—	—	—	—	6.912	—	—

续表

编号	类型	设计等级	配合比参数						每立方混凝土或砂浆材料用量 /kg				碎石 G			PCA 减水剂 J1	GYQ 引气剂 J2	Vc 值 /s
			石子级配组合 D80:D40:D20 /%	水灰比	粉煤灰取代水泥率 Fc/%	砂率 Sa/%	PCA 减水剂 /%	GYQ 引气剂 /‰	水 W	水泥 C	粉煤灰 F	人工砂 S	大石	中石	小石			
9	变态混凝土水泥浆	C18025/W6/F100 三级配	(水泥+粉煤灰):水:PCA=(0.6+0.4):0.47:0.6%(比重=1.75g/cm³)						557	711	474	—	—	—	—	7.110	—	—
10	变态混凝土水泥浆	C18025/W2/F50 三级配	(水泥+粉煤灰):水:PCA=(0.7+0.3):0.47:0.6%(比重=1.80g/cm³)						565	842	361	—	—	—	—	7.218	—	—
11	层间结合砂浆	M30 砂浆	(水泥+粉煤灰):砂:水:PCA=(0.7+0.3):2.9:0.40:0.4%						202	354	151	1469	—	—	—	2.02	—	—

注：1. 配合比表所使用的材料为：云南省昭通市华新水泥（昭通）有限公司生产的"堡垒"牌 P·MH42.5 水泥，贵州黔桂发电有限责任公司生产的 II 级粉煤灰，江苏博特新材料有限公司生产的 PCA 型缓凝高效减水剂（水剂），使用时配置成 40% 浓度的溶液，江苏博特新材料有限公司生产的 GYQ 型引气剂，使用时配置成 5% 浓度的溶液。

2. 配合比表中砂、石料均以饱和面干状态为基准；使用时须实测含水率换算使用。砂率为纯砂率，使用过程中，当砂中超过 5mm 的颗粒含量大于 10% 时，应根据砂子实测含石率进行换算。

3. 碾压混凝土组成材料用量按绝对体积法计算，各材料密度值分别为："堡垒"牌 P·MH42.5 水泥 3.23g/cm³，II 级粉煤灰 2.33g/cm³，饱和面干人工砂 2.65g/cm³，饱和面干人工碎石 2.71g/cm³。

2.2 高程 1370m 以上碾压混凝土配合比试验

2.2.1 试验遵循的规程及技术标准

1. 水泥

(1) GB 200—2003《中热硅酸盐水泥　低热硅酸盐水泥　低热矿渣硅酸盐水泥》。

(2) GB/T 8074—2008《水泥比表面积测定方法（勃氏法）》。

(3) GB/T 1346—2001《水泥标准稠度用水量、凝结时间、安定性检验方法》。

(4) GB/T 208—2008《水泥密度测定方法》。

(5) GB/T 17671—1999《水泥胶砂强度检验方法（ISO 法）》。

2. 粉煤灰

(1) GB/T 1596—2005《用于水泥和混凝土中的粉煤灰》。

(2) DL/T 5055—2007《水工混凝土掺用粉煤灰技术规范》。

3. 粗、细骨料

(1) DL/T 5151—2001《水工混凝土砂石骨料试验规程》。

(2) DL/T 5112—2009《水工碾压混凝土施工规范》。

4. 外加剂

(1) DL/T 5100—1999《水工混凝土外加剂技术规程》。

(2) GB 8076—2008《混凝土外加剂》。

5. 配合比设计

DL/T 5330—2005《水工混凝土配合比设计规程》。

2.2.2 原材料的试验检验

1. 水泥

采用华新水泥（东川）有限公司生产的"华新堡垒"牌中热 P·MH42.5 水泥，出厂编号为 QSP·MH - 20151016，水泥的物理性能指标符合 GB 200—2003《中热硅酸盐水泥　低热硅酸盐水泥　低热矿渣硅酸盐水泥》标准要求，其物理性能检验结果见表 2.2 - 1。

表 2.2 - 1　　　　　　　　　水泥物理性能试验结果表

牌号品种	比表面积/(m²/kg)	密度/(g/cm³)	标准稠度用水量/%	安定性	凝结时间/min		抗折强度/MPa			抗压强度/MPa		
					初凝	终凝	3d	7d	28d	3d	7d	28d
华新堡垒 P·MH42.5	327	3.27	23.4	合格	209	291	3.8	5.7	7.0	20.3	28.6	45.2
GB 200—2003 标准	≥250	—	—	合格	≥60	≤720	≥3.0	≥4.5	≥6.5	≥12.0	≥22.0	≥42.5

2. 掺合料

采用贵州烨煌有限公司生产的 Ⅱ 级粉煤灰，其品质达到 DL/T 5055—2007《水工混凝土掺用粉煤灰技术规范》品质指标规定的"Ⅱ级灰"技术要求，其物理性能检验结果见表 2.2－2。

表 2.2－2　粉煤灰物理性能试验结果表

生产厂家	密度 /(g/cm³)	细度 /%	含水量 /%	烧失量 /%	需水量比 /%
厂家	2.32	18.2	0.7	6.8	102
DL/T 5055—2007 "Ⅱ级灰"标准	—	≤20	≤1.0	≤5.0	≤95

3. 细骨料

采用万家口子水电站工程砂标石系统生产的人工砂，其物理性能检验结果见表 2.2－3。检验结果表明细骨料各项性能指标均符合 DL/T 5144—2001《水工混凝土施工规范》技术要求。

表 2.2－3　细骨料物理性能检验结果表

物理性能 \ 类别	饱和面干密度 /(kg/m³)	细度模数	泥块含量 /%	堆积密度 /(kg/m³)	空隙率 /%	吸水率 /%	含粉量 /%	<0.08mm /%
人工砂	2650	2.70	0.0	1650	39	0.6	16.8	16.6
DL/T 5144—2001	≥2500	宜在 2.20～2.90	不允许	—	—	—	12～22	>5

4. 粗骨料

采用云南万家口子水电站工程砂标石系统生产的 5～20mm、20～40mm、40～80mm 碎石，检验结果表明粗骨料各项性能指标均符合 DL/T 5144—2001《水工混凝土施工规范》技术要求，其物理性能检验结果见表 2.2－4。

表 2.2－4　粗骨料物理性能检验结果表

规格/mm	饱和面干表观密度 /(kg/m³)	松散堆积密度 /(kg/m³)	空隙率 /%	泥块含量 /%	含泥量 /%	吸水率 /%	针片状颗粒含量/%	超逊径含量/% 超径	超逊径含量/% 逊径	压碎指标值 /%
5～20	2700	1490	44	0.0	0.8	0.40	2.0	0.2	9.1	10.9
20～40	2700	1360	42	0.0	0.5	0.20	5.0	4.4	8.8	—
40～80	2700	1400	48	0.0	0.3	0.20	3.0	0	7.3	—
DL/T 5144—2001	≥2550	—	—	不允许	≤1	≤2.5	≤15	≤5	≤10	≤16

5. 碎石级配组合比例试验

粗骨料级配组合分别采用 3 个不同组合比例进行试验，试验结果详见表 2.2－5。

碾压混凝土粗骨料级配组合比例的选择以最大密度、最小空隙率为原则。不同级配组合比例试验结果显示，二级配的比例在中石：小石＝62：38 时；三级配组合比例在大石：中石：小石＝32：43：25 时，其密度最大，空隙率最小。级配组合比例选择在以上为原则的同时，仍然考虑骨料生产与使用的平衡及施工过程中骨料状态的变化、施工要求、混凝土和易性等情况，石子比例可增减 3%～5% 进行调整。

表 2.2-5   粗骨料级配组合试验结果及选择

序号	级配	粒级组合比例/%			堆积密度/(kg/m³)		孔隙率/%		推荐组合
		40~80mm	20~40mm	5~20mm	松散	紧密	松散	紧密	
1	二	0	60	40	1490	1750	46	36	
2	二	0	62	38	1510	1780	45	35	62:38
3	二	0	55	45	1480	1760	47	36	
4	三	35	40	25	1680	1980	41	31	
5	三	32	45	25	1693	1986	41	30	32:45:25
6	三	25	45	30	1578	1852	42	32	

6. 试验用水

使用云南万家口子水电站工程生活用水。

2.2.3 配合比设计原则

1. 碾压混凝土配制强度的确定

依据 DL/T 5330—2005《水工混凝土配合比设计规程》碾压混凝土配置强度计算公式为

$$f_{cu,o} = f_{cu,k} + t\sigma$$

式中 $f_{cu,o}$——混凝土配制强度，MPa；

       $f_{cu,k}$——混凝土设计龄期立方体抗压强度标准值，MPa；

       t——概率度系数，由给定的保证率 P 选定，其值按表 2.2-6 选用；

       σ——混凝土立方体抗压强度标准差，MPa，其值按表 2.2-7 选用。

表 2.2-6   保证率和概率度系数关系

保证率 P/%	70.0	75.0	80.0	84.1	85.0	90.0	95.0	97.7	99.9
概率度系数 t	0.525	0.675	0.840	1.0	1.040	1.280	1.645	2.000	3.000

表 2.2-7   抗压强度标准差 σ 选用值

设计龄期混凝土抗压强度标准值/MPa	<15	20~25	30~35	40~45	50
混凝土抗压强度标准差/MPa	3.5	4.0	4.5	5.0	5.5

本工程高程 1370.0m 以上碾压混凝土抗压强度标准值为 180d 龄期 20MPa，强度设计保证率为 80%，确定的碾压混凝土配制强度见表 2.2-8。

表 2.2-8   确定的碾压混凝土 180d 配制强度

序号	强度等级	保证率/%	强度标准差/MPa	概率度系数	配制强度/MPa	备注
1	C20	80	4.0	0.840	23.36	

2. 碾压混凝土水胶比和粉煤灰掺量的限制要求

依据 DL/T 5112—2009《水工碾压混凝土施工规范》要求，混凝土水胶比和粉煤灰掺量的限制要求见表 2.2-9。

表 2.2-9   碾压混凝土水胶比和粉煤灰掺量的限制要求

序号	坝体内部水胶比/%	坝面防渗区水胶比/%	坝体内部粉煤灰掺量/%	坝面防渗区粉煤灰掺量/%
1	0.50~0.60	0.45~0.55	55~65	45~60

2.2.4 碾压混凝土配合比设计试验及成果分析

1. 碾压混凝土用水量和最优砂率的确定

在确定碾压混凝土的用水量和砂率时,使用固定水灰比 0.45,采用不同的用水量和砂率进行试配试验,根据拌合物性能试验结果,确定的碾压混凝土单位用水量和最优砂率见表 2.2-10。

表 2.2-10　　　　　　　　碾压混凝土单位用水量和最优砂率

基准条件、因素	水泥牌号品种等级	骨料类别	级配	水灰比	砂率/%	单位用水量/(kg/m³)	V_C 值/s
水灰比 0.45,粉煤灰掺量 60%,外加剂掺量 0.7%,引气剂掺量 8‰,砂、石料均以饱和面干状态为基准	堡垒牌 P·MH42.5	人工砂、人工碎石	三	0.45	32	76	2~8
			二	0.45	37	83	2~8

表 2.2-10 试验结果是以 0.45 水胶比为基准,当水胶比±0.05 时单位用水量相应增减 1~2kg。

2. 碾压混凝土试配试验结果

根据 DL/T 5112—2009《水工碾压混凝土施工规范》及委托方的有关技术要求,采用 3 个不同水胶比,固定粉煤灰掺量,对二、三级碾压混凝土拌和物、力学、耐久性性能进行试验。碾压混凝土性能试验结果详见表 2.2-11。

表 2.2-11　　　　碾压混凝土不同水灰比与抗压强度、耐久性能关系试验结果

序号	级配	水胶比	用水量/(kg/m³)	砂率/%	粉煤灰掺量/%	PCA掺量/%	GYQ掺量/‰	胶凝材料用量/(kg/m³) 水泥	胶凝材料用量/(kg/m³) 粉煤灰	含气量/%	V_C 值/s	抗压强度/MPa 7d	抗压强度/MPa 28d	抗压强度/MPa 180d	抗渗 180d	抗冻 180d	极限拉伸 180d
1	二	0.47	83	36	55	0.8	8	80	97	2.4	2.0	12.9	18.6	35.5	>0.8		
2	二	0.50	84	37	55	0.8	8	76	92	3.2	2.1	12.0	18.2	33.8	>0.8		
3	二	0.53	84	37	55	0.8	8	71	87	2.8	5.0	10.6	16.7	32.6	>0.8		
4	三	0.47	79	31	60	0.8	8	67	101	1.0	3.0	12.7	20.5	34.5	>0.6		
5	三	0.50	79	31	60	0.8	8	63	95	2.0	2.0	11.8	18.3	33.7	>0.6		
6	三	0.53	79	31	60	0.8	8	60	89	1.8	6.0	10.9	17.3	32.3	>0.6		

3. 试验成果分析

表 2.2-11 试验结果显示,3 个不同水胶比二、三级配碾压混凝土 180d 龄期的抗压强度均满足规范要求的配制强度,抗渗性能均大于设计要求。各级配 3 个水胶比中,最小水胶比 V_C 值在设计要求的下限,最大水胶比的 V_C 值在设计要求的上限,碾压混凝土的初、终凝时间可满足施工覆盖需要,掺气量满足设计要求。

4. 碾压混凝土施工配合比复核试验

根据表 2.2-11 的试验结果,初步确定了用于施工的碾压混凝土配合比,复核试验采用表 2.2-11 中水胶比为 0.50 时的参数。配合比复核试验结果见表 2.2-12。

表 2.2－12

云南省万家口子水电站工程高程 1370m 以上碾压混凝土配合比

配合比编号	混凝土设计要求	配合比参数							1m³ 混凝土组成材料用量/kg									
		水胶比	用水量/(kg/m³)	砂率/%	粉煤灰掺量/%	外加剂掺量/%	引气剂掺量/‰	Vc值/s	水	水泥	粉煤灰	人工砂	人工碎石 40~80	人工碎石 20~40	人工碎石 5~20	PCA型减水剂	GYQ引气剂	人工碎石
WJK2015－PB02－t01	C218020W2F50	0.48	89	34.0	60	0.70	8	2~7	89	74	111	757	—	929	569	1.298	0.148	1498
WJK2015－PB02－t02	C318020W8F100	0.49	83	29.0	60	0.70	8	2~7	83	68	102	655	523	736	376	1.186	0.136	1635
WJK2015－PB02－t03	机拌变态 C218020W2F50	0.48	118	34.0	60	0.70	8	—	118	98	147	756	—	927	568	1.671	0.150	1495
WJK2015－PB02－t04	机拌变态 C318020W8F100	0.49	110	29.0	60	0.70	8	—	110	91	136	657	524	737	377	1.529	0.134	1638
WJK2015－PB02－t05	变态混凝土水泥浆	(C＋F)∶W∶PCA＝(0.4∶0.6)∶0.46∶0.006（比重 1.60）							549	477	716	—	—	—	—	7.16	—	—

注 1. 本配合比系根据广西水电工程局云南万家口子水电站工程经理部的委托，使用该部提供的材料，依据混凝土试配试验成果分析，提出本配合比用于云南万家口子水电站工程施工。

2. 本配合比所使用的材料为：云南省昭通市华新水泥（东川）有限公司生产的"堡垒"牌 P·MH42.5 水泥，贵州烨煌环保材料有限公司生产的 II 级粉煤灰，江苏博特新材料有限公司生产的 PCA 型缓凝高效减水剂（水剂），使用时配置成 30%浓度的溶液，江苏博特新材料有限公司生产的 GYQ 型引气剂，云南万家口子砂石料场生产的人工砂石。人工砂、人工砂石（细度模数为 2.66）。

3. 本配合比表中砂、石料均以饱和面干状态为基准，使用时须视实测含水率换算使用。砂率为纯砂率，三级配石子比例为（40~80mm）∶（20~40mm）∶（5~20mm）（32∶45∶23）；二级配石子比例为（20~40mm）∶（5~20mm）（62∶38）%。使用过程中，当砂中大于 5mm 的颗粒含量大于 10%时，应根据砂子实测含石率进行换算使用。

4. 混凝土组成材料用量按绝对体积法计算，各材料密度值（g/cm³）分别为："堡垒"牌 P·MH42.5 水泥 3.27，II 级粉煤灰 2.32，外加剂为 1.07，饱和面干人工砂 2.65，饱和面干人工碎石 2.70。

5. 碾压混凝土施工配合比的确定

根据本次试验结果，结合施工规范、设计规定及施工的要求，确定云南万家口子水电站拱坝高程 1375.00m 以上碾压混凝土施工配合比，确定的碾压混凝土施工配合比详见表 2.2 - 12。

2.3 配合比使用说明

（1）本配合比仅适用于广西水电工程局云南万家口子水电站工程经理部委托本次试验所指定采用的原材料，其他原材料或其他工程不得套用。

（2）本配合比所采用的粉煤灰需达到 II 级灰及以上质量指标，低于 II 级灰指标的粉煤灰不得套用本配合比。

（3）配合比表中的 PCA 缓凝高效减水剂、GYQ 引气剂的掺量以出厂成品原液计算，在施工掺用时应稀释成 50％以下浓度溶液。在施工过程中应避免外加剂液体发生沉淀，在外加剂配制池中必然安装均化装置。

（4）进行混凝土拌制时，其材料称量的允许偏差、拌合时间等，应按 DL/T 5144—2001《水工混凝土施工规范》的相关规定执行。

（5）在混凝土生产过程中，若粗骨料的粒径、含水量、人工砂的细度模数、石粉含量、含水量发生变化时，应由现场试验值班人员对配合比的用水量、石子级配组合比例、砂率等进行适当调整，换算成现场施工配合比进行使用，其他人员或部门无权擅自更改本配合比。当原材料特征发生重大变化时，须重新进行配合比试验。

（6）本配合比所用的粗、细骨料均以饱和面干状态为基准，混凝土材料用量按绝对体积法计算。三级配粗骨料的组合比例为大石：中石：小石按 32％：43％：25％计算，二级配为中石：小石按 62：38％计算，当粗骨料超径含量大于 5％、逊径含量大于 10％时，现场可在±5％的范围内进行调整。当人工砂细度模数在 2.70±0.20、石粉含量为 16.0％±2％时，砂率相应增加 0.5％～1.0％。

（7）本配合比必须经监理审批后方可使用。

参 考 文 献

［1］ 于小荣，肖雪，尤星，等. 复合离子缓凝剂在水泥颗粒表面的吸附行为 [J]. 硅酸盐通报，2019，38（10）：3349 - 3354.

［2］ 杨海平，竹宇波. 缓凝剂对混凝土性能影响研究 [J]. 新型建筑材料，2019，46（9）：102 - 104，169.

［3］ 彭鸿辉. 水电站大坝碾压混凝土配合比及性能试验 [J]. 黑龙江水利科技，2019，47（7）：30 - 32，40.

［4］ 雒少江. 碾压混凝土双曲拱坝施工技术的研究与应用 [D]. 西安：长安大学，2017.

［5］ 李海波，朱圣敏. 水电工程变态混凝土配合比设计探讨 [J]. 商品混凝土，2016（10）：43 - 46.

［6］ 徐安，曾力，刘刚. MgO 对碾压混凝土抗裂性能的影响研究 [J]. 水力发电学报，2015，34（10）：20 - 26.

［7］ 蒋睿，曾力，周启帆. 渡口坝电站混凝土配合比及性能试验 [J]. 中国农村水利水电，2009（8）：91 - 93，97.

［8］ 戈雪良，方坤河，曾力. 中国碾压混凝土拱坝材料特性研究［J］. 中国水利，2007（21）：10 - 12.

［9］ 曾力，孙永波. 外加剂和掺和料对砂浆性能影响的研究［J］. 中国农村水利水电，2005（11）：75 - 76，78.

［10］ 曾力，刘数华，吴定燕. 提高碾压混凝土抗裂性能的试验研究［J］. 水力发电学报，2004（5）：32 - 35.

［11］ 刘数华，曾力，吴定燕. 提高碾压混凝土层面粘结性能的试验研究［J］. 水力发电学报，2004，23（3）：61 - 65.

［12］ 黎思幸，曾力. 碾压混凝土的变形和抗裂性试验［J］. 混凝土，2000（8）：44 - 46.

第 3 章

碾压混凝土原材料质量控制与坝体混凝土性能要求

3.1 水泥

3.1.1 水泥质量标准及检验方法

万家口子水电站拱坝碾压混凝土使用 P·O42.5 普通硅酸盐水泥、P·MH42.5 中热硅酸盐水泥，进场水泥质量控制及检验应符合表 3.1-1 和表 3.1-2 规定。

表 3.1-1   **水泥熟料成分要求及检验方法**

序号	矿物组成及化学成分	42.5 中热硅酸盐水泥	检验方法
1	硅酸三钙（C_3S）/%	≤55	GB/T 176—1996 GB 200—2003
2	铝酸三钙（C_3A）/%	≤6.0	
3	游离氧化钙（fCaO）/%	≤1.0	

表 3.1-2   **水泥品质检验项目、指标及检验方法**

序号	检 验 项 目		指 标		检验方法
			中热 42.5	普硅 42.5	
1	比表面积/（m²/kg）		≥250	≥300	GB/T 8074
2	氧化镁含量/%		3.0~5.0	1.5~4.0*	GB/T 176—1996
3	三氧化硫含量/%		≤3.5	≤3.5	GB 200—2003
4	烧失量/%		≤3.0	≤5.0	
5	碱含量（以 $Na_2O+0.658K_2O$ 计）/%		≤0.6	0.6	
6	安定性		合格	合格	GB/T 1346—2001
7	凝结时间	初凝	≥1：00h	≥45min	GB/T 1346—2001
		终凝	≤12：00h	≤10h	
8	抗压强度/MPa	3d	≥12.0*	≥17*	
		7d	≥22.0	—	
		28d	≥42.5	≥42.5	

序号	检 验 项 目		指　　标		检验方法
			中热42.5	普硅42.5	
9	抗折强度/MPa	3d	≥3.0*	≥3.5*	GB/T 17671—1999
		7d	≥4.5		
		28d	≥6.5	≥6.5	
10	水化热/(kJ/kg)	3d	≤230	≤251	GB/T 2022—1980 或 GB/T 12959—1991
		7d	≤270	≤293	

　*　不作为判定水泥品质是否合格的控制指标。

3.1.2　检验规则

3.1.2.1　编号及取样

　　袋装水泥和散装水泥出厂前或到工地后按同品种、同强度等级分别编号取样，水泥运至宣威转运站后，接收单位按出厂编号取样，从宣威转运站运至万家口子水电站工地现场，使用单位对袋装水泥按出厂编号取样，对散装水泥应重新编号取样。

　　200t为一编号，不足200t按一批计，每一编号为一取样单位。

　　取样应有代表性，散装水泥应从不少于3个罐（箱）中抽样，袋装水泥也可从20个以上不同部位取等量样品，总量至少14kg，取样方法按GB 12573—2008《水泥取样方法》进行。

3.1.2.2　检验及留样

　　每一编号取得的水泥样应充分混匀，分为两份。一份由取样单位进行各项指标检验，另一份密封保存3个月，以备有疑问时进行复验或仲裁。其封存的样品与水泥厂家封存样具有同等效力。

3.1.3　水泥检验报告

　　每批水泥必须有该水泥的技术要求及出厂检验报告，检验报告除28d强度值应在水泥发出日期32d内补报外，其他按表3.1-1，表3.1-2各项试验结果均应在水泥发出日期11d内提供。对每批次水泥的质量抽检报告、记录等，也须进行整理和保存，以备查。

3.1.4　判定规则与处置

　　（1）凡三氧化硫含量、初凝时间、强度、安定性任一项不符合表3.1-2要求，以及氧化镁含量超过6%者，均为废品。

　　（2）凡比表面积、终凝时间、烧失量、水化热，不符合表3.1-2的要求，以及中热水泥氧化镁含量不在3.0%～5.0%之间者，均为不合格品。

　　（3）废品严禁用于本工程。不合格品不得用于拱坝坝体或特定部位。

3.1.5　水泥标识、运输与储存

　　（1）水泥必须有标明出厂厂名、水泥品种、强度等级、净重、出厂日期和编号等内容

的卡片。

（2）水泥运输及存放场所应有防雨及防潮设施，不同厂家、不同品种、不同强度等级的水泥应分别储存，不得混存。存放期超过 3 个月的水泥，使用前必须复验并按监理批复意见使用。严禁使用结块水泥。

（3）水泥的进场温度不得大于 65℃。

3.2 粉煤灰

万家口子水电站拱坝碾压混凝土应使用优质Ⅱ级粉煤灰，若Ⅱ级粉煤灰料源供应不足或达不到表 3.2-1 的要求时，应使用Ⅰ级粉煤灰。

3.2.1 粉煤灰品质指标及检验方法

碾压混凝土使用粉煤灰品质指标及检验方法应符合表 3.2-1 的规定。

表 3.2-1　　　　　　　　　　　粉煤灰品质指标及检验方法

序号	指　　标	优质Ⅱ级灰	Ⅰ级灰	检验方法
1	细度（45μm 方孔筛筛余）/%	≤20	≤12	DL/T 5055—2007 GB/T 176—1996
2	烧失量/%	≤8.0	≤5.0	
3	需水量比/%	≤100	≤95	
4	三氧化硫/%	≤3.0	≤3.0	
5	含水量/%	≤1.0	≤1.0	

3.2.2 检验规则

3.2.2.1 编号及取样

粉煤灰出厂前，应按不同粉煤灰等级分别编号取样。粉煤灰运至工地现场后，使用单位也应编号取样。

200t 为一编号，不足 200t 按一批计，每一编号为一取样单位。

取样应有代表性，散装粉煤灰应从不少于 3 个罐（箱）中抽样，袋装粉煤灰应从每批中随机抽取 10 袋，每袋不少于 1kg，取样方法按 GB 12573 进行。

3.2.2.2 检验及留样

每一编号取得的粉煤灰灰样应充分混匀，按四分法取出比试验用量多 2 倍的试样，一份由取样单位进行各项指标检验，另一份密封保存 3 个月，以备有疑问时进行复验或仲裁。

每批粉煤灰必须检验细度、需水量比、烧失量、含水量。三氧化硫含量可每季度检验一次。

3.2.3 检验报告

粉煤灰生产厂家必须将每批粉煤灰的出厂检验结果、出厂合格证及合格证编号、粉煤灰等级、批号、出厂日期、数量等随货报送。对每批次粉煤灰的质量抽检报告、记录等，也须进行整理和保存，以备查用。

3.2.4　判定规则与处置

检验结果不符合表3.2-1技术要求时，应从同一批中重新取样进行复验，复验后仍达不到要求时，则该批粉煤灰应降级或按不合格处理。不合格粉煤灰不得用于大坝主体工程。

3.2.5　粉煤灰标识、运输与储存

（1）粉煤灰应有标明出厂厂名、级别、净重、出厂日期和编号等内容的卡片。
（2）粉煤灰的储存设施应防水、防尘，防止粉煤灰受潮结块。

3.3　粗骨料

万家口子水电站拱坝碾压混凝土粗骨料是人工砂石系统采用石灰岩加工制成。经方孔筛筛分成 $D80(40～80mm)$、$D40(20～40mm)$、$D20(5～20mm)$ 三级粒径骨料。

3.3.1　粗骨料质量指标及检验方法

粗骨料质量指标及检验方法应符合表3.3-1的规定。

表 3.3-1　　　　　　　　　　粗骨料质量指标及检验方法

序号	项　目	碎　石	检验方法
1	骨料裹粉含量/%	$D20$、$D40$，≤1.0	
		$D80$，≤0.5	
2	泥块含量/%	不允许	
3	坚固性/%	≤5	
4	硫化物及硫酸盐含量（折算成 SO_3）/%	≤0.5	
5	有机质含量	不允许存在	
6	表观密度/(kg/m³)	≥2550	SL 48—94
7	吸水率/%	≤2.5	DL/T 5151—2001
8	针片状颗粒含量/%	≤15	
9	压碎指标/%	≤16	
10	超径含量/%	＜5（原孔筛）	
11	逊径含量/%	＜10（原孔筛）	
12	中径筛筛余量（小石、中石）/%	40～70	

3.3.2　粗骨料生产及检验

（1）骨料的开采、运输、堆放设施与加工设备，应符合设计要求。成品粗骨料堆放应

按同料源、同品种、同规格堆放，堆放场所具有脱水、排水设施，及防止混仓、防跌碎、防污染。在加工运输过程中应采取防止形成骨料裹粉的措施。

(2) 粗骨料生产质量检验

按同料源、同品种、同规格每8h进行超径、逊径、中径筛筛余量、骨料裹粉含量、泥块含量各一次检验。抽样地点为筛分楼出料输送胶带机上。

(3) 粗骨料成品出厂检验

每8h供一批同料源、同品种、同规格的粗骨料，每批供货产品检验指标为超径、逊径、中径筛筛余量、骨料裹粉含量、泥块含量。每月进行全项目指标检验一次。抽样地点为成品料仓。

(4) 当骨料质量异常，如含油污染、混料严重、骨料裹粉超标不得出厂。

3.3.3 粗骨料验收及检验

(1) 粗骨料生产单位，应向使用单位提交每一批供货产品的质量检验结果。

(2) 使用单位应按同料源、同品种、同规格骨料堆放，堆放场所应有防混、防分离、防污染、及排水良好设施。

(3) 粗骨料验收检验。每月2次，检验粗骨料超径、逊径、中径筛筛余量、骨料裹粉含量、针片状、泥块含量。抽样地点为成品料仓。

3.3.4 检验规则

3.3.4.1 编号及取样

在料堆上取样时，当粗骨料卸入汽车内在汽车上抽取试验样品。

每组样品均需标明取样日期、地点、品种、规格、检验项目等。

取样数量可根据试验项目最少取样数量的总和而定，每单项试验样品取样数量应不少于表3.3-2的规定，试验样品不得重复使用，以免影响试验精度。

3.3.4.2 样品缩分

样品应置于平板上拌匀后，进行四分法缩分成各项试验项目所需要的样品，见表3.3-2。

表3.3-2　　　　　　　　每项试验所需用最少取样数量　　　　　　　　单位：kg

试验项目 \ 粒级	D20mm	D40mm	D80mm
超逊径与中径筛筛分	20	40	80
表观密度	10	15	20
含水率	2	3	5
吸水率	10	15	20
堆积密度、紧密密度	40	80	120
骨料裹粉含量	20	50	80
泥块含量	20	40	60

粒级 试验项目	$D20mm$	$D40mm$	$D80mm$
针、片状含量	8	40	—
硫化物及硫酸盐含量	1	1	1
有机质含量	1	—	—
压碎指标	12	—	—
坚固性	10	20	—

3.3.5 判定规则与处置

样品某项检验结果不合格，应重新取样，对不合格项目作复验，复验不合格，即判为不合格。

3.4 细骨料

万家口子水电站拱坝碾压混凝土细骨料由人工砂石系统采用石灰岩加工制成。

3.4.1 细骨料质量指标及检验方法

细骨料质量指标及检验方法应符合表 3.4-1 的规定。

表 3.4-1　　　　　　　　　　细骨料质量指标及检验方法

序号	项 目		人工砂	检验方法
1	细度模数		2.4～2.8	
2	石粉含量/%	0.16mm 以下	18.0±2.0	
		0.08mm 以下	8.0 以上	
3	泥块含量		不允许	
4	坚固性/%		≤8.0	SL 48—94
5	表观密度/(kg/m³)		≥2500	DL/T 5151—2001
6	云母含量/%		≤2.0	
7	硫化物及硫酸盐含量/%		≤1.0	
8	有机质含量		不允许	
9	含水率/%		≤6.0	

3.4.2 细骨料生产与检验

（1）细骨料的开采、加工、运输、堆放设施及采用的加工设备特性，应符合设计要求。细骨料的成品应按同类别堆放。应具有遮阳、防雨、脱水、防分离、防污染措施及排水设施。在细骨料生产、运输过程中应采取防止石粉流失的措施。

（2）细骨料生产质量检验。每 8h 对不同制砂设备生产的成品砂，进行 1 次检验，检验项目有细度模数、石粉含量、石粉微粒含量、泥块含量。抽样地点为成品砂入仓输送胶带机上。

（3）细骨料成品出厂检验。输送胶带机供应时，每 8h 供一批货。每批供货产品，检验项目为细度模数、石粉含量、石粉微粒含量、泥块含量、含水率。全项目指标每月检验 1 次。抽样地点为成品砂料仓出料廊道输送胶带机上。

汽车转料供应时，出厂检验与输送胶带机供应出厂检验相同。抽样地点为成品砂料仓。

（4）当细骨料质量异常，如有混料、污染等不得出厂。

3.4.3　细骨料验收及检验

（1）细骨料的生产单位，应向使用单位提交每一批供货产品质量检验结果。

（2）细骨料的储、运、用的设施应符合设计要求，应有防混料、防分离、防石粉流失、防污染措施及排水设施。

（3）细骨料验收检验。输送胶带机供料时，每月 2 次。检验指标有细度模数、石粉含量、石粉微粒含量、泥块含量、含水率。取样地点为成品砂料仓出料廊道输送胶带机上。

汽车转料供应时，验收检验与输送胶带机供料验收检验相同。取样地点为成品砂料仓。

3.4.4　检验规则

3.4.4.1　取样

在输送胶带机取样时，应在胶带机尾的出料处，用接料器定时抽取近似等量的 4 份砂样混合成一组试验样品。停机取样时，应截取出料口前一定长度的全部物料作为样品。

在料堆取样时，取样部位应均匀分布，取样前先将表层铲除，然后从各部位抽取等量 8 份砂样，混合成一组试验样品。

每单项试验样品取样数量应不少于表 3.4-2 规定。

表 3.4-2　　　　　　　　　每项试验所需用最少取样数量表

试验项目	最少取样数量/kg	试验项目	最少取样数量/kg
筛分析	4.0	云母	0.5
表观密度	2.5	泥块含量	10
吸水率	4.0	有机质含量	2.0
坚固性	20	硫化物及硫酸盐含量	0.05
含水率	1.0		

3.4.4.2　样品缩分

（1）分料器缩分：将自然含水状态的样品拌和均匀，然后通过分料器，留下接料斗中一部分砂样，另一部分砂样再通过分料器，直至把样品缩分到试验所需数量为止。

（2）人工缩分：将自然含水状态的样品置于平板上，铺成约高为 20mm，然后用四分法进行缩分。

3.4.5 判定规则与处置

样品某项检验结果不合格，必要时应重新取样，对不合格项目作复验，复验不合格，即判为不合格。

3.5 外加剂

万家口子水电站拱坝碾压混凝土使用的外加剂有缓凝高效减水剂和引气剂。

缓凝高效减水剂按延缓初凝时间分两种类型：

（1）初凝时间比未掺缓凝减水剂延缓 2～5h 为冬季型缓凝高效减水剂，适用于低气温条件下施工。

（2）初凝时间比未掺缓凝减水剂延缓 6h 以上为夏季型缓凝高效减水剂，适用于高气温条件下施工。

（3）任何季节的初、终凝时间的核定，均须模拟室外施工条件，并须满足施工要求。

3.5.1 质量指标及检验方法

（1）掺外加剂混凝土性能指标及检验方法应符合表 3.5 - 1 的规定。

表 3.5 - 1　　　　　　　　掺外加剂混凝土的质量指标及检验方法

试 验 项 目		缓凝高效减水剂	引气剂	检验方法
减水率/%		≥15（18）	≥6	
含气量/%		<3.0	4.5～3.5	
泌水率比/%		≤100	≤70	
凝结时间差/min	初凝	+120～+300（冬季型） >+360（夏季型）	90～+120	
	终凝	+120～+300	90～+120	
抗压强度比/%	3d	≥125	≥90	DL/T 5100—1991
	7d	≥125	≥90	
	28d	≥120	≥85	
28d 收缩率比/%		<125	<125	
抗冻标号		≥50	≥200	
对钢筋锈蚀作用		应说明对钢筋有无锈蚀作用		

注　1. 凝结时间差"-"号表示凝结时间提前；"+"号表示凝结时间延缓。

　　2. 除含气量和抗冻标号两项试验项目外，表中所列数据为受检验混凝土与基准混凝土的差值或比值。

（2）匀质性指标。外加剂匀质性指标及检验方法应符合表 3.5 - 2 的规定。

表 3.5 - 2　　　　　　　　　　　　　　　　外加剂匀质性指标及检验方法

试验项目	指　标	检验方法
含固量或含水量	(1) 对液体外加剂，应在生产厂规定值的 3% 之内； (2) 对固体外加剂，应在生产厂规定值的 5% 之内	GB/T 8077—87
密度	对液体外加剂，应在生产厂规定值 ±0.02g/cm³ 之内	
氯离子含量	应在生产厂规定值的 5% 之内	
水泥净浆流动度	应不小于生产厂规定值的 95%	
细度	0.315mm 筛筛余应小于 15%	
pH 值	应在生产厂规定值 ±1 之内	
表面张力	应在生产厂规定值 ±1.5 之内	
还原糖含量	应在生产厂规定值 ±3% 之内	
总碱量 ($Na_2O + 0.658K_2O$)	应在生产厂规定值 5% 之内	
硫酸钠	应在生产厂规定值 5% 之内	
泡沫度	应在生产厂规定值 5% 之内	
砂浆流动度	应在生产厂规定值 5% 之内	
不溶物含量	应在生产厂规定值 5% 之内	

3.5.2　检验规则

编号及取样：外加剂生产厂家提供的产品，对每编号外加剂检验项目，应根据品种按表 3.5 - 1、表 3.5 - 2 项目进行检验。

使用单位对进场的外加剂进行取样检验，检验掺外加剂混凝土性能指标。进场的减水剂、引气剂应分批编号。减水剂每 60t 为一批，不足 60t 时按一批计；引气剂每 2t 为一批，不足 2t 按一批计，同一编号的产品应混合均匀。

每一编号的取样数量：减水剂不得少于 2kg，引气剂不得少于 0.5kg。必要时可检验外加剂匀质性指标。

3.5.3　检验报告

生产厂家每一批货，均应随货送交出厂检验报告单、出厂合格证。

3.5.4　质量检验

3.5.4.1　掺外加剂混凝土性能

(1) 混凝土材料。采用进场合格的 42.5 普通硅酸盐水泥和 42.5 中热硅酸盐水泥。细骨料采用人工砂，细度模数为 2.6～2.8。粗骨料采用质量符合标准要求的人工碎石，粒径为 5～20mm（圆孔筛），采用二级配，5～10mm 粒级占 45%，10～20mm 粒级占 55%。

(2) 拌和水为可饮用水。

(3) 配合比。

1）基准混凝土。

水泥用量：330kg/m³±5kg/m³。

坍落度：控制在80mm±10mm。

含气量：2%以下。

砂率：40%

2）受检混凝土。

外加剂掺量：按生产厂或研制单位推荐的下限量。

水泥用量：与基准混凝土相同。

坍落度：控制在80mm±10mm。

含气量：应符合表3.5-1中相应的受检外加剂的规定。

砂率：掺引气剂的砂率比基准混凝土减少2%，其余受检验外加剂同基准混凝土。

3）混凝土拌和。

混凝土搅拌机拌和，全部材料及外加剂一起投入，拌和量不少于搅拌机拌和量的1/4，不大于3/4，搅拌时间为3min，出料后在铁板上用人工翻拌2~3次，再进行试验。

各种混凝土材料及试验环境温度均应保持在20℃±3℃。

4）混凝土试验项目及所需数量。试验项目及所需数量符合表3.5-3的规定。

表3.5-3　　　　　　　　　　　混凝土试验项目及所需数量

试验项目	混凝土拌和批数	每批取样数	受检混凝土取样总数	基准混凝土取样总数
减水率	3	1次√	3	3
坍落度	3	1次√	3	3
含气量	3	1个√	3	3
泌水率	3	1个√	3	3
凝结时间差	3	1个√	3	3
抗压强度比	3	9块或12块√	27块或36块	27块或36块
收缩率比	3	1块	3块	3块
抗冻等级	3	1块	3块	3块
钢筋锈蚀	3	1块	3块	3块

注　表中打"√"的为使用单位必测项目。

3.5.4.2　外加剂的匀质性检验

测定匀质性检验项目的全部或一部分应符合表3.5-4的规定。

3.5.5　判别规则

产品经检验，掺外加剂混凝土性能符合表3.5-1的规定，匀质性指标符合表3.5-2的规定，则判定该批编号外加剂为合格产品。如有一项指标不符合表3.5-1和表3.5-2的规定时，须加倍取样重新检验，如仍不符合要求，则判定该批编号外加剂不合格。

表 3.5 - 4   外加剂匀质性检验项目表

外加剂	含固量	pH值	表面张力	泡沫度	氯离子	还原糖	硫酸钠含量	总碱量	水泥净浆流动度	砂浆减水率	密度	细度	不溶液物
缓凝高效减水剂	√	√	√	√	√	√	√		√	√	水剂测	粉剂测	粉剂必测
引气剂		√	√	√					√	√			

注　表中打"√"的为必测项目。

3.5.6　包装、现场验收、储存及退货

3.5.6.1　包装

粉状外加剂应采用有塑料袋衬里的编织袋，每袋重 20～50kg。液体外加剂应采用塑料桶、金属桶包装或槽车运输。包装袋（桶）上要注明产品名称、型号、净质量（含量或浓度）、生产厂名、出厂日期、出厂编号，不同凝结时间的外加剂，包装袋要有明显的标识。

3.5.6.2　现场验收

凡有下列情况之一者，不予验收：①产品不合格；②技术文件不全（产品说明书、合格证、检验报告）；③质量不足；④产品受潮变质；⑤超过有效期限。

3.5.6.3　储存

外加剂应存放在固定场所，妥善保管。不同外加剂应有标记，分别堆放。粉状外加剂应注意防潮。

3.5.6.4　退货

使用单位在规定的存放条件和有效期内，经复验发现外加剂其性能与本标准不符时，应予以退货或更换。

3.5.7　水泥基渗透结晶型防水剂

水泥基渗透结晶型防水剂的技术指标、试验方法、检验规则、包装、标志、运输与储存按 GB 18445—2001 执行。

3.6　混凝土性能要求

大坝主要混凝土性能要求见表 3.6 - 1。

表 3.6 - 1   主体工程混凝土种类、强度及性能要求

分区	名称及使用部位	级配	强度	抗渗	抗冻	最大水灰比	最大粉煤灰掺率/%	极限拉伸/10^{-4}
I	坝体内部碾压混凝土	三	$C_{180}20$	W2	F50	0.47	60	0.85
II	坝体上游面表层变态混凝土	二	$C_{180}20$	W8	F100	0.44	40	0.85

分区	名称及使用部位	级配	强度	抗渗	抗冻	最大水灰比	最大粉煤灰掺率/%	极限拉伸/10^{-4}
II′	坝体下游面表层变态混凝土	三	$C_{180}20$	W6	F100	0.44	40	0.85
III	坝体上游防渗层碾压混凝土	二	$C_{180}20$	W8	F100	0.47	60	0.85
IV	拱坝底部基础及左岸坝基常态混凝土垫层	三	$C_{90}25$	W6	F100	0.55	30	0.85
IV′	右岸坝基垫层、底部基础及左岸坝基过渡层变态混凝土	三	$C_{180}25$	W6	F100	0.44	40	0.85
V	溢流堰堰面常态混凝土	二	$C_{90}30$	W6	F100	0.55	30	0.85
VI	溢流堰内部常态混凝土	三	$C_{90}20$	W4	F100	0.60	40	0.80
VII	溢流堰闸墩、冲砂孔上下游闸墩和牛腿常态混凝土	二	$C_{90}30$	W4	F100	0.55	30	0.90
VIII	坝体廊道和生态流量管周边变态混凝土	二	$C_{180}20$	W2	F50	0.44	40	0.80
IX	导流底孔周边变态混凝土	三	$C_{180}30$	W6	F100	0.40	35	0.90
X	冲砂孔表层及下游边墙表层抗冲耐磨硅粉常态混凝土	二	$C_{90}40$	W6	F100	0.40	15	1.00
XI	电梯外壳、挑出牛腿常态混凝土	二	$C_{90}30$	W2	F100	0.55	30	0.85
XII	冲砂孔周边常态混凝土过渡层	三	$C_{90}30$	W4	F100	0.55	30	0.85

混凝土生产过程中，应不断提高管理水平，提高粗细骨料的质量，提高混凝土的保证率和合格率。不断优化、调整混凝土配合比，进一步降低水泥用量。

参 考 文 献

［1］ 吕美忠. 聚羧酸减水剂在万家口子水电站碾压混凝土配合比设计中的应用及机理性能试验［J］. 广西水利水电，2019（4）：7-11，28.

［2］ 胡宏峡. 黄登水电站大坝碾压混凝土性能及特点综述［J］. 广西水利水电，2019（4）：12-17.

［3］ 聂素娥，段昌元，和强. 曼点水库碾压混凝土大坝质量成果控制与分析［J］. 中国水能及电气化，2019（7）：1-11.

［4］ 陈荣华. 王家洲水库碾压混凝土大坝质量控制要点浅析［J］. 中国水能及电气化，2019（5）：6-11.

［5］ 张炳初. 干热河谷地区碾压混凝土质量控制措施［J］. 大坝与安全，2018（4）：43-45，56.

［6］ 樊启祥，李文伟，陈文夫，等. 大型水电工程混凝土质量控制与管理关键技术［J］. 人民长江，2017，48（24）：91-100.

［7］ 李福年，张继全. 阿海水电站大坝混凝土质量控制综述［J］. 水利建设与管理，2017，37（5）：39-42.

［8］ 张胜强，杨磊，李佳伟，等. 掺石渣粉塑性混凝土配合比试验研究及应用［J］. 长江科学院院报，2016，33（5）：116-120.

［9］ 黄莉，吕正权. 皂市水电站大坝碾压混凝土原材料质量控制［J］. 陕西水利，2014（3）：122-124.

［10］ 吴旭. 碾压混凝土坝铺筑层面结合质量控制技术［J］. 水利水电施工，2012（1）：19-21，29.

［11］ 谭建军. 某工程大坝碾压混凝土原材料选择及配合比研究［A］. 贵州省岩石力学与工程学会，中

国水电顾问集团贵阳勘测设计研究院. 贵州省岩石力学与工程学会 2010 年学术年会论文集 [C]. 贵州省岩石力学与工程学会，中国水电顾问集团贵阳勘测设计研究院，贵州省科学技术协会，2010：4.

[12] 蒋睿，曾力，周启帆. 渡口坝电站混凝土配合比及性能试验 [J]. 中国农村水利水电，2009 (8)：91-93，97.

[13] 李新，黄继廷，陈海仁. 桥巩水电站二期坝碾压混凝土质量控制 [J]. 红水河，2008，27 (6)：95-100.

[14] 段云岭，郑桂水. 碾压混凝土坝施工进度与质量控制的新措施 [J]. 水力发电，2002 (2)：19-23，68.

第 4 章

碾压混凝土现场试验

在拱坝开始浇筑之前必须完成碾压混凝土的现场试验,包括室内试验和室外试验两部分。室内试验是针对拟采用的原材料、配合比、混凝土物理性能等方面进行的试验;室外试验是在室内试验的基础上,按设计要求和施工拟采用的主要工艺及措施,针对施工设备和机械、施工程序、工艺等进行的室外模拟试验,以核对室内试验成果。通过现场碾压试验,确定适合的施工配合比及施工工艺。

4.1 试验目的

通过室内试验,检验水泥、粉煤灰、外加剂等拟用原材料的质量、品质是否满足工程要求,检测砂石骨料的加工是否满足规范规程要求及工程需要;验证各原材料的适配性及所配制混凝土的力学、热学、形变、自生体积变形等参数。室内试验需提供的成果,包括原材料检验资料及鉴定意见、拟用混凝土配合比的初步意见、混凝土力学、热学性能参数及绝热温升等资料,以便开展室外试验和进行大坝的温控计算。

室外试验需进行常温、高温条件下的两次试验,用来模拟坝体在常温季节及高温季节的混凝土施工工艺。通过室外试验确定碾压混凝土拌和工艺参数、碾压施工参数(包括运输、平仓方式、摊铺厚度、碾压遍数和振动行进速度等)、骨料分离控制措施、层面处理技术措施、成缝工艺及雨天施工标准及措施等;同时验证室内选定配合比的可碾性和合理性及碾压混凝土质量控制标准和措施,确定各分区混凝土施工配合比。

4.2 试验要求

4.2.1 室外试验

根据初步计划,常温季节的室外试验定于 2009 年 11 月初进行,高温季节的碾压混凝土室外试验可以选在 2010 年 5—6 月进行。现场试验要求详见《云南宣威市万家口子水电站碾压混凝土拱坝混凝土室内试验技术要求》(45087S - 143A - 01U)及《云南宣威市万家口子水电站碾压混凝土拱坝室外试验技术要求》(45087S - 143 - 02U)。试验方法应按已得到批准的试验大纲进行。试验所采用的混凝土生产系统、混凝土的拌和原材料(包括人工砂石料、水泥、粉煤灰和外加剂等)以及所采用的混凝土运输机械(或设备)、仓内施工（包括摊铺、喷浆、碾压、振捣、成缝）设备等均应与计划用于拦河坝碾压混凝土仓面施工的原材料及设备相同。

4.2.2 碾压混凝土配合比验证试验

现场试验过程测试包括对原材料（水泥、人工砂石骨料、外加剂及其他掺合料等）、现场环境、机口拌和物等各项常规检测，碾压混凝土 V_c 值及碾压混凝土凝结时间等测试，并进行机口和仓面各项试验的试件取样制作，验证室内所作配合比在现场碾压施工过程中的可操作性和合理性。

碾压混凝土拌和物在机口及仓面上的取样检测项目按表 4.2-1、表 4.2-2 执行。

表 4.2-1　　　　　　　　　　碾压混凝土机口检测项目

序号	检测项目	检测频率	检 测 目 的
1	V_c 值	次/2h*	检测碾压混凝土的可碾性，控制工作度变化
2	拌和物均匀性	每班一次；在配合比或拌和工艺改变、机具投产或检修后等情况下分别另检测一次	调整拌和时间，检测拌和物均匀性
3	含气量	使用引气剂时，每班 1～2 次	调整引气剂掺量
4	混凝土出机口温度（T 口）	次/2～4h	混凝土机口温度在采用地弄出料、料仓设防晒棚架的条件下，与当时旬平均气温相近
5	水胶比	每班一次	检测拌和物质量
6	拌和物外观	次/每 2h	检测拌和物均匀性

*　表示在气候条件变化较大（大风、雨天、高温）时应适当增加检测次数。

表 4.2-2　　　　　　　　　　碾压混凝土仓面检测项目

序号	检测项目	检测频率	控 制 标 准
1	V_c 值及外观评判	每 2h 一次	
2	碾压遍数	按试验内容控制	
3	压实容重	每一铺筑层中每个强度分区应有 4 个以上检测	压实容重应不小于 98%
4	抗压强度	相当于机口取样数量的 5%～10%	
5	骨料分离情况	全过程控制	不允许出现骨料集中现象
6	两个碾压层间隔时间	试验内容控制	
7	混凝土加水拌至碾压完毕时间	全过程控制	小于 1.5h
8	混凝土浇筑温度 T_p	1 次/2～4h，每次不少于 3 个测点	测试混凝土出机口后至仓面振捣完毕的升温，并推求升温与当时气温的关系
9	混凝土入仓温度	1 次/2～4h	
10	仓面环境（气温、风速及湿度）	1 次/2～4h	

4.2.3　碾压混凝土施工工艺试验

应根据试验结果确定碾压混凝土拌和投料顺序和拌和时间，检测混凝土的初、终凝时间、混凝土容重等。要通过试验确定碾压遍数与容重的关系、碾压层厚与碾压遍数的关系，要通过试验确定混凝土层面、施工缝及冷缝等适宜的处理方式和层面处理材料及配合比、试验机械和设备性能、碾压方式及碾压混凝土连续升层允许间歇时间等。

4.2.4　现场碾压混凝土性能参数试验

除按施工要求对试验现场取回的试件进行各龄期不同性能的试验外，还须在试验块作钻孔芯样检测、钻孔压水检测、层间原位抗剪断试验，通过上述测试进一步核定碾压层厚、遍数、碾压方式、层间施工缝面处理方式与层间结合强度的关系，层间结合应通过原位抗剪断试验判定其强度。设计要求抗剪断指标为 $c' > 0.70$MPa，$f' > 1.0$。

钻孔取样是评定碾压混凝土质量的综合方法，分别对各种级配的碾压混凝土进行取芯，测试 90d、180d 龄期的抗压强度、抗拉强度、弹性模量、极限拉伸、抗渗以及层间接触面抗剪断强度、抗拉强度。钻孔取样评定内容如下：

（1）芯样获得率：评定碾压混凝土的均质性。

（2）芯样的物理力学性能试验：评定碾压混凝土的均质性和力学性能。

（3）芯样外观描述：评定碾压混凝土的均质性和密实性。

4.2.5　施工中拟采用的各种新技术、新材料、新工艺

施工中拟采用的各种新技术、新材料、新工艺等必须做好现场试验，并有可靠的保证条件和充分的论证，且得到监理人的批准后才允许应用到主体工程中。

4.2.6　碾压混凝土现场模拟试验

碾压混凝土现场模拟试验的操作细节的有关规定严格按 SL 48—94《水工碾压混凝土试验规程》执行。

参 考 文 献

［1］杨志华. 山口岩拱坝碾压混凝土现场试验设计 [J]. 水利技术监督，2013，21（5）：80-82.

［2］李春敏，刘树坤，谢彦辉，等. 马堵山水电站厚层碾压混凝土现场试验及检测仪器对比测试成果 [J]. 水利水电技术，2009，40（11）：59-67.

［3］叶卫国，龚前良. 宜兴抽水蓄能电站上水库副坝碾压混凝土现场试验 [J]. 湖北水力发电，2008（3）：56-61.

［4］李春敏，刘树坤. 黄花寨水电站碾压混凝土现场试验成果及启示 [J]. 建筑机械，2008（5）：26，28，30，32-34.

［5］杜三林. 彭水大坝碾压混凝土现场试验研究 [J]. 人民长江，2007（2）：26-28.

［6］梁浩. 江垭碾压混凝土坝设计与施工中若干问题的探讨 [D]. 南京：河海大学，2007.

［7］罗国杰，张自强，徐玉杰，等. 禹门河水库大坝碾压混凝土现场试验研究 [J]. 河南水利，

2005 (12)：51-52.

[8] 任峰，张桂珍，张桂梅，等. 汾河二库大坝碾压混凝土现场试验 [J]. 山西水利科技，2000 (S1)：97-99.

[9] 杨立忱，梁维仁，关晓明. 江垭大坝碾压混凝土现场试验 [J]. 水利水电技术，1998 (2)：39-42.

[10] 牟惠. 三峡工程碾压混凝土第一阶段生产性现场试验在混凝土纵向围堰进行 [J]. 人民长江，1995 (6)：6.

第 5 章

碾压混凝土施工质量控制

5.1 碾压混凝土施工配合比确定与控制

万家口子水电站拱坝碾压混凝土配合比设计应根据其所处部位的工作条件，分别满足设计提出的抗压、抗渗、极限拉伸、抗剪和抗冻等指标要求，各种混凝土的主要技术性能要求应遵照《碾压混凝土拱坝材料分区图》（45087S-0531-020）及相应部位的分层分块图及相关规范的有关要求执行。同时应满足混凝土强度保证率、均质性及施工和易性要求；并应采取措施，不断优化混凝土配合比，合理降低水泥用量以利于温控防裂。

各种不同品种的混凝土配合比必须通过试验选定，其试验方法应按相关规范的有关规定执行。混凝土配合比试验前 15d，承包人应将各种配合比试验的配料及其拌和、制模和养护等的配合比试验计划报送监理人。

碾压混凝土配合比设计的 V_C 值为 5s±2s，含气量为 3%～4%。

碾压混凝土胶凝材料使用 42.5 普通硅酸盐水泥、42.5 中热硅酸盐水泥和优质 II 级粉煤灰或 I 级粉煤灰，胶凝材料总量不低于 150kg/m³，其中粉煤灰掺量按胶凝材料质量计不得超过 65%。

为使碾压混凝土获得优良的技术性、经济性和耐久性，混凝土均应联合掺用缓凝高效减水剂和引气剂。

施工所采用的混凝土配合比必须由试验确定，并报监理人批准后才能采用。施工过程中，若需要更换原材料的品种或来源时，应提前通过试验调整配合比。

碾压混凝土的强度、抗渗、V_C 值等性能指标及初、终凝时间，除作室内试验之外，还需作现场试验和试块芯样的抗压强度和抗渗检验。碾压混凝土的 V_C 值应根据施工现场的施工条件和气候变化，在一定范围内动态选用和控制。

碾压混凝土层间垫层材料配合比必须由室内试验确定，并经现场碾压试验验证，经监理人批准后才能采用。

常态混凝土和碾压混凝土的已浇混凝土层面、缝面等新老混凝土的结合面上在新浇混凝土时铺洒的灰浆或砂浆，其强度等级应比新浇混凝土提高一级。

5.2 碾压混凝土拌制质量控制与检验

（1）碾压混凝土拌制生产质控网点按工序划分，质量控制检验项目和检测频率符合表

5.2-1 的规定。

表 5.2-1 混凝土拌制生产质量控制检验项目和检测频率

名 称	项目	检验项目	检测频率
原材料	水泥	比表面积、密度、凝结时间、安定性、强度	1次/400t
		全面检验	1次/季度水化热按1次/2月、碱含量按1次/半年
	粉煤灰	需水量比	1次/200t
		细度、烧失量	1次/200t
		全面检验	1次/月
	人工砂	细度模数、石粉含量、微粒含量	1次/8h
		表面含水率	1～2次/4h
		全分析	1次/季度
	碎石	超逊径、中径	1次/8h
		含水率（小石）	1次/8h 或需要时
		骨料裹粉含量	1次/周或需要时
		全分析	1次/季度
	缓凝高效减水剂	溶液浓度	1次/8h
	引气剂	溶液浓度	1次/8h
		表面张力	1次/批
混凝土拌制	计量	计量器（电子秤）率定	1次/月
	配料	应配量、实配量、误差检查	1～2次/8h
	拌和	拌和时间	1～2次/8h
混凝土拌和物	工作度	V_C 值（机口）	1次/2h*
	含气量	含气量（机口）	1次/4h
	温度	混凝土温度、气温、水温	1次/2h
硬化混凝土	抗压强度	90d	1组 500m³
		180d	1组 1000m³
	全面检验	抗压强度（28d、90d、180d）	每种配合比每季度1次
		劈拉强度（90d、180d）	
		极限拉伸（90d、180d）	
		抗渗（180d）	
		抗冻（180d）	
		抗压弹性模量（180d）	
砂浆	抗压强度	抗压（90d、180d）	每层面1次

* 表示当气候条件变化较大（大风、雨天、高温）时适当增加检测次数。

（2）碾压混凝土拌制配料应严格控制称量偏差，其允许偏差符合表 5.2-2 的规定。

表 5.2-2　　　　　　　　配料称量检验标准

材料名称	水	水泥、粉煤灰	粗细骨料	外加剂
允许偏差/%	1	1	2	1

（3）对于拌制碾压混凝土的拌和系统投产前必须通过试验对碾压混凝土拌和物均匀性进行检验，投入运行后应定期检测。

碾压混凝土拌和物均匀性检测结果，应符合下列规定：

1）用洗分析法测定粗骨料含量时，两样品的差值应小于 10%。

2）用砂浆容重分析法测定砂浆容重时两个样品的差值应不大于 30kg/m³。

（4）对于混凝土配合比，应根据混凝土拌和物的工作度变化及时作好调控工作，为了满足混凝土施工适应性，现场质量控制人员可根据拌和物情况对混凝土用水量、砂率等参数作适当调整。

1）碾压混凝土出机口 V_C 值按 5s±2s 控制，并应根据仓面施工需要和气候条件进行动态控制。小雨及高温中施工尤应根据仓面需要及时调整 V_C 值。

2）当砂子细度模数超出控制中值±0.2 时，应调整配料单的砂率。

3）掺引气剂的碾压混凝土含气量，超出规定时，应及时调整引气剂掺量。

（5）碾压混凝土废料与处置。

1）碾压混凝土拌和物质量出现下列情况之一时，按废料处置。

a. 碾压混凝土配料单算错，用错或输入配料指令错误，无法补救，不能满足质量要求的碾压混凝土拌和物。

b. 碾压混凝土配料时，任意一种材料计量失控或漏配的不符合质量要求的碾压混凝土拌和物。

c. 碾压混凝土原材料未经质量验收检验或实用原材料类别与施工配料单不符。

d. 出机碾压混凝土拌和物的温度连续 3 盘超出允许值的碾压混凝土拌和物。任一盘 V_C 值超过 15s。

e. 拌和不均匀，夹混生料或冰块的碾压混凝土拌和物。

2）碾压混凝土拌和物废料不得入仓，混入仓内的废料必须挖除。

5.3　碾压混凝土运输质量控制

（1）安排混凝土浇筑仓面应做到统一平衡，以确保混凝土质量和充分发挥机械设备效率。混凝土运输过程中不得发生严重分离、漏浆、严重泌水及过多增大工作度等现象。

（2）混凝土在运输过程中，应尽量缩短运输时间及减少转运次数。因故停歇过久，混凝土超过直接铺筑允许时间，应作废料处理。严禁在运输途中和卸料时加水。

（3）运输能力应与拌和、浇筑能力和仓面具体情况相适应。

（4）各种运输机具在转运或卸料时，出口处混凝土自由落差均不宜大于 1.5m，超过 1.5m 宜加设专用垂直溜管或转料漏斗。

（5）汽车运输。

1）在气温不低于25℃时，汽车应设置遮阳棚，以减少运输途中混凝土温度回升。

2）运送混凝土的汽车入仓前，必须冲洗轮胎和汽车底部所粘的泥土、污物，严禁将水冲到车厢内的混凝土上。汽车冲洗干净必须脱水，否则不得入仓。

（6）高速皮带机供料线及塔（胎）带机运输。

1）输送混凝土前必须清除胶带机上积水及所有杂物。

2）设备维护时不应将油洒在胶带上；在清洗时严禁清洗用水流入未初凝的混凝土浇筑仓面。

3）运输混凝土的胶带机应有遮阳、防雨措施。

（7）负压溜管运输

1）采用负压溜管运输混凝土时，应在负压溜管出口设置垂直向下的弯头；负压溜管的坡度和防分离措施应通过现场试验确定。

2）负压溜管在运输混凝土过程中应加强巡视和维护，且一般不宜将受料斗放卒。

5.4 碾压混凝土施工现场质量控制与检验

（1）施工现场碾压混凝土质量控制检验内容和检测频率符合表5.4-1的规定。

表5.4-1　　　　　　　　　施工现场混凝土质量控制检验内容和检测频率

名　称	项　目	检验内容	检测频率
碾压混凝土	入仓混凝土拌和物	混凝土V_c值、浇筑温度	每班2~4次
		层间间隔时间	1次/层
		抗压强度（28d、90d、180d）	是机口取样数量的5%~10%
	碾　压	碾压厚度、压实厚度	每碾压条带检测1次
		相对密实度	每100~200m²为1检测点
	成　缝	缝位、缝深宽、隔缝材料	1次/层（缝）
	雨天施工	迅速碾压、防雨保护、积水排除	1次/每一降雨过程
	层间铺浆	均匀性、有无漏铺	1次/层
变态混凝土	制　浆	浆液浓度（制浆站、仓面）	每班2~4次

（2）碾压混凝土的铺筑作业应均匀连续进行。连续铺筑的碾压混凝土层间间隔时间应控制在初凝时间以内，不同季节和不同气温条件下的混凝土初凝时间及直接铺筑允许时间应由现场碾压试验确定，间隔时间超过时必须进行处理。

（3）碾压混凝土压实厚度为30cm，碾压厚度约34cm，出现骨料分离时必须处理。平仓时应防止骨料破碎，每层碾压完必须泛浆。

（4）碾压混凝土采用塔带机直接卸料时，应控制堆料高度小于1m，尽量避免集中卸料；汽车卸料时，应采用退铺法卸料，最大堆料高度应控制在1m以内。

（5）铺筑层应以固定方向逐条带铺筑；坝体迎水面8~15m范围内，平仓方向应与坝轴线方向平行。

（6）碾压混凝土宜采用大仓面薄层连续铺筑，连续上升的层数应依据温控等要求确定。铺筑方式可采用平层通仓法，各项工艺参数必须通过现场碾压试验确定。

（7）混凝土拌和物从拌和楼出机口到仓面碾压作业完成宜控制在 1.5h 以内。

（8）碾压混凝土密实度的质量控制标准：坝体混凝土相对密实度不得小于 98.5％。

（9）仓面碾压时混凝土的 V_C 值宜控制在 （5～7）s±3s。

（10）成缝按施工详图阶段设计图纸要求执行。

（11）施工缝及冷缝必须进行缝面处理，缝面处理可采用冲毛等方法清除混凝土表面的浮浆及松动骨料形成毛面。层面处理完成并清洗干净，在铺筑碾压混凝土前，略超前均匀铺 1.5～2cm 厚的砂浆或铺 3～5cm 厚的小级配常态混凝土（通过现场试验选择确定），其强度应比碾压混凝土等级高一级；二级配区每层面在覆盖之前铺一层净浆。

（12）养护按引用标准的相关规定进行。

（13）变态混凝土应随着碾压混凝土浇筑逐层施工；变态混凝土分两层摊铺，在底部和中部加浆，或采用抽槽加浆。采用机械振捣。

（14）变态混凝土振捣。振捣器插入混凝土的间距应根据试验确定，并不超过振捣器有效半径的 1.5 倍，振捣器应垂直按顺序插入混凝土，避免漏振。层面连续上升时，要求浇筑上层混凝土时振捣器应垂直深入下层变态混凝土 5～10cm，振捣器拔出时，混凝土表面不得留有孔洞。

（15）异种混凝土浇筑。

1）靠岸坡岩面上的常态混凝土垫层及上游面倒悬结构的常态混凝土等应与主体碾压混凝土同步上升进行浇筑施工。

2）常态混凝土与碾压混凝土的结合部应按 DL/T 5112—2000 有关规定处理。

（16）碾压混凝土在降雨强度每 6min 小于 0.3mm 的条件下，可采取下述措施继续施工。

1）适当加大拌和楼出机口拌和物 V_C 值，适当减小水灰比。

2）卸料后立即平仓、碾压，或覆盖，未碾压的拌和物暴露在雨中的受雨时间不宜超过 10min，并根据仓面拌和物情况注意补浆。

3）设置排水，防止积水侵入碾压混凝土中。

（17）当降雨强度每 6min 不小于 0.3mm 时，应停止拌和，并迅速完成尚在进行中的卸料、平仓和碾压作业。刚碾压完成的仓面应采取防雨保护和排水措施。如遇大雨或暴雨，来不及平仓碾压时，应用防雨布迅速覆盖仓面，待雨后进行处理。

（18）雨后恢复施工前，必须处理已损失灰浆的碾压混凝土，对层面严格按规定进行处理。

5.5 温控

5.5.1 温控标准

（1）基础温差：碾压混凝土浇筑均匀连续上升时，基础允许温差值符合表 5.5-1 规定。

表 5.5-1 基础允许温差表

部 位	允许基础温差 T_0/℃	允许最高温度 T_{max}/℃
$(0\sim0.2)L$	14	28
$(0.2\sim0.4)L$	15	29
$>0.4L$		$30\sim32$

注 L 为浇筑块最大边长，单位 m。

（2）上、下层温差：碾压混凝土层间出现大于 28d 的长间歇，上、下层允许温差为 15℃。

（3）内外温差：为防止坝体内外温差过大引起混凝土表面产生裂缝，施工中坝体内外温差应控制在 16℃以内。

（4）允许浇筑温度：为便于施工管理，提出各月份混凝土允许浇筑温度要求，见表 5.5-2。

表 5.5-2 坝体混凝土各区允许浇筑温度表 单位：℃

月份	1 月	2 月	3 月	4 月	5 月	6—8 月	9 月	10 月	11 月	12 月
基础约束区	10	12	17	21	23	25	23	20	15	12
弱约束区	11	13	18	22	24	25	24	21	16	13
脱离约束区	12	14	19	23	25	25	25	22	17	14

5.5.2 温控防裂措施

（1）有效降低混凝土出机口温度要求成品料仓必须搭盖防晒凉棚，并设喷雾洒水等降温措施，采用 4～6℃冷水拌制混凝土，必要时采用制冷水预冷大粒径骨料并做好料仓排水措施，控制混凝土出机口温度不高于当月平均气温。严格控制混凝土运输时间和仓面浇筑层的覆盖时间，对混凝土运输设备加设遮阳保温措施，施工仓面采取喷雾降温措施，确保浇筑温度不超过标准。

（2）高温季节浇筑的混凝土，其最高温度很有可能超过标准要求，故高温季节大坝水泥必须采用中热高镁水泥。

（3）坝体采取的主要温控防裂措施可按表 5.5-3 的规定确定。

表 5.5-3 基础约束区混凝土温控措施简表

月份	1 月	2 月	3 月		4—10 月		11 月		12 月
温控措施	A（河）	A（河）	A（河）	A（冷）	A（冷）	A（冷）	A（冷）	A（河）	A（河）

注 A（河）为通河水冷却，A（冷）为通制冷水冷却。

（4）混凝土浇筑完毕后，应及时洒水养护，养护的时间不少于 28d，以保持混凝土经常湿润。对水平施工层面，洒水养护应持续至上一层碾压混凝土开始浇筑为止。

（5）如遇气温骤降，应随时覆盖。对新浇混凝土表面，尤其是基础块、上游面、廊道孔洞及其他重要部位，应进行早期表面防护；应覆盖等效放热系数不大于 5kJ/(m²·h·℃) 的保温材料。所有孔洞进出口在冬季须设门帘防止冷风进入。

5.5.3 通水冷却

1. 通水冷却的一般要求

冷却水管必须按设计图纸布置固定，初期通水要求在混凝土浇筑后 4h 以内进行，通水使用专门管路供水，必须连续通水不中断，管内水流速以 0.6m/s 为宜，且每 24h 更换进出流向一次，并测量进出口水温。如果引用施工供水系统，则必须做好施工干支管路的防晒保温，如全线包扎保温材料，如聚乙烯泡沫塑料被等。

2. 混凝土内部管材选用

主体建筑需要采用预埋水管冷却时，可根据施工条件自行选用水管的材料，当前已经广泛采用的主要有下述两种。

(1) Φ25 不镀锌钢管（或称黑铁管）：钢管力学热学性能好，是传统采用的材料，缺点是加工及安装均较不便。

(2) Φ25~28 高密聚乙烯（HDPE）塑料管：可用任意长度的塑料管在现场按设计要求布置，不需预制，只用扣钉固定位置。但采用的塑料管热学力学性能必须满足表5.5 - 4 的要求。

表 5.5 - 4　　　　　　　　　　塑料管热学力学性能

项目	壁厚 /mm	误差 极限	导热系数 /[W/(m·℃)]	比热 /[kJ/(kg·℃)]	容重 /(kg/m³)	破坏内水压力 /MPa	冲击实验①	渗漏实验②
指标	2.0	+0.4 −0	>0.45	1.5±0.3	1100（左右）	>2.0	不破坏不变形	不渗水滴

①　冲击实验可用 50kgΦ80~120 卵石在 1.5m 高处自由下落冲击管身，连冲 2 次。

②　抗渗漏实验：测试管身和接头的实验。将测试的水管和接头的一段装上压力表，进水压力从 0.2MPa 开始逐步升压。每次升 0.05MPa，直至 0.6MPa。每次升压要稳压 5min，观测水管及接头有无水滴渗漏。

(3) 塑料管单根长度一般是 250m，现场施工需要加长时最好采用等径、异径（或其他形式）管件做热熔焊接，也可内插钢管捆扎连接，但要保证在额定压力下无水滴渗漏。

(4) 塑料冷却管一般用于混凝土内部，须要引到混凝土外侧时，应先接好钢管，钢管外伸约距混凝土表面 300~500mm。

(5) 采用 Φ25 塑料管作通水冷却时，为弥补管径较小降温较差的缺陷，可将通水流量提高 20% 左右。

3. 一期冷却

所有冷却水管都进行一期通水冷却，常温或低温季节浇筑的混凝土，一期通水采用低温清洁河水，冷却时间一般持续 30d；高温季节浇筑的混凝土，一期通水采用 10℃ 制冷水，冷却时间一般为 12~15d。通水时间达到设计要求后，可作闷管测温，即是让管内充满河水，将进出口封闭好，经过足够的闷管天数（表 5.5 - 5）后可用风压将管内积水徐徐压出，并将温度计置于管口测温。闷管水温达到 30℃ 以下，则初期通水冷却结束，如无后期通水要求可将水管用水泥砂浆封堵。对于有后期冷却要求的水管，则必须将水管进出口封闭好并标注水管层次妥善保存，以便后期冷却时能正常使用。

表 5.5－5   闷 管 最 少 天 数

水管间距/m	1.0×1.0	1.5×1.0	1.5×1.5	1.5×2	1.5×3.0	2.0×3.0
闷管天数/d	3	3.5	4	5	6	7

4. 中期通水冷却

中期通水是削减坝体内外温差的有效措施。高温季节浇筑的混凝土内部温度都不同程度地存在超过设计允许最高温度的问题。为使浇筑的混凝土温度在越冬前接近年平均气温，同时减轻后期冷却的压力，在必要的时候，应视不同部位与其可能超温情况，适时在混凝土中进行中期通水，中期通水冷却部位及时间另见冷却及灌浆计划。

5. 后期冷却

后期通水冷却是在坝体接缝灌浆前用 6℃ 制冷水进行冷却，以便将坝体温度降低到设计规定的灌浆温度。二期冷却通水时间另见冷却及灌浆计划。

5.6　碾压混凝土质量评定

（1）碾压混凝土生产质量控制应以 150mm 标准立方体试件、标准养护 180d 的抗压强度为准。碾压混凝土试件应在机口取样成型。

（2）混凝土试件的成型、养护及试验按相关规范规定进行。

（3）混凝土抗冻、抗渗检验的合格率不应低于 80%。

（4）碾压混凝土生产质量管理水平衡量标准应符合表 5.6－1 的规定。抗压强度的均方差和变异系数应由一批（至少 30 组）连续机口取样的试验值求得。

表 5.6－1   碾压混凝土生产质量管理水平衡量标准（龄期 180d）

评定项目	质 量 管 理 水 平			
	优	良	一般	差
变异系数 C	<0.15	0.15～0.18	0.18～0.22	>0.22
均方差 S/MPa	<3.5	3.5～4.0	4.0～4.8	>4.8

注　$\overline{X}>20MPa$，平均抗压强度采用均方差 S 标准评定；$\overline{X}\leqslant20MPa$，采用变异系数 C_v 标准评定。

（5）碾压混凝土质量评定，应以设计龄期的抗压强度为准，并遵照 DL/T 5112—2000 按抽样次数分大样本和小样本两种评定方法执行。

1）大样本（≥30 组）。

$$F(X)=\overline{X}(1-tC_v)\geqslant R \text{ 或 } F(X)=\overline{X}-ts\geqslant R$$

$$X_{min}=KR \text{ 或 } X_{min}=R+BS$$

K 和 B 为与强度保证率和生产控制水平有关的系数，按表 5.6－2 的规定确定。

当 $F(X)\geqslant R$ 和 $X_{min}\geqslant KR$ 或 $R+BS$ 时，碾压混凝土质量合格。

表 5.6－2   碾压混凝土质量评定公式系数

强度保证率系数 t	$\overline{X}\leqslant20MPa$	$\overline{X}>20MPa$	
	K	B（给定 S 时）	BS（S=4.3MPa 时）
0.84	0.73	－1.16	－4.98

2）小样本（试验组数小于 6 组）。

当 $\overline{X} \geqslant X_{\min}$ 时，碾压混凝土质量合格。

小样本评定允许最低平均强度值（$X_{\min}$）按表 5.6 - 3 的规定确定。

表 5.6 - 3　　　　　　　　小样本评定允许最低平均强度（$X_{\min}$）

求平均强度（$\overline{X_i}$）的连续抽样组数	$X \leqslant 20\text{MPa}$	$X > 20\text{MPa}$	
	$C_v = 0.19$	给定 S	$S = 4.3\text{MPa}$
1	$0.73R$	$R - 1.16S$	$R - 4.98$
2	$0.87R$	$R - 0.57S$	$R - 2.46$
3	$0.92R$	$R - 0.31S$	$R - 1.35$
4	$0.96R$	$R - 0.16S$	$R - 0.68$
5	$0.98R$	$R - 0.05S$	$R - 0.23$
6	R	$R - 0.02S$	$R - 0.1$

（6）钻孔取样是评定碾压混凝土质量的综合方法。钻孔取样可在碾压混凝土达到设计龄期后进行。钻孔的部位和数量应根据需要确定。

钻孔取样评定的内容如下：

1）芯样获得率：评价碾压混凝土的均质性。

2）压水试验：评定碾压混凝土抗渗性。

3）芯样的物理力学性能试验：评定碾压混凝土的均质性和力学性能。

4）芯样外观描述：评定碾压混凝土的均质性和密实性，评定标准按表 5.6 - 4 的规定确定。

表 5.6 - 4　　　　　　　　碾压混凝土芯样外观评定标准

级别	表面光滑程度	表面致密程度	骨料分布均匀性
优良	光滑	致密	均匀
一般	基本光滑	稍有孔洞	基本均匀
差	不光滑	有部分孔洞	不均匀

注　本表适用于金刚石钻头钻取的芯样。

（7）测定抗压强度的芯样直径以 15～20cm 为宜。

（8）以高径比为 2.0 的芯样试件为标准试件。不同高径比的芯样试件的抗压强度与高径比为 2.0 的标准试件抗压强度的比值见表 5.6 - 5。高径比小于 1.5 的芯样件不得用于测定抗压强度。$\Phi15\text{cm} \times 30\text{cm}$ 标准试件与 15cm 立方体试件的抗压换算关系按表 5.6 - 5 的规定确定。

表 5.6 - 5　　　　　不同高径比和圆柱体试件与立方体试件抗压强度换算系数

强度等级 /MPa	不同高径比试件抗压强度换算系数		$\Phi15\text{cm} \times 30\text{cm}$ 抗压强度
	高径比		15cm 立方体抗压强度
	1.5	2.0	
10～20	1.166	1.0	0.775

续表

强度等级 /MPa	不同高径比试件抗压强度换算系数		Φ15cm×30cm 抗压强度
	高径比		
	1.5	2.0	15cm 立方体抗压强度
20～30	1.066	1.0	0.821
30～40	1.039	1.0	0.867
40～50	1.013	1.0	0.910

注 1. 弹性模量、轴拉强度和拉伸变形试验试件的高径比为 2.0～3.0。

2. 高径比 1.5～2.0 之间的换算系数可用内插法求得。

3. 不同高径比试件抗压强度换算系数 = $\dfrac{\text{不同高径比试件抗压强度}}{\text{高径比为 2.0 的试件的抗压强度}}$。

（9）芯样评定。芯样评定的检测内容和质量标准符合本标准表 8.2 - 2 的规定。

参 考 文 献

［1］ 刘景全，朱建华. 奋斗水库碾压混凝土重力坝施工质量控制措施 ［J］. 黑龙江水利科技，2018，46（12）：162 - 164.

［2］ 陈丰菊. 研究水库碾压混凝土坝的施工质量控制 ［J］. 建材与装饰，2018（39）：290 - 291.

［3］ 任天翊. 大石涧水库碾压混凝土施工方法及控制措施 ［D］. 杨凌：西北农林科技大学，2018.

［4］ 吴双宾. 对水工碾压混凝土施工质量控制的几点看法 ［J］. 中国高新区，2018（8）：206.

［5］ 冉光俊. 白云岩骨料碾压混凝土施工质量控制 ［J］. 陕西水利，2017（S1）：202 - 203.

［6］ 张启蒙. 云河水库碾压混凝土重力坝施工质量控制 ［J］. 陕西水利，2017（3）：44 - 46.

［7］ 黄杰. 浅析碾压混凝土大坝质量控制方法 ［J］. 珠江水运，2016（21）：64 - 65.

［8］ 谢春苇. 水电站大坝碾压混凝土施工质量控制分析 ［J］. 科技创新与应用，2016（26）：214.

［9］ 秦四云. 对水工碾压混凝土施工质量控制的几点看法 ［J］. 黑龙江科技信息，2016（19）：214.

［10］ 陈俊名，周可. 水利工程碾压混凝土坝施工质量控制 ［J］. 江西建材，2015（6）：97 - 98.

［11］ 彭克龙，张妍华. 观音岩水电站大坝碾压混凝土施工质量控制 ［J］. 水利水电技术，2014，45（5）：8 - 11.

［12］ 孙宝海，胡艳玲，薛振宇. 大坝碾压混凝土施工质量控制综述 ［J］. 水利水电施工，2014（2）：22 - 25.

第6章

碾压混凝土工程质量检查及评定标准

6.1 单元工程质量检查及评定标准

6.1.1 一般规定

（1）碾压混凝土单元工程划分按坝段分浇筑层高度（一般为3m）或验收区、段划分为一个单元。

（2）碾压混凝土单元工程质量标准由基础面或混凝土施工缝处理，模板，钢筋，预埋件，止水、伸缩缝和排水管，碾压混凝土的拌和、运输铺筑、层间结合和变态混凝土等工序的质量标准组成。

6.1.2 基础面或混凝土施工缝处理

基础面或混凝土施工缝处理质量检查及评定标准按 DL/T 5113.8—2000 的有关规定执行。

6.1.3 模板等质量检查及评定标准

模板、钢筋、预埋件、止水、伸缩缝和排水管的质量检查及评定标准按 SDJ 249.1—1988 的规定执行。

6.1.4 碾压混凝土拌和

（1）混凝土拌和质量标准和检查（测）频数符合表6.1-1的规定。

表 6.1-1　　　　　　　　混凝土拌和质量标准和检查（测）频数

项类	项次	项　目	质量标准	检查（测）频数
保证项目	1	拌和时间	拌和时间符合规定时间	1～2次/工作班
	2	出机口拌和物 V_c 值	(5～7)s±3s	1次/2h
	3	实际水胶比	配合比设计值±0.03	1次/工作班
基本项目	1	出机口混凝土温度	不大于根据设计要求的浇筑温度和根据现场试验建立的不同时期、不同运输条件下的出机口温度	1次/2h

续表

项类	项次	项 目	质 量 标 准	检查（测）频数
基本项目	2	拌和物含气量	3%～4%	2 次/工作班
	3	拌和物均匀性	采用洗分析法测定骨料含量时，两个样品差值小于 10%；采用砂浆密度分析法测定砂浆密度时，两个样品差值不大于 30kg/m³	在配合比或拌和工艺改变、机具投产或检修后等情况分别检测 1 次
	4	拌和物外观评价	1. 拌和物颜色均匀，砂石表面附浆均匀，无水泥粉煤灰团块（50%）； 2. 刚出机的拌和物用手轻握时能成团，松开后手心无过多灰浆黏附，石子表面有灰浆光亮感（50%）	1 次/2h

（2）检验方法：所有检测项目均在拌和楼机口取样，按 DL/T 5112—2000、SL 48—94 的要求检验。

（3）质量评定：

合格：保证项目符合质量标准，基本项目应有不少于 70%的测（查）数符合标准。

优良：保证项目符合质量标准，基本项目应有不少于 90%的测（查）数符合标准。

6.1.5 碾压混凝土运输铺筑

（1）混凝土运输铺筑质量标准和检查（测）频数符合表 6.1-2 的规定。

表 6.1-2　　　　　　　　　混凝土运输铺筑质量标准和检查（测）频数

项类	项次	项 目	质 量 标 准	检查（测）频数
保证项目	1	碾压遍数	碾压遍数通过试验决定，有振无振的顺序及遍数也是通过试验选定，但在检测密实度时达不到要求的应加碾压至达到要求	1 次，碾压层或每作业仓面
	2	仓面实测 V_C 值及外观评判	仓面在压实前测试 V_C 值，控制在（5～7）s±3s 波动范围，碾压 4～6 遍后，碾轮过后稍呈塑性回弹，80%以上表面有明显灰浆泛出，湿润，有亮感	2～4 次/班
	3	压实湿密实度的评判	满足碾压混凝土相对密实度不小于 98.5%的要求	1 点/（100～200m² 碾压层）
	4	混凝土养生	1. 铺筑仓面保持湿润； 2. 永久暴露面养生时间符合要求； 3. 水平施工层面养护至上层碾压混凝土铺筑为止	1 次/工作班
基本项目	1	运输与卸料工艺	1. 运输方式与运输机具有避免产生骨料分离的措施； 2. 车辆入仓前轮胎冲洗干净，在仓面行驶无急刹车、急转弯； 3. 任一环节的接料、卸料的跌落高度为 1.0～1.5m，料堆高度不大于 1.0m； 4. 仓内卸料采用均匀的方式，卸料堆旁的分离骨料已处理	2 次/工作班

项类	项次	项 目	质 量 标 准	检查（测）频数
基本项目	2	平仓工艺	薄层平仓：①碾压厚度约 34cm，如有骨料分离已处理；②边缘死角部位辅以人工摊铺；③平仓后仓面平整，无坑洼，厚度均匀	2 次/工作班
	3	碾压工艺	1. 在坝体迎水面 8～15m 范围内碾压方向应与水流方向垂直，其他范围也宜垂直水流方向； 2. 碾压条带重叠 10～20cm，端头部位搭接宽度应不小于 100mm； 3. 靠近模板周边采用小振动碾碾压防止冲击模板	2 次/工作班
	4	成缝	1. 位置准确； 2. 成缝深度、宽度、填缝材料符合设计要求	1 次/层（缝）
	5	止水、埋件保护	止水及埋件埋设符合设计要求，保护完好	1 次/碾压层
	6	浇筑温度	不大于设计要求的浇筑温度	2～4 次/工作班
	7	雨天施工	迅速碾压、进行防雨保护、排除积水，雨后复工按规定进行	1 次/每一降雨过程

（2）检查方法：保证项目和基本项目属仓面作业工艺，外观评判与检查由专人按规定的检查（测）频数做好记录。

（3）质量评定：

合格：保证项目符合质量标准，基本项目应有不小于 70% 的测（查）数符合标准。

优良：保证项目符合质量标准，基本项目应有不小于 90% 的测（查）数符合标准。

6.1.6 层间结合

（1）坝体碾压混凝土铺筑质量评优时，必须达到优良质量标准。

（2）层间结合质量标准和检查（测）频数符合表 6.1-3 的规定。

表 6.1-3　　　　　　　　层间结合质量标准和检查（测）频数

项类	项次	项 目	质 量 标 准	检查（测）频数
保证项目	1	碾压混凝土拌和物从出机到碾压完毕历时	不超过 1.5h	2 次/碾压层
	2	层间间隔时间	控制在直接铺筑允许间隔时间内，时间根据现场凝结时间试验确定	1 次/每一碾压层间
	3	碾压面状态与处理	超过初凝时间的层面，铺 1.5cm 砂浆后再铺上层碾压混凝土；超过终凝时间的层面，按施工缝处理后再覆盖上层碾压混凝土	出现时检查
	4	层间铺浆	二级配混凝土上层铺料前全部均匀喷洒净浆	1 次/碾压层面
基本项目	1	碾压层面保护	1. 层面应保持清洁，无污染，湿润； 2. 避免履带机械在已硬化层面往返走与原地转动	1 次/碾压层

（3）检查方法：由专人按规定的检查（测）频数测试并做好记录。

（4）质量评定：

合格：保证项目符合质量标准，基本项目应有不少于 70％ 的测（查）数符合标准。

优良：保证项目符合质量标准，基本项目应有不少于 90％ 的测（查）数符合标准。

6.1.7　变态混凝土质量

（1）变态混凝土浇筑按 DL/T 5112—2000 的要求进行。

（2）变态混凝土（碾压混凝土与岸坡、上下游面、廊道、止水铜片周边结合的混凝土）质量标准和检查（测）频数符合表 6.1 - 4 的规定。

（3）检查方法：由专人按规定的检查（测）频数测试并做好记录。

（4）质量评定：

合格：保证项目符合质量标准，基本项目应有不少于 70％ 的测（查）数符合标准。

优良：保证项目符合质量标准，基本项目应有不少于 90％ 的测（查）数符合标准。

表 6.1 - 4　　　　　　　　　　变态混凝土质量标准和检查（测）频数

项类	项次	项　目	质　量　标　准	检查（测）频数
保证项目	1	检查水泥粉煤灰净浆配合比	符合设计要求	1 次/工作班
	2	浆液浓度	符合设计要求	2～4 次/工作班
	3	加浆数量	符合设计要求	每部位或铺筑层面 1 次
基本项目	1	施工工艺	先在岸坡岩面上喷洒 5mm 的净浆，然后铺筑碾压混凝土，再在混凝土中喷洒 4％～6％ 的净浆；上游面分两层摊铺，底部和中部加浆；其他部位 1 次摊铺，1 次加浆	每部位或铺筑层面 1 次
	2	振捣作业	1. 振捣间距不超过振捣器有效半径的 1.5 倍； 2. 垂直插入下层 5cm，有次序，无漏振； 3. 不得碰撞模板、钢筋、止水、止浆片及其他埋件； 4. 在碾压和变态混凝土初凝前及时振捣，振捣密实，碾压和变态混凝土完成后骑缝碾平	每部位或铺筑层面 1 次
	3	铺筑宽度	符合设计要求	每部位或铺筑层面 1 次

6.1.8　单元工程质量评定

合格：基础面或混凝土施工缝处理、模板、钢筋、预埋件、止水、伸缩缝、排水管、碾压混凝土拌和、运输铺筑、层间结合、变态混凝土各工序全部合格。

优良：在以上工序全部合格的基础上，基础面或混凝土施工缝处理、钢筋、碾压混凝土运输铺筑、层间结合 4 项工序都评为优良，其他工序中有 1 项达到优良，则评为优良。

6.2 分部工程质量检查及评定标准

6.2.1 一般规定

（1）分部工程划分宜按不同功能的 2～3 个坝段为一个分部工程。

（2）分部工程质量评定包括混凝土抽检质量、钻孔取样和碾压混凝土坝及防渗体表面外观等质量标准和评定。

6.2.2 混凝土抽检质量

碾压混凝土机口及现场抽检质量检查项目与标准评定符合表 6.2-1 的规定。

表 6.2-1　　　　　　　　碾压混凝土抽检质量标准

项类	项次	项　目	质　量　标　准	检验频数
保证项目	1	V_C 值	优良：不小于 185％的测值落在要求范围之内。 合格：不小于 70％的测值落在要求范围之内	按分部工程
	2	抗压强度保证率	优良：$P \geqslant 85\%$。 合格：$P \geqslant 80\%$	按分部工程
	3	最低抗压强度不低于设计强度的百分数	优良：$P \geqslant 95\%$。 合格：$P \geqslant 85\%$	按单元工程
基本项目	1	含气量（掺引气剂）	优良：90％的在设计规定范围之内。 合格：70％的在设计规定范围之内	按分部工程
	2	抗渗、抗冻	不低于设计要求	按规定要求取样

6.2.3 钻孔取样质量检查和评定

钻孔取样是评定碾压混凝土质量的综合方法。

质量评定按分部工程试验取得的数据进行统计分析，芯样的检测内容和质量标准符合表 6.2-2 的规定，检测组数经商定后确定。

表 6.2-2　　　　　　　　芯　样　质　量　标　准

项类	项次	项　目	质　量　标　准
保证项目	1	抗压强度保证率	优良：>85％。合格：≥80％
	2	湿表观密度	大于配合比设计值的 98.5％
	3	钻孔压水试验	二级配混凝土透水率 q 不大于 0.5Lu； 三级配混凝土透水率 q 不大于 1.0Lu
	4	抗渗等级	不小于设计值
基本项目	1	芯样获得率	优良：≥95％。合格：≥90％
	2	芯样外观鉴定	优良：表面光滑，致密，骨料分布均匀。 合格：表面基本光滑，稍有孔，骨料分布基本均匀

6.2.4 碾压混凝土坝及防渗体表面外观质量评定

（1）碾压混凝土坝及防渗体表面外观质量标准符合表 6.2-3 的规定。

表 6.2-3　　　　　　　　　碾压混凝土坝及防渗体表面外观质量标准

项类	项次	项目	质量标准
保证项目	1	几何尺寸	优良：不小于95%的测值落在允许偏差范围内 合格：不小于80%的测值落在允许偏差范围内
	2	贯穿和危害性裂缝	优良：重要部位无裂缝，非重要部位裂缝经修补后满足设计要求 合格：裂缝经修补后满足要求
基本项目	1	表面平整度	优良：达到规范规定 合格：基本达到规范规定
	2	蜂窝麻面	无或处理后符合要求

（2）质量评定：

合格：保证项目和基本项目达到合格标准。

优良：保证项目达到优良标准，基本项目达到优良或合格标准。

（3）分部工程质量评定。

合格：混凝土抽检质量、钻孔取样、碾压混凝土坝及防渗体表面外观等检查项目全部达到合格。

优良：在评为合格的基础上，混凝土抽检质量、钻孔取样和碾压混凝土坝及防渗体表面外观的保证项目都评为优良，则分部工程可评为优良。

参 考 文 献

［1］　刘东海，孙龙飞，夏谢天. 不同 V_c 值下基于压实功的 RCC 碾压参数控制标准确定方法 ［J］. 水利水电快报，2019，40（11）：5.

［2］　向弘，张虹，罗孝明，等. 黄登大坝碾压混凝土原材料及配合比性能研究与应用 ［A］. 中国大坝工程学会，西班牙大坝委员会. 国际碾压混凝土坝技术新进展与水库大坝高质量建设管理——中国大坝工程学会 2019 学术年会论文集 ［C］. 中国大坝工程学会，西班牙大坝委员会：中国大坝工程学会，2019：15.

［3］　湛影超. 水利工程大坝施工中的混凝土碾压施工技术研究 ［J］. 建筑技术开发，2019，46（5）：63-64.

［4］　吴秀荣，陈振华. 水工碾压混凝土工程单元工程质量等级评定标准修订要点说明 ［A］. 中国水力发电工程学会碾压混凝土筑坝专业委员会，中国水利学会碾压混凝土筑坝专业委员会，嘉陵江亭子口水利水电开发有限公司. 2012 年度碾压混凝土筑坝技术交流研讨会论文集 ［C］. 中国水力发电工程学会碾压混凝土筑坝专业委员会，中国水利学会碾压混凝土筑坝专业委员会，嘉陵江亭子口水利水电开发有限公司：中国水力发电工程学会，2012：4.

［5］　李重用. 水利水电工程施工质量评价方法研究 ［D］. 长沙：国防科学技术大学，2009.

［6］　韩可林. 碾压混凝土大坝工程的施工质量管理研究 ［D］. 长沙：国防科学技术大学，2008.

［7］　蓝文坚. 水工碾压混凝土施工质量控制研究与实践 ［D］. 南宁：广西大学，2006.

第 7 章

关于混凝土质量等级评定中合格
判定系数 K 的问题

7.1 问题的提出和根源

DL/T 5144—2001《水工混凝土施工规范》及 DL/T 5112—2009《水工碾压混凝土施工规范》中有相同的混凝土质量评定判别式

$$m_{f,cu} = f_{cu,k} + K t \sigma_0 \tag{7.1-1}$$

式中 $f_{cu,k}$ ——标准强度。

在工程中应用，存在验收标准（混凝土强度）自身不合格现象，见表 7.3-1。

尽管《水工混凝土施工规范》对判别式作出了说明，但仍未说清真实来源。现作如下推导：

强度统计均值 $m_{f,cu}$ 上限计算式为

$$m_u = m_{f,cu} + t_{(a,n-1)} s_0 / \sqrt{n-1} \tag{7.1-2}$$

式（7.1-1）、式（7.1-2）左侧取同值，则二式右侧相等。又令 $f_{cu,k} = m_{f,cu}$，有

$$K t s_0 = \frac{t_{(a,n-1)}}{\sqrt{n-1}} s_0 （左侧正态分布，右侧 t 分布） \tag{7.1-3}$$

则得

$$K = \frac{t_{(a,n-1)}}{t \sqrt{n-1}} \tag{7.1-4}$$

这就是计算 K 值的公式来源。

由 K 值计算式的推导过程可见判别式是错误的。理由如下：

(1) 式（7.1-4）是假定统计和计算参数 $m_{f,cu} = m_u = f_{cu,k}$ 为条件得出，实际按其各自所代表的物理涵义是不可能的。也就是 K 值的计算式建立在不可能的基础之上。

(2) 现假定式（7.1-3）存在，它是将正态分布概率度系数 t 与 t 分布系数 $t_{(a,n-1)}$ 两个不同算式无条件等同联立求解得式（7.1-4），从数学观点出发也是不严密的。因为：两种分布之间存在差异。只有当自由度 $n-1 \Rightarrow \infty$ 时、t 分布才与正态分布等价。n 值越小差异越大（特别是 $n < 30$，这不是我们所需要的）。因此方程不能无条件联立求解。

(3) DL/T 5144—2001《水工混凝土施工规范》关于 K 值的公式推导作了如下说明：

对于任何的平均强度可根据使用的标准差 σ 计算公式为

$$f_{ck} = f_c + t\sigma \qquad (7.1-5)$$

如果标准中牵涉到 n 次试验的平均值，则公式为

$$f_{ck} = f_c + \frac{t\sigma}{\sqrt{n}} \qquad (7.1-6)$$

式中　f_{ck}——需要的平均强度；

　　　f_c——规定的设计强度；

　　　t——概率度；

　　　σ——标准差的预测值。

把式（7.1-6）中的 $\dfrac{1}{\sqrt{n}}$ 作为常数 K，则式（7.1-6）变成为

$$f_{ck} = f_c + Kt\sigma \qquad (7.1-7)$$

式（7.1-6）是将是式（7.1-5）的混凝土强度满足保证率的强度增加值打了一个折扣 $1/\sqrt{n}$。

假若同种混凝土重复检验 4 次（$n=4$），保证强度值就自然地降低 $50\%(1/\sqrt{4})$。检测次数 n 越多，降低数越大，且函数关系平方根反比关系单调减。此结论不仅客观上不存在，因为无数次检测实践证明，随检测次数的增多强度值出现正负偏差的概率接近各占 50%，而且服从正态分布，也才有上下区间和上下限，并非强度随检测次数增多成单调减函数关系。所以，式（7.1-6）在理论上是错误的，也就不存在规范作为判别式的式（7.1-1）。

7.2　式（7.1-3）中 K 值的计算方法和计算成果

现假定式（7.1-3）存在，K 值计算如下：

（1）利用 t 分布表。$t_{(\alpha,n-1)}$ 值采用表中单侧的值，即所谓单边问题〔因为验收强度值不能取比它更小值。在采用"改进方法"计算时，$t_{(\alpha,n-1)}$ 值应采用双侧的系数值，因为均值有正负偏差值——上限和下限——问题〕；查表时，为获得合格判定系数 K，置信度（$1-\alpha$）的值取与合格保证率相同的值 80%（其实这又是一个错误。置信度与保证率是两个完全不同的概念。置信度一般要求需要达到 $95\%\sim99\%$。这里不去讨论）。

（2）查表需注意：计算第 n 项时，需查第 $n-1$ 项的 $t_{(\alpha,n-1)}$ 值。例如计算第 5 项 K 值时，需查第 4 项的值 t 系数值，得 $t_{(\alpha,n-1)}$。

（3）K 值计算式（7.1-4）为：$K = \dfrac{t_{(\alpha,n-1)}}{0.842\sqrt{n}}$。式中保证率 $t = 0.842$，即保证率 80% 的概率度系数；将 $\sqrt{n-1}$ 改为 $\sqrt{n}$。

计算时将 $\sqrt{n-1}$ 改为 $\sqrt{n}$ 的结果，可见表 7.2-1 出现 K 值的项次错位现象：

1）就是将 n 替代计算式（7.1-4）中 $n-1$ 的结果。即，原本 n 项次的系数 t 应该取 $n-1$ 的系数值 $t_{(\alpha,n-1)}$ 归入 n 项次，而最终将它归入 $n-1$ 项次的结果。出现 K 值项次错

位，见表 7.2-1。说明采用这种替代是不合适的。

2）也可能是考虑当 $n=2$ 时，所计算的 K_1 值为 $\boxed{1.156}$，数值太大可舍弃，因此将 $n=3$、4 等项的 K_1 值往前推 1 个项次。

表 7.2-1 合格判定系数 K 值计算结果表

规范表中	检测次数 n	2	3	4	5	…	13	25
	K 值	0.71	0.58	0.50	0.45		0.28	0.20
查表得 $t_{(a,n-1)}$		1.376	1.061	0.978	0.941		0.873	0.857
计算的 K_1 值		1.156	0.728	0.581	0.499		0.287	0.204
K_1 与规范 n 相同项		—	2	3	4		10～15	25

7.3 质量评定判别式改进意见

鉴于《水工碾压混凝土施工规范》判别式存在种种问题，提出改进意见。将《水工碾压混凝土施工规范》式（8.4.4-1）改写为：$f_{cu,0}=f_{cu,k}+t\sigma$，并将 $f_{cu,0}$ 值作为唯一标准（不随施工水平而浮动）进行质量等级评定。

（1）式中 $f_{cu,k}$ 为设计标准强度；概率度系数 t 可根据设计保证率 P 查表而得；标准差 σ 按《水工碾压混凝土施工规范》（DL/T 5112—2009）中表 8.4.3 根据不同 RCC 强度等级及与设计保证率相同的满足设计强度的百分率 P_S 取值。这就得出一种 RCC 唯一的验收标准 $f_{cu,0}$。

《水工碾压混凝土施工规范》（DL/T 5112—2009）中判别式（8.4.4-2）异于现行《规范》8.4.4-1 判别式随施工水平（样本统计均方差 S_n）变化而浮动——犹如"自身是竞赛者又是裁判员"。

（2）采用统计均值 $m_{f,cu}$ 及其下限 m_l 评定混凝土质量优劣，也同时摒弃人为臆断保证率百分数为标准（采用 80%、85% 及 90%）的经典方法来评定质量等级的缺点。统计均值下限 m_l 是根据 t 分布系数（双侧）的 $t_{(a,n-1)}$、统计均方差 S_n 及检测次数 n 求得，参见式（7.3-1）。而 t 分布系数 $t_{(a,n-1)}$ 由置信水平 α（则置信度为 $1-\alpha$，通常取 95%、即危险率 5%）和检测频数 n（自由度 $n-1$），据 α、$n-1$ 查 t 分布表得 $t_{(a,n-1)}$。

统计均值 $m_{f,cu}$ 的上限 m_u 和下限 m_l 的计算式为

$$\left.\begin{aligned} & m_l < m_{f,cu} < m_u \\ & m_l = m_{f,cu} - t_{(a,n-1)} S_n / \sqrt{n-1} \\ & m_u = m_{f,cu} + t_{(a,n-1)} S_n / \sqrt{n-1} \end{aligned}\right\} \qquad (7.3-1)$$

（3）本评定方法是基于"多次取样统计均值 $m_{f,cu}$ 存在一定范围"［式（7.3-1）］的事实。显而易见：统计均方差 S_n 越大，均值 $m_{f,cu}$ 可能范围越大。其中 S_n 却与 m_l 存在为负相关。统计均方差 S_n 值大小直接决定 m_l 值的大小，并通过 m_l 值与质量等级的评定关联，使得判定质量等级高低成为可能，为质量评定奠定充分条件（表 7.3-1）。

（4）二种质量等级评定标准比较。改进的混凝土质量等级标准判别式见表 7.3-1。

表 7.3-1 混凝土质量等级及评定表

质量等级	必要条件	充分条件	说　　明
优秀		$m_l \geqslant f_{cu,0}$	$m_{f,cu}$——统计均值；
良好	$m_{f,cu} \geqslant f_{cu,0}$	$m_l \geqslant f_{cu,k}$	$f_{cu,0}$——验收标准；
合格		$m_{cu,\min} \geqslant 0.8 f_{cu,k}$	m_l——95%置信度均值下限；
不合格	$m_{f,cu} < f_{cu,0}$		$f_{cu,k}$——设计标准强度

当 95% 置信度均值下限 $m_l \geqslant f_{cu,0}$ 时，评为优秀。

当均值 $m_{f,cu} \geqslant f_{cu,0}$ 且均值下限 $m_l \geqslant f_{cu,k}$ 时，评为良好。

当均值 $m_{f,cu} \geqslant f_{cu,0}$ 且其中任何一组强度最小值 $m_{cu,\min} \geqslant 0.8 f_{cu,k}$ 时，评为合格。

采用同一的系数 0.8；评定条件虽与现行规范相似，但现行规范判别式给定 $K = 0.71 \sim$ 0.2，致使验收标准 $f_{cu,0}$ 偏低。

当均值 $m_{f,cu} < f_{cu,0}$ 时，评为不合格（现行规范没有不合格等级）。

由于 t 分布表具有检测频数 $n \geqslant 2$ 的 t 数值，故本法也适用于 $n < 30$ 的质量评定。

至此，混凝土质量等级与拌和工艺水平的 4 个等级评定相匹配。

应用实例：万家口子水电站工程，采用两种评判方法比较，见表 7.3-2、表 7.3-3。

表 7.3-2 万家口子水电站工程检测成果两种方法评判计算表

评定方法	统 计 参 数					验收标准 $f_{cu,k} + Kt\sigma_0$				判别与评定	
	$m_{f,cu}$ /MPa	n	$\dfrac{t_{(a,n-1)}}{\sqrt{n-1}}$	S_{n-1} /MPa	m_l /MPa	k	t $(P=85\%)$	σ /MPa	标准值 /MPa	判别	评定
现行规范	33.70	156	—	4.77	—	0.2	1.04	4.77	25.99	33.70＞25.99	合格
评定方法	33.70	156	0.158	4.77	32.95	1.0	1.04	3.70	28.85	32.95＞28.85	优秀

注 设计标准强度 $f_{cu,k} = 25$ MPa。置信水平取 $\alpha = 0.05$ 查表得 $t_{(0.05,155)} = 1.97$；t 值 1.04 为设计要求保证率 85% 相应概率度系数；本评定方法的标准差 σ 按混凝土强度等级及相应于保证率 85% 满足强度标准百分率，查规范取 $\sigma = 3.7$ MPa。

表 7.3-3 两种评判方法评定及成果对比表

评定方法	参评的统计参数	验收标准 $f_{cu,0} = f_{cu,k} + Kt\sigma_0$ 及其后果；保证率 P
现行规范	原值 $m_{f,cu} = 33.70$	$f_{cu,0} = 25.99$ 降低（$K=0.2$），比 $f_{cu,k}$ 富裕 0.99MPa，$P=60\%$ 不合格
改进方法	降低 $m_l = 32.95$	$f_{cu,0} = 28.85$MPa 提高（$K=1.0$），比 $f_{cu,k}$ 富裕 3.85MPa，$P=85\%$

从表 7.3-2、表 7.3-3 可见：

1）现行的质量评判方法用高的统计均值 33.7MPa、低的验收标准 25.99MPa，尽管统计均值为验收标准 1.3 倍，但也只能评为合格。因为规范无其他质量等级。

改进方法用低的均值下限 32.95MPa、高的（良好）验收标准 28.85MPa，质量等级反而可以评为优秀。

2）现行评判方法所采用验收标准仅为统计均值的 77%。与设计标准强度对比富裕量仅有 0.99MPa，其保证率 60%。就是说采用不合格的标准进行混凝土质量验收。

对比两种评判方法可见：现行规范评判方法的验收标准低下；且评定结果无法与实测的好成果形成合理的对应。

7.4 结论

表 7.2-1 计算结果 K_1 值与现行规范高度一致。说明上述 K 值计算式的推导是正确。

应用实例表明：万家口子工程的验收标准计算尽管遵从设计强度保证率 85%（$t=1.04$）；应用现行规范 $K=0.2$，出现验收强度 $f_{cu,k}+Kt\sigma_0=25.99\text{MPa}$，保证率仅 60%。换言之，虽采用了"合格判定系数 K"，但工程质量按不合格的验收标准进行验收，彰显其不合理性。

反观公式推导过程的假定条件及应用，说明 K 值计算式不具备作为判别式的建立条件，使验收标准值随检测次数增多而成单调减函数关系是错误的，结果造成验收标准低下甚至不合格，无法正确对质量进行合理的评判。因此，现行规范的 $m_{f,cu}\geqslant f_{cu,k}+Kts_0$ 判别式不能成立。同时，规范应该列出其他质量评定等级。

参 考 文 献

［1］ 吴秀荣. 水工碾压混凝土工程单元工程质量等级评定标准修订要点说明［A］. 中国水力发电工程学会碾压混凝土筑坝专业委员会，中国水利学会碾压混凝土筑坝专业委员会，嘉陵江亭子口水利水电开发有限公司. 2012 年度碾压混凝土筑坝技术交流研讨会论文集［C］. 中国水力发电工程学会碾压混凝土筑坝专业委员会，中国水利学会碾压混凝土筑坝专业委员会，嘉陵江亭子口水利水电开发有限公司：中国水力发电工程学会，2012：4.

［2］ 陈振华，吴秀荣，周宗斌，等. 对 DL/T 5113.8—2000《水电水利基本建设工程　单元工程质量等级评定标准　第 8 部分：水工碾压混凝土工程》的应用探讨［J］. 水利水电施工，2011（1）：30-32，57.

第 2 部分

超高碾压混凝土拱坝结构
优化理论及温控防裂技术

第 8 章

拱 坝 体 形 优 化 研 究

8.1 概述

拱坝体形优化是通过数学规划的方法以获得给定边界条件与约束条件下拱坝的最优设计体型，从而避免了传统意义上的重复设计法的工作量大、过程烦琐和效率低等缺点。拱坝优化的基本步骤是：首先将拱坝优化问题抽象成数学模型，之后采用适宜的优化算法求得问题的解。

关于拱坝体形优化的研究，国外是从 20 世纪 60 年代开始的。1969 年，R. Sharp 提出用数学规划法对拱坝进行体形优化设计，从而使拱坝体形优化设计作为一个专门课题，引起学术界和工程界的注意；1973 年，加拿大学者 W. Stensch 提出了自由型拱坝设计的模型；1974 年 G. A. Harley 和 G. M. Mcneice 形成了有限元分析用的网格自由划分系统，进一步改进了 W. Stensch 的工作；1975 年 R. E. Rhichetts 和 D. C. Liewicz 发表了《混凝土坝的形状优化设计》，其中也研究了拱坝；1982 年，在上海举行的国际有限元会议上，K. Wassermann 发表了一篇拱坝体形优化的论文。

我国拱坝体型优化设计的研究是在 20 世纪 70 年代末期由朱伯芳院士提出来的，尽管起步较晚，但发展很快。我国拱坝优化设计研究已经进行了 40 多年，在优化理论和实践上均取得了显著的成绩，目前我国在拱坝优化领域已处于国际领先地位。从基于材料力学优化发展到有限元优化，从静力优化发展到动力优化，从线性优化发展到非线性全过程分析，拱圈的线性从单心圆发展到二次曲线、混合线型等，逐步发展和完善了我国提出的高混凝土坝优化理论与方法。

8.2 优化原理和方法

1. 非线性规划算法概述

目前非线性规划问题的主要算法有 SUMT 法（序列无约束最优化方法）、SQP 法、SLP 法（线性序列二次规划法），以及对约束优化问题不作预先转换而直接进行处理的可行方向法、梯度投影法、既约梯度法等，但其中只有 SQP 法被公认为当今求解光滑非线性规划问题的最优算法。SQP 算法采用一系列的二次规划问题来逐步逼近非线性规划，并且将拟牛顿法思想推广到约束最优化问题当中，而二次规划问题经过近 20 年来的发展已比较成熟，使得 SQP 算法在具有整体收敛性的同时保持局部超一次收敛性，数值实验表明它比乘子法更为优越。

2. 结构最优设计问题的提法

在设计变量 x_1，x_2，$\cdots$，x_n 所组成的 n 维超越空间中，满足所有约束条件，寻找使目标函数为最小的设计，即数学规划中所谓的约束最优化问题，其数学表达式为

目标函数：$\quad\quad\quad\quad$ $\min \quad f(x)$

约束条件：$\quad\quad\quad\quad$ s. t. $\quad C_i(x)=0，\quad i=1,\cdots,m_e$

$$C_i(x)\geqslant 0，\quad i=m_e+1,\cdots,m \quad\quad (8.2-1)$$

3. 优化原理

SQP 法的基本思想是把式（8.2-1）转化为求解一系列的二次规划问题（QP），假定在第 k 次迭代中已知近似解 $x(k)$ 和近似乘子向量 $\lambda(k)$。根据它们，可以给出第 k 个（QP）k 子问题，求解（QP）k 即可得到新的近似解 $x(k+1)$，并确定相应的乘子向量 $\lambda(k+1)$，重复上述过程，直到获得问题所需的近似最优解为止。（QP）k 子问题的数学模型为

$$\min \quad \frac{1}{2}d^{\mathrm{T}}B^{(k)}d+\nabla f[x^{(k)}]^{\mathrm{T}}d$$

$$\text{s. t.} \quad \nabla c_i[x^{(k)}]^{\mathrm{T}}d+c_i[x^{(k)}]=0，\quad i=1,\cdots,m_e$$

$$\nabla c_i[x^{(k)}]^{\mathrm{T}}d+c_i[x^{(k)}]\geqslant 0，\quad i=m_e+1,\cdots,m \quad\quad (8.2-2)$$

其中 $d=x-x^{(k)}$；$B^{(k)}$ 为利用 BFGS 公式修正的近似 Hesse 矩阵。下面具体给出 SQP 算法的迭代步骤：

（1）选取初始点 $x^{(0)}$，初始点对应的正定对称矩阵 $B^{(0)}$，罚因子 $r>0$，令 $k=0$。

（2）求解二次规划子问题式（8.2-2）得到 $d^{(k)}$、$\lambda^{(k+1)}$。

（3）以 $d^{(k)}$ 方向作一维搜索，求出最优步长 $t^{(k)}$，令 $x^{(k+1)}=x^{(k)}+t^{(k)}d^{(k)}$。

（4）判断是否收敛，若 $\| x^{(k+1)}-x^{(k)} \|\leqslant\varepsilon$，则停止迭代。

（5）按 BFGS 公式将 $B^{(k)}$ 修正为 $B^{(k+1)}$，即令

$$B^{k+1}=B^k-\frac{BkS^{(k)}[S^{(k)}]^{\mathrm{T}}B^k}{[S^{(k)}]^{\mathrm{T}}B^kS^{(k)}}+\frac{\eta^{(k)}[\eta^{(k)}]^{\mathrm{T}}}{[\eta^{(k)}]^{\mathrm{T}}S^{(k)}} \quad\quad (8.2-3)$$

其中

$$S^{(k)}=x^{(k+1)}-x^{(k)},\eta^{(k)}=\theta y^{(k)}+(1-\theta)B^kS^{(k)} \quad\quad (8.2-4)$$

$$y^{(k)}=\nabla_x L[x^{(k+1)},u^{(k)}]-\nabla_x L[x^{(k)},u^{(k)}] \quad\quad (8.2-5)$$

$$L[x,u^{(k)}]=f(x)+\sum_{\tau=1}^{m}\lambda_i^{(k)}c_i(x) \quad\quad (8.2-6)$$

$$\theta=\begin{cases}1,[y^{(k)}]^{\mathrm{T}}S^{(k)}\geqslant 0.2B^kS^{(k)} \text{时}\\ 0.8[S^{(k)}]^{\mathrm{T}}B^kS^{(k)}/\{[S^{(k)}]^{\mathrm{T}}B^kS^{(k)}-[y^{(k)}]^{\mathrm{T}}S^{(k)}\},\text{其他}\end{cases} \quad (8.2-7)$$

（6）令 $k=k+1$ 返回第（1）步。

8.2.1　最优化问题的数学模型

最优化问题可以描述为：在满足约束条件的前提下，寻找使目标函数取极值的点。可

表示为以下数学模型：

$$\min \quad f(x)$$

$$\text{s.t.} \quad G_i(x) = 0 \quad i = 1, 2, \cdots, m_e \tag{8.2-8}$$

$$G_i(x) \leqslant 0 \quad i = m_e + 1, \cdots, m$$

其中 $x = (x_1, x_2, \cdots, x_n)^T$ 为 n 维实欧氏空间 R^n 内的一点，$f(x)$ 和 $G_i(x)$ 均为定义于中 R^n 的函数。优化问题中，$x = (x_1, x_2, \cdots, x_n)^T$ 称为设计变量，$f(x)$ 称为目标函数，$G_i(x)$ 称为约束函数，其中前 m_e 个为等式约束、后 $m - m_e$ 个为不等式约束。

8.2.2 最优化问题的分类

为了便于分析与研究，常将优化问题进行分类。根据问题的性质不同，最优化问题的分类方法不同。

1. 根据目标函数的个数分类

如果问题中寻优的目标函数有多个，则成为多目标优化问题，否则称为单目标优化问题。

2. 根据是否有约束条件分类

（1）无约束问题。即没有任何约束条件限制的最优化问题。

（2）有约束约束问题。即在问题式（8.2-1）中至少有一个约束条件限制的最优化问题。

3. 根据所包含方程式的特性分类

（1）线性规划。当目标函数和约束条件都是优化变量的线性函数时，称该问题为线性规划问题。

（2）二次规划。当约束条件都是优化变量的线性函数，但是目标函数为优化变量的二次函数，则该问题称为二次规划问题。

（3）非线性规划。若目标函数和约束条件中至少有一个是优化变量的非线性函数，称为非线性规划问题。显然二次规划是非线性规划的特例。

（4）几何规划。当目标函数和约束条件都可以表示成优化变量的正多项式。

（5）凸规划。若目标函数和不等式约束函数都为凸函数、且等式约束函数都为线性函数，则称该优化问题为凸规划问题。凸规划问题是一类重要的约束最优化问题，有着特殊的理论意义，大多数优化算法都在凸规划的基础上推导而来。凸规划问题有着一些很好的性质，例如其局部极小点一定是全局极小点，且极小点的集合为凸集。

4. 根据变量的性质分类

（1）离散规划或整数规划。当问题的规定变量只能为离散值或整数时，称为离散规划问题或整数规划问题。其中 0-1 规划是整数规划的特例。

（2）分布参数化优化或轨迹优化。如果变量本身不是单一的参数值，而是某些参数（如空间坐标）的，则称为分布参数优化问题或轨迹优化问题。

8.2.3 最优化问题的求解方法概述

目前，优化问题的求解主要有 4 种解法：简单法、准则法、数学规划法和混合法。下面分别介绍这 4 种求解方法。

1. 简单法

（1）图解法。直接绘出目标函数与约束函数的图形曲线，通过图上分析来获得最优点的方法。当设计变量不超过 2 个时，图解法的效果较好。这种方法直观全面，但是受限制于设计变量个数，只能应用于小规模的问题。

（2）解析法。利用微分学和变分学等经典方法，直接找出目标函数极值点与极值。具体应用包括拉格朗日乘子法、松弛变量法、等式约束消元法等。此法适用于函数有良好解析性态，且问题规模（如设计变量与约束数目）不大的问题。对于大型复杂的问题，可以作为辅助手段，用于对问题的前期简化或后期分析。

2. 准则法

（1）同步失效准则设计。同步失效准则设计是 20 世纪 50 年代前后，吉拉特等为了适应航空工业对结构优化的要求而提出的方法，主要适用于受压元件的横断面尺寸的优化。它的基本思想可以概括为：在荷载等外部环境作用下，能使所有可能发生的破坏模式同时实现的结构是最优的结构，同步失效准则设计有许多明显的缺点。由于要用解析表达式进行代数运算，同步失效设计只能用来处理十分简单的元件优化；当约束数大于设计变量数时，必须设法确定哪些破坏模式应该同时发生才能给出最优设计，这通常是一件十分困难的工作；当约束个数和设计变量数相等时，使用同步失效准则设计虽然方便，但一般来说，并不能保证这样求得的解是真正的最优解。因此工程中遇到的大量结构优化问题仍然要依靠更合适的数值方法才能求解。但是同步失效准则对于建立这些数值方法提供了十分有益的思想——用一个准则来代替原来的最优化问题。

（2）满应力设计准则。满应力设计准则是结构优化的各种算法中最简单、最容易为工程技术人员接受的一种算法，适用于受到应力约束的结构。可以看出，如果把每一个构件的应力达到其许用值看作整个结构的一个破坏模式，满应力设计准则便是同步失效准则设计。

工程中寻求满应力结构的传统方法是从一个比较合理的初始方案，利用结构分析的算法求出在各个外载作用下各个构件的应力，对比临界应力与许用应力的比例关系，调整构件从而迭代找出改进的、合理的设计，通常称为满应力法。

满应力法有很多优点：对大多数工程实用结构，满应力解往往很接近最优解；应力比法的算法简单，很容易在普通的结构分析程序上增加一段程序来实现；对一般的正常工程结构，往往只要很少几次迭代，便可以求得一个显著改进的设计而且所需要的迭代次数与设计变量数无关。

满应力法的基本思想是用一种准则来代替原来的严格的数学规划，在结构优化工作中得到了广泛的应用和推广，很多结构优化设计方法都可以看做是满应力法的推广。

满应力法的缺点也是很明显的。满应力解可能不存在，纵然存在，也不一定是最优解；运用满应力法迭代，算法可能出现振荡也可能并不收敛。

（3）能量准则法。结构分析的能量原理指出，结构变形后在各点储存了应变能，而各点应变能多少也标志了各点材料能发挥的状况，如果达到许用值，则结构的耗材也最少。能量准则的出发点就是使结构材料性能充分发挥，从而使整个结构造价最省。该法主要特点是收敛快，重分析次数与设计变量个数无直接关系，计算量不大，但适应范围有局限性，主要适用于结构布局及集合形状已经确定的情况。

3. 数学规划法

结构优化设计的寻优过程实际上是数学规划问题。数学规划法成功运用于结构优化开始于 1960 年，现在已经发展成为一门十分庞大的学科。目前，数学规划法和结构优化两者结合的深度和广度都有了极大发展。

(1) 线性规划法（LP）。目标函数与约束方程都是设计变量的线性函数，称为线性规划。线性规划是在规划论中研究的很早、很成熟的一个分支。可行集上非空的线性规划问题，其基本可行解一定存在；而如果线性规划问题的最优解存在，那么它一定在可行集的一个极点（即基本可行解）上达到。因此线性规划问题最优解的求解只需要在有限个数的基本可行解中来寻找，可以从理论上保证可能在有限的步数内求得线性规划问题的最优解。当然，由于约束条件过紧等原因，也可能导致线性规划问题的可行域为空，此时没有最优解存在。

线性规划的求解方法现在已经非常成熟，常用的方法有单纯形法、对偶单纯形法等。

(2) 非线性规划法（NLP）。用各种无约束优化算法来求解，通过某些参数的调整，使无约束问题的极小点逐步逼近原约束问题的极小点，称序列无约束极小化方法，如罚函数法与乘子法等；第二类方法使用一系列线性或二次规划问题的解来逼近原非线性约束问题的解，称线性近似化技术目标函数或约束条件中至少有一个与设计变量是非线性关系，称为非线性规划问题。非线性规划问题的可行域在结构优化设计中通常为非凸集，求解亦比较困难。非线性规划的处理方式有如下几类：一类方法是把约束问题转化为一个或一系列无约束问题，如序列线性规划法、序列二次规划法；另一类方法是对目标函数在可行域内直接求极小，但在迭代中要时时防止新点 X_{k+1} 超出可行域，强制 X_{k+1} 沿着边界的某条路径趋向于原问题的最优点 X^*，统称为可行方向法，包括 Zoutendijk 可行方向法、梯度投影法和简约梯度法等；此外还有不使用导数信息只利用函数值的直接法，如复合形法等。

非线性规划难以求得确定的最优解，通常只能得到最优解的逼近值。但结构优化由于结构形式的复杂，有时很难建立结构的线性优化模型，所以非线性规划法的适应范围更为广泛。

4. 混合法

数学规划法在结构优化中的应用，使一些简单问题得到了很好的解答。但是对于复杂的结构，却有以下的问题：①设计变量太多，结构优化设计中的计算量往往随着设计变量的数目的增加而急剧增加；②约束条件太多，在结构优化设计中，整体失稳等整体性的约束条件的数目一般不会太多，但局部性的约束条件如应力、局部失稳等，其数目往往十分庞大；③应力重分析次数太多，在用数学规划法求解结构优化问题时，往往要进行几百次乃至上千次的应力重分析，而实际工程中，应力通常是设计变量的隐函数，每次应力分析都要求解一个大型代数方程组，因而要花费很长的计算时间。

数学规划法理论完善、方法严密，且具有较好的收敛特性，但是由于它要求结构重分析的次数多，计算量大，特别是具有大尺度的结构，计算时间增加得很多，在实际应用中存在很多困难；准则方法作为一种优化设计的方法，虽然不如数学规划方法完善、严密，且不具有广泛的通用性，但是采用这一方法要求结构重分析的次数较少，且计算量不随结构的复杂性以及设计变量的增加而明显增加，在大型结构的优化设计中得到了较好的应用。

准则设计的数学方法实质在于它变隐式约束为显示，并采用各种结构重分析近似公式等特性。研究表明，数学规划与最优准则两种方法不仅有着内在联系，而且相互之间是密切相关的。最优准则可以看做是约束函数的显式化与近似化，再加上库恩-塔克（Kuhn-Tucker）条件，这一点也包含了数学规划的特性，而数学规划方法也充分利用了力学概念的近似性而有了新的发展。两类方法的互相渗透、互相借鉴，推动着结构优化设计的进一步发展。

8.3　混凝土坝体形优化中常用的优化求解算法

混凝土坝的体形优化属于有约束非线性规划问题，一般采用数学规划法来求解，目前所采用的求解算法有：通过数学试验直接搜索最优解的复合形法、将约束问题转化为无约束问题再求解的罚函数法、广义简约梯度法、广义乘子法以及序列二次规划算法（SQP法）等。其中复合形法和序列二次规划法被广泛地应用。

复合形法计算原理简单，易于编制程序，是多数传统的基于拱梁分载法的拱坝优化程序所采用的优化求解算法。而SQP法求解效率高，被公认为是当今求解光滑的非线性规划问题的最好算法，也是本书的优化程序所采用的算法。下面分别介绍这两种算法。

8.3.1　复合形法

复合形法不需要形成数学物理方程，通过一系列的搜索直接向可行域约束边界逼近。其主要特点是：每次形成一个新的复合形顶点都向附近的可行域约束边界逼近，使复合形顶点都落在可行域的约束边界上，或相当接近于约束边界的可行域内，这样可以使复合顶点较快地收敛于全局最优点。现将这个优化方法的计算步骤说明如下：

（1）形成初始复合形。在 n 维空间中由 k 个顶点（一般 $2n \geqslant k \geqslant n+1$，$n$ 为优化设计变量）构成初始复合形，其中的每一个顶点都必须是满足问题式（8.2-1）中全部约束的可行点。这些顶点的产生有两种方法：一种是决定性方法，即人为地任意选定；另一种是随机方法，即利用随机数确定随机点。实际中一般是先定出第一个可行点 $X_i^{(1)}$，然后用随机方法找出其余的 $k-1$ 个顶点：

$$X_i^{(k)} = a_i + r_i^{(k)}(b_i - a_i) \quad i = 1, 2, \cdots, n \tag{8.3-1}$$

式中　$r_i^{(k)}$——0～1之间的随机数；

　　　a_i——第 i 个设计变量的上限值；

　　　b_i——第 i 个设计变量的下限值。

可以看出，由式（8.3-1）产生的点 $X_i^{(2)}$，$X_i^{(3)}$，$\cdots$，$X_i^{(k)}$（$i=1$，2，$\cdots$，n）虽然满足问题式（8.2-1）的界限约束，但不一定满足问题式（8.2-1）的约束条件。因此对产生的每一个新点都要检查其是否满足问题式（8.2-1）的所有约束条件。若其中的 $X_i^{(j)}$

违反问题式（8.2-1）中的任一约束，则将 $X_i^{(j)}$ 移至 $X^{(j)}$ 点与已满足约束的诸点［包括给定的初始点 $X_i^{(1)}$］形心的连线的一半距离处。若 $X_i^{(j)}$ 再违反问题式（8.2-1）中的某些约束，则再向形心移动一半距离，一直继续下去直到找到一个可行点 $X_i^{(j)}$。这样，最终可以找到所需的 $k-1$ 个可行顶点。

已满足约束条件的诸点的形心为

$$X_i^c = \frac{1}{k-1} \sum_{i=1}^{k-1} X_i^j \tag{8.3-2}$$

（2）计算各顶点的目标函数 $V_j(j=1,2,\cdots,k)$。

（3）在复合顶点中，寻找目标函数值为最大的点（最坏点）X_i^h 及 V^h。

（4）计算不包括最坏 X_i^h 在内的各顶点均值点 X_i^c，其坐标为

$$X_i^c = \frac{1}{k-1} \sum_{\substack{i=1 \\ i \neq h}}^{k} X_i^j \tag{8.3-3}$$

（5）由 X_i^h 点向 X_i^c 点作 α 倍的反射即可得到新点 X_i^R，其坐标为

$$X_i^R = X_i^c + \alpha(X_i^c - X_i^h) \tag{8.3-4}$$

式中　α——反射系数，一般取 1～1.3。

（6）检查 X_i^R 的可行性。对 X_i^R 顶点进行部分坐标的调整，使该点向附近的可行域约束边界逼近［逼近的方法同第（1）步］。

（7）计算经调整后 α 点的目标函数 V^R。

（8）比较 V^h、V^R，可能出现以下两种情况：

1）$V^R < V^h$，则以 X_i^R 点取代 X_i^h 点，转向第（2）步。

2）$V^R \geqslant V^h$，则缩小步骤（2）～（5）中的 α 值，找出新的点，再检查是否满足 $V^R < V^h$，直到满足为止。如果 α 已缩小到一个预定的小数 ε 仍然得不到一个改进的点 X_i^R，则只得废弃 X_i^R，用 X_i^p（函数值仅小于 X_i^h 的点）代替 X_i^h 重新开始反射过程。

通过这一步，即可找到新点来取代点，形成新的复合形，转向下一步。

（9）停止准则。

如复合形各顶点 $X^{(1)}$，$X^{(2)}$，$X^{(3)}$，$\cdots$，$X^{(k)}(i=1,2,\cdots,n)$ 中的任意两点的距离都小于给定的小量 ε 或复合形各顶点的目标函数值满足下列准则［式（8.3-5）］，即停止计算，并取当前函数值最小的顶点作为最优点。

$$\left\{ \frac{1}{k} \sum_{i=1}^{k} \left[V^C - V(X^i) \right]^2 \right\}^{\frac{1}{2}} \leqslant \varepsilon \tag{8.3-5}$$

8.3.2　序列二次规划法（SQP 法）

二次规划问题是指目标函数是二次函数、约束条件为线性函数的优化问题，它是最简单的非线性规划问题。序列二次规划的基本思想是把一般的非线性规划问题转化为一系列的二次规划子问题进行求解，并使得迭代点能逐渐向最优点逼近，最后得到最优解。

在介绍序列二次规划法的算法原理之前，首先介绍约束最优化问题的最优解所应满足的条件，这也是序列二次规划法算法的基础。

在问题式（8.2-1）中，若有：

（1）x^* 是局部最优解，且 $I = \{i \mid G_i(x^*) = 0, \ i = m_e + 1, \cdots, m\}$。

（2）$f(x)$、$G_i(x)$ 在点 x^* 处可微，其中 $i = 1, 2, \cdots, m$。

（3）若 $i \in I$，则 $\nabla G_i(x)$ 与 $\nabla G_1(x)$，$\nabla G_2(x)$，$\cdots$，$\nabla G_{me}(x)$ 线性无关。

则必存在实数 λ_1，λ_2，$\cdots$，λ_m，使得：

$$\nabla f(x^*) + \sum_{i=1}^{m} \lambda_i \nabla G_i(x^*) = 0 \quad i = 1, 2, \cdots, m$$
$$\lambda_i G_i(x^*) = 0 \quad i = 1, 2, \cdots, m \tag{8.3-6}$$
$$\lambda_i \geqslant 0 \quad i = m_e + 1, \cdots, m$$

式（8.3-6）被称为 Kuhn-Tucker 条件（简称 K-T 条件），K-T 条件只是局部最优解的必要条件，即局部最优解一定满足 K-T 条件，而满足 K-T 条件的点不一定是局部最优解，但对凸规划问题来说 K-T 条件也是局部最优解的充分条件，故对凸规划问题来说，只要求得 K-T 条件的解即可得到局部最优解，由凸规划的性质可知其局部最优解也是其全局最优解。序列二次规划法即在此基础之上进行求解。

设有约束非线性问题：

$$\min \quad f(x)$$
$$\text{s. t.} \quad c(x) = 0 \tag{8.3-7}$$

其中 $c(x)$ 表示向量函数 $c(x) = [c_1(x), c_2(x), \cdots, c_m(x)]^{\mathrm{T}}$。这里只考虑等式约束，通过松约束（非作用约束）和紧约束（作用约束）的概念，可将不等式约束中的作用约束纳入等式约束来考虑，而不等式约束中非作用约束对问题的求解不起作用，因而可以去掉非作用约束，这样便可将原问题式（8.2-1）转化成问题式（8.3-7）。

可以通过拉格朗日函数将问题式（8.3-7）变成为无约束问题：

$$\min \quad L(x, \lambda) = f(x) + \lambda^{\mathrm{T}} c(x) \tag{8.3-8}$$

其中 $\lambda = (\lambda_1, \lambda_2, \cdots, \lambda_m)$ 为拉格朗日乘子向量。

该无约束优化问题的极值条件，即 K-T 条件是：

$$\nabla L(x, \lambda) = \nabla f(x) + \nabla c(x)\lambda = 0$$
$$c(x) = 0 \tag{8.3-9}$$

式中　$\nabla c(x)$ ——$n \times m$ 矩阵，即

$$\nabla c(x) = [\nabla c_1(x), \nabla c_2(x), \cdots, \nabla c_m(x)]$$
$$\nabla c_j(x) = \left[\frac{\partial \nabla c_j}{\partial x_1}, \frac{\partial \nabla c_j}{\partial x_2}, \cdots, \frac{\partial \nabla c_j}{\partial x_n}\right]^{\mathrm{T}} \quad j = 1, 2, \cdots, m$$

显然，方程组（8.3-9）的解就是无约束问题式（8.3-8）的最优解，即问题式（8.3-7）的最优解，求解方程组（8.3-8）的解可以通过牛顿法进行，牛顿法的迭代公式为

$$x^{(k+1)} = x^{(k)} - G_{(k)}^{-1} \nabla L[x^{(k)}, \lambda^{(k)}]$$
$$= x^{(k)} - G_{(k)}^{-1} \{\nabla f[x^{(k)}] + \nabla c[x^{(k)}]\}\lambda^{(k)} \tag{8.3-10}$$

和 $\quad\quad\quad\quad\quad\quad x^{(k+1)} = x^{(k)} - \nabla c[x^{(k)}]^{-1} c[x^{(k)}]$

式中　$G_{(k)}^{-1}$——函数 $L(x, \lambda)$ 在 $x^{(k)}$ 处的 Hessens 矩阵求逆。

为了避免 Hessens 矩阵求逆，在迭代过程中，可以构造一个可变的矩阵 $H_{(k)}$ 去逼近它。

因此，上述式 (8.3-9) 和式 (8.3-10) 可以表示为

$$H_{(k)}[x^{(k+1)} - x^{(k)}] + \nabla c[x^{(k)}]\lambda^{(k)} = -\nabla f[x^{(k)}]$$

$$\nabla c(x)[x^{(k+1)} x^{(k)}] = -c[x^{(k)}]$$

令
$$d = x^{(k+1)} - x^{(k)}$$
$$x = x^{(k)}$$
$$\lambda = \lambda^{(k)}$$
$$H = H^{(k)}$$

写成矩阵形式，得到：

$$\begin{bmatrix} H & \nabla c(x) \\ \nabla c(x) & 0 \end{bmatrix}\begin{bmatrix} d \\ \lambda \end{bmatrix} = -\begin{bmatrix} \nabla f(x) \\ \nabla c(x) \end{bmatrix} \tag{8.3-11}$$

式 (8.3-11) 就是问题式 (8.3-7) 的 K-T 条件方程组 (8.3-9) 用牛顿法求解的迭代公式，易证这一迭代公式也是下面二次规划问题的 K-T 条件。

$$\min \frac{1}{2}d^{\mathrm{T}}Hd + \nabla f(x)^{\mathrm{T}}d$$
$$\text{s.t.} \quad \nabla c(x)^{\mathrm{T}}d + c(x) = 0 \tag{8.3-12}$$

这是因为该二次规划问题的拉格朗日函数是：

$$L(d,\lambda) = \frac{1}{2}d^{\mathrm{T}}Hd + \nabla f(x)^{\mathrm{T}}d + \lambda^{\mathrm{T}}[\nabla c(x)^{\mathrm{T}}d + c(x)] \tag{8.3-13}$$

故它的局部极小点的 K-T 条件是：

$$\nabla_d L(d,\lambda) = Hd + \nabla f(x) + \nabla c(x)\lambda = 0$$
$$\nabla_\lambda L(d,\lambda) = \nabla c(x)^{\mathrm{T}}d + c(x) = 0 \tag{8.3-14}$$

由此可见，二次规划问题式 (8.3-14) 的解就是用牛顿法求解问题式 (8.3-7) 的 K-T 条件方程组 (8.3-9) 的迭代方程的解，通过求解二次规划问题式 (8.3-12) 可以得到一个新的迭代点 $[x^{(k+1)}, \lambda^{(k+1)}]$，如此反复进行，直至获得近似的最优解。这就是序列二次规划法的基本步骤。

通常，并不直接用二次规划问题式 (8.3-12) 的解 x^{*k} 作为下一轮迭代的起始点，而是将 $\Delta x = x^{*(k)} - x^{(k)}$ 当作一个搜索方向，对目标函数（或构造出某种罚函数作为目标函数）做一维搜索，以所得的极小点作为下一轮的迭代起始点。

另外，由于计算 Hessens 矩阵 H_k 非常困难，故采用变尺度法逐次由变尺度矩阵 A_k 构造变尺度矩阵 A_{k+1} 来逼近 Hessens 矩阵 H_k，其迭代公式为

$$A_{k+1} = A_k + \Delta A_k \tag{8.3-15}$$

其中，ΔA_k 为校正矩阵，计算公式为

$$\Delta A_k = \frac{A_k \Delta x^{(k)}[\Delta x^{(k)}]^{\mathrm{T}}A_k}{[\Delta x^{(k)}]^{\mathrm{T}}A_k \Delta x^{(k)}} + \frac{\Delta S^{(k)}[\Delta S^{(k)}]^{\mathrm{T}}}{[\Delta S^{(k)}]^{\mathrm{T}}\Delta S^{(k)}} \tag{8.3-16}$$

其中，$\Delta x^{(k)} = x^{(k+1)} + x^{(k)}$，$\Delta S^{(k)} = \nabla_x L[x^{(k+1)}, \lambda^{(k+1)}] - \nabla_x L[x^{(k)}, \lambda^{(k)}]$。

8.4 混凝土拱坝体形优化方法

所谓拱坝体形优化设计，就是在已知的给定参数条件下，寻找满足工程的施工、运用、强度、稳定性等约束条件，并使目标函数取最小值的体形方案。因此，优化设计的首要一步是将工程实际问题表示成数学表达式，即建立数学模型，包括选定设计变量、选择目标函数、建立约束方程，然后采用适宜的优化方法，求出问题的解。

拱坝体形优化的数学模型同样可表示成式（8.2-1）的形式。下面分别介绍此数学模型的三要素（设计变量、目标函数、约束函数）。

8.4.1 设计变量

拱坝体形优化的设计变量是用于描述并确定拱坝形状的几何参数中的可变量。通过优化变量的变化，能灵活地调整拱坝的体形，以保证拱坝在优化中寻找最优体形的可能性。在优化过程中，通常选择用以确定拱坝体形的基本参数如拱冠梁处拱圈中心线的曲率半径、拱端中心角，以及确定坝体厚度的基本参数如拱冠梁厚度、拱端厚度等作为优化变量。

8.4.2 目标函数

在拱坝优化设计中，常以筑坝的总费用最小作为优化的目标函数，而坝体方量最小则是其中较为简单实用的一种。如果因体形调整而引起的基础开挖量的变化较为显著，对总工程量的影响较大，则在目标函数中除了坝体费用外，还应计入基础开挖费用；如果在形体优化的同时，还考虑坝体封拱条件的优化，则在总费用中还包括达到某种封拱条件（如封拱温度）所需要的附加费用。

当然，有时也可以以安全性为目标，即以应力为目标函数。也有些学者采用多目标函数法，即把坝体体积、应力水平、高应力区范围、强度失效概率等同时作为目标函数，并取得了一定的效果。

8.4.3 约束条件

约束条件是在结构优化设计中，为保证工程安全和施工方便，对坝体几何尺寸和工作性态两方面施加的种种限制。通常几何约束为显式约束，性态约束为隐式约束，如对结构应力的限制；一般结构应力不能简单地用设计变量来表示，而必须通过应力分析求出，故这类约束条件只能按隐式给出。

一般来说，拱坝的约束条件可分为几何约束条件、应力约束条件和稳定约束条件。几何约束条件主要有坝顶厚度约束、倒悬度约束、坝面保凸性约束；应力约束条件包括最大主拉应力约束及最大主压应力约束；稳定约束条件则可采用抗滑稳定系数的约束、拱座推力角约束或拱圈中心角约束，它们应该全面地满足设计规范的规定，并考虑施工和结构布置的要求，有时还要考虑工程上的一些特殊要求。

1. 几何约束条件

对于拱坝，主要考虑以下几何约束条件：

（1）坝轴线位置移动范围的限制，根据坝址区的地形和地质条件，可以确定坝轴线的移动范围。一般当河谷形状一定时，坝轴线也基本确定，故本书进行拱坝优化时不考虑坝轴线的移动。

（2）坝顶最小厚度的限制，根据防护、交通、施工、抗屈折等方面的要求，规定坝顶最小厚度如下：

$$t_{\min} - \overline{t}_1 \geqslant 0 \tag{8.4-1}$$

式中　$\overline{t}_1$——容许厚度。

有时为了避免在坝体设置纵缝，简化施工（或其他要求），也可以对坝底最大厚度提出限定条件。

（3）倒悬度约束。倒悬度是双曲拱坝的基本特征，主要发生在河床中部坝段上游面的下部、上部、下游面的上部及岸边坝段上游面的下部。一般说来，除岸边倒悬以外，作为全坝代表的拱冠梁的倒悬可以分为上游面上部倒悬、上游面下部倒悬、下游面上部倒悬以及总体倒悬，对于混凝土拱坝，其倒悬度一般控制在 0.3 以内。由于倒悬度主要与河谷形状、大坝工作情况、施工难易、施工期大坝力学状态、以及坝肩稳定、地震、附属结构布置有关，因此，各个拱坝的倒悬度都不一样。规定上下游面的最大倒悬度如下：

$$m_1 - \overline{m}_1 \leqslant 0 \tag{8.4-2}$$

式中　$\overline{m}_1$——容许倒悬度。

（4）保凸性要求。由微分几何知，可微曲面上某一点临近的凸凹性，可由高斯曲率 K 来判定。如果对曲面上每一点均有 $K>0$，则曲面保凸。但这样的约束会带来两个问题：一是需要对每一个点进行检验；二是会使可行区域非闭合。因此，不能直接使用。实际上 K 是两大主方向（曲率达到最大、最小的方向）上的曲率 K_1 与 K_2 之积，而要求 K 在整个曲面上严格大于 0，是为了避免两个主方向在某些点上同时变号，从而使保凸性发生变化，因此只要在整个曲面上满足 $K_1>0$、$K_2>0$，即可满足保凸性要求。

由于在一般的拱坝体形优化几何模型中，水平拱圈已能满足严格上保凸的条件，因此坝面上每一点至少有一个主方向的曲率必须大于 0，故只要另一个主方向上的曲率不小于 0，就能使坝面保凸。传统的拱坝优化程序中只对拱冠梁剖面施加凸性约束，便能基本上保证整个坝体的保凸性，但边梁可能出现局部的非凸形体，鉴于此，本书在对拱冠梁剖面施加凸性约束的同时，对底拱拱圈左右拱端处的两个边梁剖面也施加凸性约束，这样即可避免边梁部位出现局部非凸形体的情况。

本书中，规定 z 方向正向为铅直方向向上、y 方向正向为顺河向向上游，因此要使拱冠梁剖面及边梁剖面保凸，只需这些梁的上下游面的曲线上 y 对 z 的二阶导数恒负即可。而在有限元模型中，可用非常简便的方法近似计算此二阶导数，具体方法为：先取出梁剖面中位于坝面的节点，之后，利用差分法，可根据这些结点的 z 坐标及 y 坐标求得 y 对 z 的二阶差分，显然若二阶差分恒负，则二阶导数也恒负。

（5）如坝址有规模较大的断层，可以限制拱座和该断层的最小距离不小于规定值。

（6）对于坝顶溢流的拱坝，有时还要求溢流落点与坝趾保持一定的距离，以免洪水淘刷危及坝基。

2. 应力约束条件

应力约束条件为坝体内部的最大主拉应力及最大主压应力均小于坝体混凝土的允许强度，即

$$|\sigma_t|_{\max}\leqslant[\sigma_t],|\sigma_c|_{\max}\leqslant[\sigma_c] \tag{8.4-3}$$

式中　　$[\sigma_t]$——容许拉应力；

　　　　$[\sigma_c]$——容许压应力。

本书中，根据《混凝土拱坝设计规范》（SL 282—2003）中对"有限元等效应力"的相关规定，以坝体建基面上的最大等效应力（主拉和主压）作为约束函数，保证优化后的应力指标满足该规范的要求。

3. 稳定约束条件

坝体抗滑稳定的约束条件一般可以有以下 3 种方式，可根据具体的地质条件及坝的重要性质而任选其中一种。

（1）抗滑稳定系数的约束，即要求在各种荷载组合下两岸坝肩的最小抗滑稳定安全系数不得小于容许值。

（2）拱座推力角约束，即要求拱座推力线与利用岩面等高线的夹角不得小于容许值。

（3）拱圈中心角约束，即要求拱圈中心角不得大于容许值。

8.5　拱坝有限元分析的自动化实现

应力约束是拱坝优化中最关键的约束，因此应力计算也是拱坝优化中最为关键的工作。建立拱坝优化的数学模型需要构造应力约束函数，这就需要将应力计算的过程抽象成数学函数 $\sigma=\sigma(x)$ 的形式，只有将应力计算过程自动化之后才能实现这一点，本节详细介绍应力计算中建模、加载、求解及后处理全过程自动化的具体实现方法。

ANSYS 软件是融结构、流体、电磁场、声学于一体，以有限元分析为基础的大型通用 CAE 软件，可以广泛应用于机械制造、航空航天、汽车制造、电子、土木工程、水利水电、铁道等众多领域及科学研究。ANSYS 软件是第一个通过 ISO9001 质量认证的大型分析设计类软件，是美国机械工程师协会（ASME）、美国核安全局（NOA）及近 20 种专业技术协会认证的标准分析软件，在国内第一个通过了中国压力容器标准化技术委员会认证并在国务院 17 个部委推广使用，其基于 Motif 标准的图形用户界面（GUI）及优秀的程序构架使其易学易用。软件包括 3 个主要模块：前处理模块、分析处理模块和后处理模块。前处理模块提供了一个强大的实体建模及网格划分工具，用户可以方便地建立实体模型和有限元模型；分析处理模块包括结构分析（可进行线性分析、非线性分析和高度非线性分析）、流体动力学分析、电磁场分析、声场分析、压电分析以及多物理场的耦合分析，可模拟多种物理介质的相互作用，具有灵敏度分析、可靠度分析和优化分析等多种功能。后处理模块可将计算结果以彩色等值线显示，梯度显示、矢量显示、粒子流迹显示、立体切片显示、透明及半透明显示（可看到结构的内部）等图形方式显示出来，也可以将计算结果以图表、曲线形式显示或输出。

ANSYS 的参数化设计语言（ANSYS parametrice design language，APDL）是一种可用来自动完成有限元常规分析操作或通过参数化变量方式建立分析模型的脚本语言，其语法类似于 FORTRAN 语言。利用 APDL 的程序语言与宏技术组织管理 ANSYS 的有限元分析命令，就可以实现参数化建立模型、施加参数化荷载与求解以及参数化后处理结果的显示，从而实现有限元分析全过程的自动化。分析过程中可以修改其中的参数达到反复分析各种尺寸、不同的荷载大小的多种设计方案。极大地提高了分析效率，减少了许多重复的工作量。

本书即在 ANSYS 的平台上，利用 APDL 开发了一套完整的拱坝有限元分析程序，实现了拱坝有限元分析的建模、加载、求解以及有限元等效应力计算全过程的自动化。

8.5.1　自动化建立拱坝的有限元模型

进行拱坝有限元分析，首先是建立拱坝的有限元模型，将建模过程自动化也是拱坝有限元分析自动化中最难的工作。将拱坝的体形抽象成几何模型并用一组参数来完整地描述之，是自动化建模的前提，也是提取设计变量的基础。本节以抛物线型双曲拱坝为例，说明拱坝几何模型参数化及有限元网格自动生成的实现方法；在拱坝几何模型参数化的基础上，说明在拱坝几何模型参数中提取设计变量的方法以及坝体体积的具体计算过程。

8.5.1.1　拱坝几何模型的参数化描述

几何模型是拱坝体形优化的重要组成部分，通常用拱冠梁剖面和水平拱圈，即"拱向"和"梁向"两部分来分别描述。实现拱坝参数化建模首先要提取可以描述拱坝体形特征的各项参数，这些参数包括结构图形参数和规则参数。结构图形参数包括关键点的坐标、线段的长度及其部分信息等控制点和控制尺寸；规则参数可以是一种关系的描述，也可以是一个计算公式，甚至可以是一个复杂的方程组，或自然语言、逻辑规则等，如拱坝的曲线方程等。这些参数用以描述拱坝的几何体形，其中的部分参数作为设计变量参与优化。

　　1. 拱冠梁的参数化描述

如图 8.5－1 所示，只要确定了拱冠梁中心线曲线方程 $Yc(z)$ 和拱冠梁厚度 $Tc(z)$ 即可确定拱冠梁剖面的形状。一般将 $Yc(z)$ 和 $Tc(z)$ 都设为 z 的 3 次方程，故只需有 4 个控制高程（$z=z_1$、z_2、z_3、z_4）处对应的 Yc 和 Tc 便可按插值方法确定 $Yc(z)$ 和 $Tc(z)$ 方程中的系数。这样拱冠梁剖面便可用以下 12 个参数来描述：

$$\left. \begin{array}{l} z_1,Yc_1,Tc_1 \\ z_2,Yc_2,Tc_2 \\ z_3,Yc_3,Tc_3 \\ z_4,Yc_4,Tc_4 \end{array} \right\} \tag{8.5-1}$$

式中　Yc_i、Tc_i——控制高程 z_i 处的拱冠梁中心线 y 坐标、拱冠梁厚度。

　　2. 水平拱圈的参数化描述

水平拱圈示意如图 8.5－2 所示，只要确定了拱圈中心线的方程及拱冠至拱端的厚度变化规律便可确定水平拱圈的形状。下面以抛物线型拱圈来具体说明如何对水平拱圈进行参数化描述。在此之前对后面将要用的参数的命名规则说明如下：参数名称中，第一个字

母 X、Y、T、ϕ、R 分别表示拱圈中心线上某点的 x 坐标、y 坐标、拱圈厚度、半中心角（拱圈中心线法线与 Y 轴的夹角）、曲率半径；第二个字母表示位置，r 表示右拱端、c 表示拱冠处、l 表示左拱端、i 表示任意点；另外左、右半拱的拱圈中心线在拱冠处的曲率半径分别命名为 Rcl、Rcr。由于坐标系原点设在拱冠梁剖面，坝轴线在优化过程中固定，且 X 轴指向左岸，故 x 坐标在右半拱小于 0、拱冠处为 0、左半拱大于 0，因此可根据 x 坐标的正负号来判断位置。同时，本书规定在右半拱半中心角取负号、左半拱取正号、拱冠处为 0，这样从右拱端到左拱端半中心角就从负的最大值一直连续地递增至正的最大值了，而且左、右半拱的一些公式可统一起来。

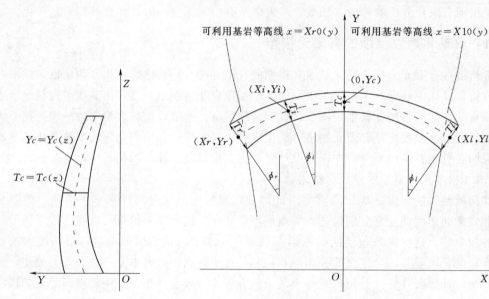

图 8.5-1　拱冠梁剖面示意图　　　　　　图 8.5-2　水平拱圈示意图

根据抛物线方程，拱圈的中心线上任一点有

$$Yi=\begin{cases} Yc-Xi^2/(2Rcr) & (Xr\leqslant Xi<0) \\ Yc & (Xi=0) \\ Yc-Xi^2/(2Rcl) & (0<Xi\leqslant Xl) \end{cases} \qquad (8.5-2)$$

显然 Xi 应在右拱端到左拱端之间，即 $Xr\leqslant Xi\leqslant Xl$。因此，确定拱圈中心线需要以下 5 个参数：$Yc$、$Rcr$、$Rcl$、$Xr$、$Xl$。其中前 3 个参数用以确定拱圈中心线的方程，后 2 个参数用以确定拱端的位置。

将拱端处的坐标 $(Xr，Yr)$、$(Xl，Yl)$ 代入式（8.5-2）中可解出 Rcr 及 Rcl：

$$Rcr=\frac{Xr^2}{2(Yc-Yr)},Rcl=\frac{Xl^2}{2(Yc-Yl)} \qquad (8.5-3)$$

也就是说，拱圈中心线也可由以下 5 个参数来确定：Yc、Xr、Yr、Xl、Yl。

由抛物线的性质，拱圈中心线上任一点的半中心角为

$$\phi i = \begin{cases} a\tan(Xi/Rcr) & Xr \leqslant Xi < 0 \\ 0 & Xi = 0 \\ a\tan(Xi/Rcl) & 0 < Xi \leqslant Xl \end{cases} \tag{8.5-4}$$

拱端处的半中心角 ϕr 和 ϕl 即按上式确定。

确定拱圈中心线之后，拱圈厚度为

$$Ti = \begin{cases} Tc + (Tr-Tc)(1-\cos\phi i)/(1-\cos\phi r) & \phi r \leqslant \phi i < 0 \\ Tc & \phi i = 0 \\ Tc + (Tl-Tc)(1-\cos\phi i)/(1-\cos\phi l) & 0 < \phi i \leqslant \phi l \end{cases} \tag{8.5-5}$$

因此，拱圈的厚度可由以下 3 个厚度参数 Tr、Tc、Tl 来确定。

确定拱圈中心线及拱圈厚度之后，拱圈的上下游曲线也随之确定。在拱圈中心线上的任一点（Xi，Yi），分别沿法线方向向上游和下游量取 $Ti/2$ 的距离便可得到两个点（Xiu，Yiu）及（Xid，Yid）：

$$\left.\begin{array}{l} Xiu = Xi + Ti/2\sin\phi i \\ Yiu = Yi + Ti/2\cos\phi i \end{array}\right\} \tag{8.5-6}$$

$$\left.\begin{array}{l} Xid = Xi - Ti/2\sin\phi i \\ Yid = Yi - Ti/2\cos\phi i \end{array}\right\} \tag{8.5-7}$$

上式中需注意的是：在右半拱 ϕi 小于 0。

图 8.5-2 中也绘出了左右两岸的可利用基岩等高线，拱坝的坝肩应建于可利用基岩等高线之上，即拱端应位于可利用基岩等高线之外，显然只要拱端处的下游点位于可利用基岩等高线之外即可，若左右两岸的可利用基岩等高线的方程分别为 $x = Xr0(y)$ 及 $x = Xl0(y)$，则下式得到满足即可保证这一点：

$$\left.\begin{array}{l} Xr - Tr/2\sin\phi r \leqslant Xr0(Yr - Tr/2\cos\phi r) \\ Xl - Tl/2\sin\phi l \geqslant Xl0(Yl - Tl/2\cos\phi l) \end{array}\right\} \tag{8.5-8}$$

式中，拱端处的下游点坐标系按式（8.5-7）计算而得。

另外，水平拱圈的面积可由定积分求得，即

$$A = \int_{\phi r}^{0} Ti(\phi i)Ri(\phi i)\mathrm{d}\phi i + \int_{0}^{\phi l} Ti(\phi i)Ri(\phi i)\mathrm{d}\phi i \tag{8.5-9}$$

式中 $Ti(\phi i)$ 按式（8.5-5）计算，$Ri(\phi i)$ 为 ϕi 处的拱圈中心线的曲率半径为

$$Ri(\phi i) = \begin{cases} Rcr\sec^3\phi i & \phi r \leqslant \phi i < 0 \\ Rcl\sec^3\phi i & 0 < \phi i < \phi l \end{cases} \tag{8.5-10}$$

式（8.5-9）可用解析方法计算得出，也可利用数值方法（如辛普森积分）得出。

综合以上，水平拱圈可由以下 8 个参数完整且唯一地描述：

$$Yc、Xr、Yr、Xl、Yl、Tr、Tc、Tl \tag{8.5-11}$$

此处需要说明的是，本书采用 Yc、Xr、Yr、Xl、Yl 这 5 个坐标参数来描述拱坝中心线，这与传统的拱坝设计中采用 Yc、Rcr、ϕr、Rcl、ϕl 来描述不同，主要是基于以下原因考虑：

（1）采用坐标参数来描述拱坝中心线在几何上更为直观，基本上这 5 个参数确定之

后，就可大致手绘出拱坝中心线的形状了。

（2）不同线型的描述都需要这 5 个参数，即不同的线型中这 5 个参数的含义是一样的，这样要编制不同线型的拱坝的建模程序就只需要修改很小的部分。

（3）Xr、Yr、Xl、Yl 用来描述拱座的位置，优化过程中可用式（8.5-8）非常方便地对拱座的位置加以控制。

3. 坝体的参数化描述

坝体由坝底到坝顶一系列的水平拱圈组成，显然只要得到了式（8.5-11）中用以描述水平拱圈的 8 个参数随高程的变化函数，坝体也随之确定：

$$Yc(z)、Xr(z)、Yr(z)、Xl(z)、Yl(z)、Tr(z)、Tc(z)、Tl(z) \qquad (8.5-12)$$

上述 8 个函数的几何意义是：对任意的坝顶和坝底之间的高程 z，用该高程的水平面去切拱坝坝体，则得到的水平拱圈的 8 个参数的值就是将 z 代入此 8 个函数中计算所得的值。

$Yc(z)$、$Tr(z)$、$Tc(z)$、$Tl(z)$ 一般为 z 的 3 次函数，这样只需取 4 个控制高程的水平拱圈的 Yc、Tr、Tc、Tl 便可确定这 4 个函数中的系数：

$$z_1、Yc_1、Tr_1、Tc_1、Tl_1$$
$$z_2、Yc_2、Tr_2、Tc_2、Tl_2$$
$$z_3、Yc_3、Tr_3、Tc_3、Tl_3$$
$$z_4、Yc_4、Tr_4、Tc_4、Tl_4 \qquad (8.5-13)$$

$Xr(z)$、$Yr(z)$、$Xl(z)$、$Yl(z)$ 则与河谷形状有关，控制高程的个数可能需要 4 个以上，控制高程之间按线性插值或 2～3 次插值：

$$z'_1、Xr_1、Yr_1、Xl_1、Yl_1$$
$$z'_2、Xr_2、Yr_2、Xl_2、Yl_2$$
$$\cdots$$
$$z'_m、Xr_m、Yr_m、Xl_m、Yl_m \qquad (8.5-14)$$

其中 m 为控制高程的个数，此处的控制高程可与上组参数的控制高程不同，但若 $m=4$，则将这两组参数的控制高程统一起来（即令 $z'_i = z_i$，$i=1～4$）。

式（8.5-13）及式（8.5-14）中所列的参数再加上坝底高程 $z\text{bot}$ 和坝顶高程 $z\text{top}$（共计 $22+5m$ 个参数，但若 $m=4$ 则共计 38 个参数），便构成了用以完整且唯一地描述抛物线型拱坝体形的所有参数，至此，拱坝几何模型的参数化得以实现。拱坝的参数化建模将在此基础上进行，且体形优化过程中的设计变量也将在这些参数中选取。设计变量的选择分 3 种情况考虑：

（1）若优化过程中固定拱座，即拱端的坐标不变，则 Xr_i、Yr_i、Xl_i、Yl_i（$i=1～m$）不参与优化，选择 Yc_j、Tr_j、Tc_j、Tl_j（$j=1～4$）为设计变量（共计 16 个变量）。

（2）若优化过程中按棱形河谷考虑，即拱端的 x 坐标不变，则 Xr_i、Xl_i（$i=1～m$）不参与优化，选择 Yc_j、Tr_j、Tc_j、Tl_j（$j=1～4$）及 Yr_i、Yl_i（$i=1～m$）为设计变量（共计 $16+2m$ 个变量）。

（3）若优化过程中按任意形状的河谷考虑，则选择 Yc_j、Tr_j、Tc_j、Tl_j（$j=1～4$）及 Xr_i、Yr_i、Xl_i、Yl_i（$i=1～m$）为设计变量（共计 $16+4m$ 个变量）。

不管按哪种情况考虑，$z$top、$z$bot、z_j、z_i（$j=1\sim4$、$i=1\sim m$）都不参与优化，且初始方案的拱座均须建于可利用基岩之上。

一般来说，按情况（1）和情况（2）选择优化变量进行时，优化过程中拱座位于可利用基岩之上都能得到保证，此时可以不提供可利用基岩等高线的信息，优化过程中不需施加式（8.5-8）代表的几何约束。若按情况（3）考虑，则必须提供可利用基岩等高线的信息，以便在优化过程中施加式（8.5-8）代表的几何约束。

4．坝体体积的计算

由于用以确定水平拱圈的8个参数是高程 z 的函数，因而水平拱圈的面积也是高程 z 的函数，故可由定积分求得坝体体积为

$$V = \int_{z_{\mathrm{bot}}}^{z_{\mathrm{top}}} A(z)\mathrm{d}z \tag{8.5-15}$$

式中 z_{bot}、z_{top}——坝底和坝顶高程；

$\quad\quad A(z)$——z 高程处水平拱圈的面积，按式（8.5-9）计算。

可按辛普森积分方法计算式（8.5-15）。

8.5.1.2 拱坝有限元网格的自动生成

1．有限元网格的生成

所谓拱坝参数化建模，就是在拱坝几何模型参数化的基础上，根据拱坝几何模型的参数自动建立拱坝的有限元模型，具体实现过程如下：

（1）输入式（8.5-13）及式（8.5-14）中的所有参数以及坝底和坝顶高程。

（2）根据输入的参数，计算出式（8.5-12）中8个函数中的系数。

（3）将坝体中面（所有拱圈中心线组成的面）投影到 XOZ 平面，之后用一系列的水平线和铅直线将该投影面分割成如图8.5-3中中面立视图所示的二维网格。该网格图中，为计算等效应力，根据傅作新的建议在建基面上留有一层薄层。

对于中面网格中的任意一条水平线（A—A），用该水平线所在的水平面去切拱坝的坝体，则可得到一水平拱圈（A—A 断面），显然该水平线就是该水平拱圈的中心线在 XOZ 平面的投影。

（4）从坝顶到坝底，根据第（2）步得到的8个函数，依次计算中面网格中每条水平线对应的水平拱圈的拱圈参数。

（5）从坝顶到坝底、依次取出每条水平线，按从左至右的顺序依次取出线上的每个节点 I，获得该点 I 在的 x、z 坐标（Xi，Zi）。再在该水平线对应的拱圈中心线上找

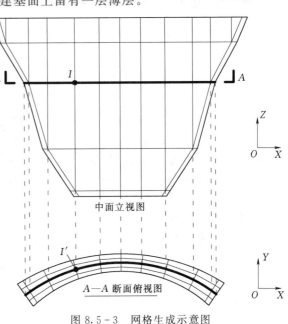

图 8.5-3 网格生成示意图

到与该点 I 对应的点 I'，I' 点的 Y 坐标 Y_i，此处的拱圈厚度 T_i 以及拱圈中心线的法线与 Y 轴的夹角 ϕ_i，均可根据 8.6.1 小节中的方法计算得到。之后，根据这些参数在该法线上生成一系列的节点。按此方法对中面网格中的每个节点进行操作，即可生成坝体的所有节点。将相邻的节点组成一个个的 8 节点 6 面体单元，最后便得到坝体单元，如图 8.5 - 4 所示。

（6）将坝体在建基面上的节点分别向右岸、左岸、上游、下游以及坝底放射约 1.5 倍坝高，便得到地基的节点，将这些节点组成单元，便得到地基的单元，最后生成的坝体-地基有限元模型如图 8.5 - 5 所示。

上述生成有限元模型网格的过程由编制的 APDL 程序全自动完成，且在生成网格的过程中可由用户来控制坝体沿铅直向的划分数、沿坝厚方向的划分数、底拱左、右半拱沿水平向的划分数、建基面上薄层单元的厚度，以及地基单元向外的放射数目和比例因数。在图 8.5 - 4 到图 8.5 - 5 的示例网格中，除建基面上布置的薄层单元外，坝体沿铅直向的划分数为 4、沿坝厚方向的划分数为 4、底拱左半拱沿水平向的划分数为 2、底拱右半拱沿水平向的划分数为 2、地基单元向外的放射数目为 5，放射过程中相邻单元尺寸的比例因数为 1.43。用户可根据需要不断调整这些参数，使坝体的网格更加均匀，图 8.5 - 6 及图 8.5 - 7 是调整过后的网格图，可以看出该模型的坝体网格非常均匀。

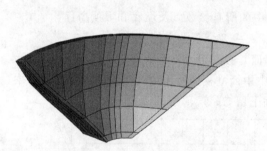

图 8.5 - 4　坝体有限元网格图

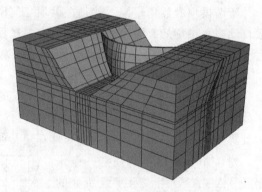

图 8.5 - 5　坝体-地基有限元网格图

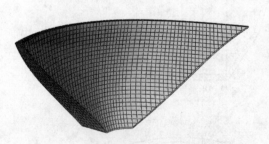

图 8.5 - 6　调整后的坝体有限元网格图

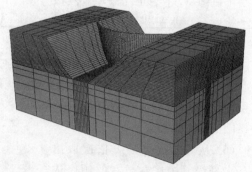

图 8.5 - 7　调整后的坝体-地基有限元网格图

2. 有限元网格的优点

按本书介绍的方法生成的有限元网格，具有以下优点：

（1）网格中绝大部分的单元为6面体单元。在坝体的坝肩部位安排了5面体过渡，更能适应河谷上宽下窄的特征。

（2）剖分网格时，一方面在立视方向按相互正交的水平线和铅直线对坝体中面进行划分，另一方面在俯视方向沿拱圈中心线的法线方向生成节点，这样生成的网格的单元中3个方向都是接近垂直的，即网格中的6面体单元非常接近长方体，坝肩部位的5面体单元也非常接近直三棱柱，通过调整划分数，可以使坝体中的绝大部分单元都接近于正方体。规则的网格划分对得到精确的有限元应力是非常有利的。

（3）节点和单元都是直接生成的，节点和单元在坝体中的相对位置与其编号严格对应，也就是说可以根据节点或单元在坝体中的相对位置而直接得到它的编号。

（4）在建基面上布置了一层薄层单元，且在同一地方的沿坝厚方向的一排单元，其形心点的连线必定与该处拱圈中心线法线重合，在8.5.3节中将看到这将给等效应力的计算带来很大的方便。

8.5.2　自动化施加有限元荷载

生成拱坝的有限元模型之后，便根据水位资料、各材料的容重资料以及温度荷载资料，将荷载施加至有限元模型上，这一过程也由编制的 APDL 程序自动完成，本书中考虑的荷载有：自重、静水压力、淤沙压力、温度荷载。

8.5.3　自动化计算等效应力

荷载施加完毕后，就由 ANSYS 进行有限元应力的求解，之后进入 ANSYS 的后处理模块，根据 ANSYS 计算得到的有限元应力，计算拱坝的有限元等效应力。

8.5.3.1　等效应力法的基本思想

等效应力法的基本思想就是将有限元计算的应力分量，沿断面积分，得到内力，然后用材料力学法计算断面上的应力分量。

从力学观点来看，双曲拱坝是一种具有不规则边界条件的变厚度壳体。仿照弹性壳体理论的做法，取与上下游等距离的中间曲面作为参考面——中面。作水平面截取平面拱，水平面与中面的交线就是拱轴线；再作垂直于中面的铅直平面截取悬臂梁，得梁轴线。上述3个面相交于拱坝厚度中点O。通过O，可以建立空间坐标系——r-t-z。r轴指向拱轴线的法线，t轴指向拱轴线的切线，z轴铅直向上。假设在该坐标面上的3个应力分量（σ_t，σ_z，τ_{zt}）沿坝厚为线性分布。

根据上述拱坝应力分布假设，在用弹性有限元法求得拱坝应力之后，便可以用等效应力法求出拱坝上下游面的3个应力分量，然后由该处微分体的平衡条件求得另外3个应力分量，就能进一步决定拱坝上下游面的主应力。

8.5.3.2　等效应力的计算方法

如图8.5-8所示，划分单元时坝厚方向上等分3层，同时，在划分铅直梁时使各单元的中点连线与中面法线一致。在 ANSYS 的后处理模块中，取出各单元形心点处在整体坐标系（x-y-z）下的6个应力分量，之后按转轴公式计算局部坐标系（t-r-z）下的3个应力分量σ_t、σ_z、τ_{zt}，其中σ_z不变：

$$\sigma_t = \frac{\sigma_x + \sigma_y}{2} + \frac{\sigma_x - \sigma_y}{2}\cos2\alpha + \tau_{xy}\sin2\alpha \qquad (8.5-16)$$

$$\tau_{tz} = \tau_{zx}\cos\alpha + \tau_{zy}\sin\alpha \qquad (8.5-17)$$

式中 α——x 轴到 t 轴的转角，以逆时针为正。

若求出拱坝某水平截面上沿坝厚 3 个单元的形心处的梁应力 σ_z，记为 σ_1、σ_2、σ_3（图 8.5-9）。将 x 轴设在此 3 个单元的连线上，已知 $x=-1$、0、1 三点处的正应力 σ_z，按 2 次插值得水平截面上的正应力分布为

$$\sigma(x) = \left(\frac{\sigma_1 + \sigma_3 - 2\sigma_2}{2}\right)x^2 + \left(\frac{\sigma_3 - \sigma_1}{2}\right)x + \sigma_2 \qquad (8.5-18)$$

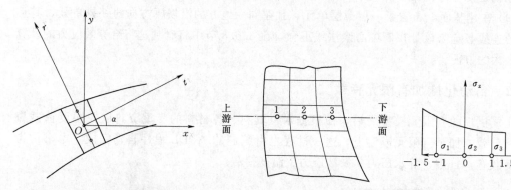

图 8.5-8 等效应力计算示意图 1   图 8.5-9 等效应力计算示意图 2

把上述正应力合成轴力 $\overline{N}$ 和弯矩 $\overline{M}$，得：

$$\overline{N} = \frac{9}{8}(\sigma_1 + \sigma_3 - 2\sigma_2) + 3\sigma_2 \qquad (8.5-19)$$

$$\overline{M} = \frac{9}{8}(\sigma_3 - \sigma_1) \qquad (8.5-20)$$

于是，用材料力学方法求出上下游处的等效应力为

$$\frac{\overline{\sigma}_u}{\overline{\sigma}_d} = \frac{1}{3}(\overline{N} \mp \overline{M}) \qquad (8.5-21)$$

同理，可以求出与 σ_t、τ_{tz} 对应的另两组等效应力。

利用求得的上下游处的等效应力，再根据坝面微分体的平衡条件（图 8.5-10），可以求出该处其他 3 个等效应力分别为

$$\overline{\tau}_{rz} = (p + \overline{\sigma}_z)\cot\theta \qquad (8.5-22)$$

$$\overline{\sigma}_r = -p + \overline{\tau}_{rz}\cot\theta \qquad (8.5-23)$$

$$\overline{\tau}_{rt} = \overline{\tau}_{zt}\,\mathrm{ctg}\theta \qquad (8.5-24)$$

式中 p——坝面所受的水压力强度，以压为正；

θ——坝面与 r 轴的交角。

有了 6 个等效应力分量之后，便可计算得出等效应力的主应力。

8.5.3.3 等效应力的自动化计算

上一小节中介绍的方法计算等效应力时，划分单元时必须在坝厚方向上等分 3 层。显

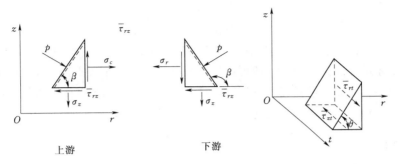

图 8.5 - 10　等效应力计算示意图 3

然，在坝体较厚的情况下，只分 3 层是不够的，因此，本书按等分 7 层的情况对此法进行了部分修正。如图 8.5 - 11 所示，同样在一排单元中取出 3 个单元的中心点应力，根据这 3 个单元的应力按 2 次插值得水平截面上的应力分布 $\sigma = \sigma(x)$，对此应力分布积分合成轴力 $\overline{N}$ 和弯矩 $\overline{M}$，最后按材料力学法求出上下游处的等效应力。

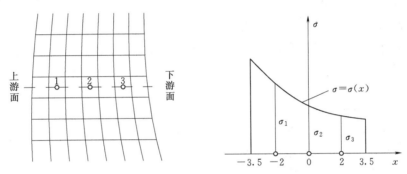

图 8.5 - 11　修正的等效应力计算示意图

因此，当坝厚方向上等分 7 层时，只需将上一小节的式（8.5 - 19）~式（8.5 - 22）修正为以下：

式（8.5 - 19）修正为

$$\sigma(x) = \left(\frac{\sigma_1 + \sigma_3 - 2\sigma_2}{8}\right)x^2 + \left(\frac{\sigma_3 - \sigma_1}{4}\right)x + \sigma_2 \tag{8.5 - 25}$$

式（8.5 - 20）及式（8.5 - 21）修正为

$$\overline{N} = \frac{343}{96}(\sigma_1 + \sigma_3) - \frac{7}{48}\sigma_2 \tag{8.5 - 26}$$

$$\overline{M} = \frac{343}{48}(\sigma_3 - \sigma_1) \tag{8.5 - 27}$$

式（8.5 - 22）修正为

$$\frac{\overline{\sigma}_u}{\overline{\sigma}_d} = \frac{\overline{N}}{7} \mp \frac{6\overline{M}}{49} \tag{8.5 - 28}$$

本书进行拱坝有限元计算时，将坝体在坝厚方向上等分 7 层，按上述公式计算等效应力。

　　按上述方法进行参数化建模，将在建基面上生成一层薄层单元，且每个位置的单元的编号都是固定的，这样在建基面上的任意位置，都可以得到此处的薄层单元的编号，则图 8.5-11 中的 3 个单元的编号都是已知的，用 ANSYS 后处理模块中的 * GET 命令根据编号提取出这 3 个单元的应力分量，即可按这一节介绍的方法计算此处的等效应力。对建基面上的所有薄层单元按此过程都进行计算，最后取最大值便得到坝体的最大等效应力。至此，等效应力计算的自动化最终实现。

8.5.4　小结

　　拱坝有限元分析的自动化实现是基于有限元法的拱坝优化的基础，本章详细介绍了这一过程的实现方法。

　　有限单元法的基本原理是：把一个连续的物体人为地离散为若干单元，相邻单元在结点处相互连接。研究每个单元的应力应变特性，计算每个单元的刚度矩阵，然后组合成整体刚度矩阵。对于所有外荷载以静力等效的方式转移到各结点上，并组成结点荷载列阵。最后通过结点上的平衡条件，计算出结点变位，进而求出单元的应变和应力。

　　有限元通用软件 ANSYS 功能强大，应用广泛，其参数化设计语言（ANSYS parametrice design language，APDL）是一种可用来自动完成有限元常规分析操作或通过参数化变量方式建立分析模型的脚本语言。本章即在 ANSYS 的平台上，以 APDL 为工具，编程实现拱坝有限元分析的自动化。

　　将拱坝体形抽象成几何模型，再用一组参数来描述这一几何模型，拱坝的有限元模型即根据这组几何参数来建立。选取这组几何参数中可调整的参数便组成了优化过程中的设计变量。拱坝坝体的体积也可根据这组几何参数由辛普森积分法求得。对于抛物线型拱坝，本书用拱冠中点的位置（Yc）以及拱端中点的位置（Xr、Yr、Xl、Yl）来描述水平拱圈的中心线，再用拱冠厚度（Tc）、拱端厚度（Tr、Tl）以及拱冠到拱端之间的厚度变化规律来描述水平拱圈的上下游曲线，最后通过以上这些拱圈参数随高程的变化函数 [$Yc(z)$、$Xr(z)$、$Yr(z)$、$Xl(z)$、$Yl(z)$、$Tr(z)$、$Tc(z)$、$Tl(z)$] 及坝顶、坝底高程（$z$top、$z$bot）来描述整个坝体，其中拱圈参数随高程的变化函数是通过一组插值点的数值来描述的。用这种方式来参数化描述拱坝几何模型的优点是：几何直观，对拱圈方程形式的适用性强，可直接对拱端位置施加约束。

　　在拱坝几何体形参数化描述的基础之上，根据拱坝的几何参数，按从坝顶到坝底、从左岸到右岸、从上游面到下游面的顺序，依次在拱坝的几何空间所在的位置上布置节点，最后将这些节点按指定的顺序连接成单元，这就是生成坝体有限元模型网格的全过程。布置节点的时候，一方面在立视方向沿水平线和铅直线布点，另一方面在俯视方向沿拱圈中心线的近似平行线的及拱圈中心线的法线方向布点，这样能保证生成的网格的单元中 3 个方向都是接近垂直的，通过调整坝体在各方向上的划分数，能使坝体中的绝大部分单元都接近于正方体。此外，为计算等效应力，在建基面上预留了一层薄层单元。

　　将有限元计算的应力分量沿断面积分，得到内力，然后用材料力学法计算断面上的应力分量，最后根据坝面微分体的平衡条件即可算得有限元等效应力。

8.6 拱坝优化设计

8.6.1 拱坝体形拟定

近年来我国加大力度发展碾压混凝土筑坝施工技术，高碾压混凝土拱坝也得到了迅速发展和推广，已建及在建百米以上碾压混凝土拱坝十几座，其中有四川沙牌（132m）、湖北招徕河（107m）、新疆塔西河（109m）及陕西蔺河口（100m），可见高碾压混凝土拱坝设计和施工技术已经日渐成熟。为了发挥碾压混凝土筑坝技术的快速施工优势，确保碾压混凝土施工质量，同时结合我国目前碾压混凝土拱坝施工水平和实践经验，根据预可研阶段的设计成果和报告审查意见，考虑到坝址区地形地质条件等因素，本阶段拱坝体形采用预可研阶段推荐的抛物线型变曲率碾压混凝土拱坝。

万家口子水库正常蓄水位为 1450.00m，校核洪水位为 1451.95m，碾压混凝土拱坝坝顶高程 1452.50m。根据 SL 282—2003《混凝土拱坝设计规范》关于坝基开挖的规定，结合本工程坝基地质条件和物理力学性质等因素，经多方面计算论证后，确定拱坝最低建基面位于微风化基岩，坝底建基高程为 1285.00m，最大设计坝高 167.50m。坝址区河谷呈 V 形，对称性较好，为满足坝体应力的要求，并考虑表孔大泄量等因素，经过计算并综合考虑各方面因素确定拱冠梁处坝底宽度 36.0m，坝顶宽度 9.0m，坝顶弧长 413.157m。

拱坝体形设计按 SL 282—2003 要求采用拱梁分载法计算，并采用有限元法进行复核，施工过程及运行期采用三维非线性有限元法进行仿真计算。采用拱梁分载法计算时将碾压混凝土拱坝分为 9 拱 17 梁，考虑拱梁及径、切、扭三向调整。拱座及坝肩稳定计算的基本理论为刚体极限平衡法，并采用非线性有限元法进行复核，按规范要求本阶段分别进行了平面二维、空间三维刚体极限平衡计算、三维非线性有限元整体安全度计算。大坝应力计算主要辅助软件为浙江大学的拱坝分析与优化软件系统 ADAO 及中国水电科学研究院的拱坝应力分析软件 ADASO，有限元应力计算采用 ANSYS 三维有限元软件。坝肩稳定计算除了采用上述软件以外还辅以手工计算复核。经过体形优化后得到的碾压混凝土拱坝体型特性见表 8.6-1。

表 8.6-1　　　　　　　碾压混凝土拱坝体型特性表

编号	拱圈高程/m	拱冠上游面凸度	拱圈中心厚度/m	左拱端厚度/m	右拱端厚度/m	拱冠梁左侧半径/m	拱冠梁右侧半径/m	左中心角/(°)	右中心角/(°)
	HIGUT0	ZCROWNU	THICKC	THICKL	THICKR	Rcl	Rcr	PHIl	PHIl
1	1452.5	0	9	9	9	185.0362	187.7513	44.867	42.6669
2	1425	−7.2374	16.239	14.4851	16.2136	157.1637	158.0189	44.9966	43.6255
3	1405	−10.9194	20.1374	20.6907	22.7455	140.3482	140.4076	45.0002	44.7193
4	1385	−13.3599	23.2043	27.6845	29.5185	125.8413	125.4829	44.9981	45.0003
5	1365	−14.639	25.7236	34.5079	35.7842	113.1088	112.6299	44.4953	44.4745

续表

编号	拱圈高程 /m	拱冠上游 面凸度	拱圈中心 厚度 /m	左拱端 厚度 /m	右拱端 厚度 /m	拱冠梁左 侧半径 /m	拱冠梁右 侧半径 /m	左中心角 /(°)	右中心角 /(°)
	HIGUT0	ZCROWNU	THICKC	THICKL	THICKR	Rcl	Rcr	PHIl	PHIl
6	1345	−14.8369	27.979	40.2023	40.7945	101.6162	101.2335	42.6571	43.8137
7	1325	−14.0336	30.2544	43.8093	43.8012	90.8291	90.6786	39.9615	41.6339
8	1305	−12.3094	32.8335	44.3701	44.0561	80.2132	80.3501	35.3456	34.6478
9	1285	−9.7443	36	40.9263	40.811	69.2341	69.633	19.8665	19.6772

由表 8.6-1 可知：坝体最大中心角 87.534°，最小中心角 39.5347°，中曲面拱冠处最大曲率半径 187.50m，最小曲率半径 69.2341m。坝顶上游弧长 413.157m，坝顶厚 9m，坝底拱冠处厚 36m，左拱端处厚 40.9263m，右拱端处厚 40.8111m，厚高比 0.215，拱冠梁最大倒悬度为 0.14，拱坝呈对称布置，中心线方位角为 NE28.01°。

在前期勘测设计的体型设计时，当时认为 1425.00m 高程以下基岩为 ⅡA。主要的设计地质参数为：1425.00m 高程以下，岩体变形模量为 14GPa，地基承载力 6.0MPa。但施工开挖以后发现，工程地质条件与原先估计有很大差别（尤其是开挖到下部坝肩时），左右岸拱肩槽岩体力质量，均有明显的降低。在经补充勘测后，设计仍维持原定体形，未作调整。

8.6.2 拱坝应力分析

8.6.2.1 分析内容和方法

1. 应力分析主要内容

（1）计算坝体应力分布状态，包括拱向应力、梁向应力、坝面主应力分布。

（2）应力控制值计算。

（3）坝体削弱部位（如溢流表孔、导流底孔等）的局部应力计算分析。

（4）分析坝基应力。

（5）温度场及徐变应力场的时程分析。

2. 应力分析需考虑的问题

（1）坝体内孔洞对坝体应力的影响。

（2）基础变形对坝体应力的影响。

（3）温度荷载对坝体应力的影响。

（4）混凝土徐变对坝体应力的影响。

（5）分期蓄水、分期施工对坝体应力的影响。

3. 拱坝应力分析方法

（1）拱梁分载法。

（2）有限元法。

（3）温度及徐变应力仿真分析。

8.6.2.2 基本参数

1. 体形参数

碾压混凝土拱坝体形参数见表8.6-1。

2. 自重及材料特性

混凝土容重：24kN/m³。

混凝土弹模：25500MPa。

混凝土变形模量：18000MPa。

混凝土线膨胀系数：0.0000057(1/℃)。

混凝土泊松比：0.167。

3. 静水压力

上游正常蓄水位：1450.00m。

下游最低尾水位：1300.40m。

上游设计水位：1450.72m($P=0.1\%$)。

下游设计水位（下游500m处）：1312.59m($P=0.1\%$)。

上游校核洪水位（下游500m处）：1451.95m($P=0.02\%$)。

下游校核水位：1313.12m($P=0.02\%$)。

$P_{5\%}$施工期洪水上游最高水位：1359.62m。

$P_{5\%}$施工期洪水下游最高水位：1310.76m。

水库死水位：1415.00m。

4. 淤沙压力。

计算淤沙高程：1380.00m。

淤沙浮容重：0.86t/m³。

淤沙内摩擦角：14°。

5. 温度资料

温度资料见表8.6-2。

表8.6-2　　　　　　　　　　　　计算所输入的温度资料

温 度 资 料 项 目	单位	数　值
多年平均气温	℃	16.20
日照对水位以上坝面多年平均气温的影响	℃	3
气温年变幅（温降、温升）	℃	7.65
日照对水位以上坝面温度年变幅的影响	℃	1.5
上下游坝面多年平均表面水温	℃	16.1
日照对上下游面多年平均表面水温的影响	℃	3
上下游面表面水位年变幅（温降、温升）	℃	6.3
日照对上下游表面水温年变幅的影响	℃	1.5
上下游恒温层的温度	℃	12.67/15
上下游恒温层的高程	m	1415.00/1285.00

注　资料参考盘县气象局所提供的气象资料修订后采用。

6. 地震资料

本工程坝址经中国地震局地壳应力研究所地震安全性评价报告复核结果为Ⅵ度，根据《水工建筑物抗震设计规范》（DL 5073—1997），1 级建筑物提高 1 度设防，因此大坝设防烈度为Ⅶ度。

7. 坝基地质条件

大坝建基面位于弱风化-微风化岩体之上，各控制高程基岩的变形模量略有不同。根据物探成果及工程地质条件，建基面 1285.00～1375.00m 高程岩体变形模量为 14GPa，1375.00～1450.00m 高程岩体变形模量为 11GPa，微风化基岩泊松比取为 0.25。弱风化基岩泊松比取为 0.27。基岩特性见表 8.6-4。

8. 仿真分析有关资料

（1）坝址区气象资料。本工程坝址区无实测的长期气象观测资料，经研究参考离坝址区较近且气象条件较近的盘县气象局提供的盘县气象资料，考虑到坝址所在地的海拔略低于盘县，气温相应增加 1℃ 进行修正后采用，盘县气象资料见表 8.6-3。

（2）材料热力学性能。混凝土热力学性能指标主要有：导温系数、导热系数、比热、线膨胀系数、容重、泊松比、绝热温升、弹性模量、抗拉强度、徐变、自生体积变形等。基岩热力学指标主要是：导温系数、导热系数、比热、线膨胀系数、容重、泊松比、弹性模量。材料热力学性能指标见表 8.6-4～表 8.6-8。

表 8.6-3　　　　　　　　　　　盘县气象局气象观测资料

月份	1	2	3	4	5	6	7	8	9	10	11	12
平均气温/℃	6.5	8.4	12.9	16.9	19.4	21.1	21.8	21.2	19.0	15.7	11.7	8.0
平均最高气温/℃	15.8	21.0	24.2	26.3	27.4	27.7	28.1	29.1	27.0	23.1	20.6	17.5
平均最低气温/℃	0.1	1.0	5.2	9.5	14.0	16.4	17.5	16.9	13.6	10.5	5.1	0.2
极端最高气温/℃	26.3	30.6	32.3	34.1	35.1	33.8	32.9	32.5	32.3	29.5	28.9	28.9
极端最低气温/℃	−5.8	−7.9	−2.6	1.7	6.7	10.3	11.0	11.0	6.5	1.9	−1.9	−5.6
平均日照时数/h	101.2	108.6	162.6	173.6	160.5	132.3	157.6	168.7	123.4	110.4	107.6	113.8
日均温低于−3℃天数/d	7.3	4.8	1.0	0	0	0	0	0	0	0	0	2.8
最低气温低于−3℃天数/d	0.2	0.2	0	0	0	0	0	0	0	0	0	0.8
3d 降温大于 6℃次数/次	1.7	1.6	2.3	1.8	1.2	0.4	0	0	0.9	0.7	0.7	0.6
气温最大降幅/℃	17.8	18.2	17.4	14.4	14.4	10.4	5.7	6.0	7.5	11.5	13.1	15.3
气温平均降幅/℃	9.1	11.0	11.3	9.9	8.9	5.2	3.9	3.5	5.0	7.6	6.6	7.2
降雨强度大于 3mm/h 天数/d	0.8	1.1	1.0	3.0	6.8	10.4	11.2	9.7	6.9	4.5	2.1	0.4
多年平均风速/(m/s)	1.9	2.2	2.5	2.2	1.8	1.2	1.3	0.9	1.0	1.1	1.1	1.6
历年最大风速/(m/s)	20.0	20.0	24.0	20.0	17.0	12.0	12.0	9.0	9.0	10.0	10.0	10.0

表 8.6-4　　　　　　　　　　　混凝土和基岩的热学、力学性能

混凝土标号 （岩石种类）	容重 /(kg/m³)	弹性模量 /GPa	泊松比	导温系数 /(m²/h)	导热系数 /[kJ/(kg·h·℃)]	比热 /[kJ/(kg·℃)]	线膨胀系数 /(×10⁻⁶/℃)
二级配防渗碾压 C20W8	2450	38.5	0.183	0.0032	8.83	1.12	4.87
三级配内部碾压 C20W6	2450	35.2	0.183	0.0032	8.83	1.12	4.87

混凝土标号 （岩石种类）	容重 /(kg/m³)	弹性模量 /GPa	泊松比	导温系数 /(m²/h)	导热系数 /[kJ/(kg·h·℃)]	比热 /[kJ/(kg·℃)]	线膨胀系数 /(×10⁻⁶/℃)
二级配变态 C20W8	2450	34.7	0.183	0.0032	8.83	1.12	4.87
三级配常态 C20W6	2463	49.6	0.183	0.0030	8.72	1.18	5.7
基岩白云质灰岩	2500	22.0	0.183	0.0032	8.307	1.05	—

表 8.6-5　　　　　　　　各龄期混凝土弹性模量、强度和极限拉伸值

强度等级	抗压强度/MPa			劈裂抗拉强度 /MPa			抗拉弹模 /×10⁴MPa		轴心抗拉强度 /MPa	
	17.4	25.3	28.7	0.87	1.66	2.36	3.50	3.68	2.08	2.56
二级配防渗碾压 C20W8	16.6	24.9	29.9	1.00	1.28	2.52	3.39	3.66	1.70	2.81
三级配内部碾压 C20W6	18.9	25.6	31.5	1.32	2.19	2.72	3.99	4.07	2.36	2.72
二级配变态 C20W8	18.0	29.8	39.2	1.56	1.78	3.35	3.66	4.17	1.99	2.57
三级配常态 C20W6	17.4	25.3	28.7	0.87	1.66	2.36	3.50	3.68	2.08	2.56

混凝土种类	混凝土标号	抗压弹模/×10⁴MPa			极限拉伸/×10⁻⁶	
		7d	28d	90d	28d	90d
二级配防渗碾压 C20W8	C20	2.07	3.21	3.61	69	76
三级配内部碾压 C20W6	C20	1.83	2.52	3.24	52	83
二级配变态 C20W8	C20	2.30	2.98	3.33	69	83
三级配常态 C20W6	C20	2.48	3.04	3.52	50	77

表 8.6-6　　　　　　　　　　混凝土绝热温升

混凝土种类 及标号	各龄期的绝热温升/℃									
	1d	3d	5d	7d	10d	14d	21d	28d	90d	最终
碾压二级配 C20	2.7	7.3	10.8	13.3	15.7	17.4	18.5	18.8	18.9	18.9
碾压三级配 C20	2.7	7.3	10.8	13.3	15.7	17.4	18.5	18.8	18.9	18.9
变态混凝土 C20	4.3	9.4	12.4	14.4	16.3	17.9	19.5	20.4	22.6	23.75
常态混凝土 C20	6.3	12.7	16	17.9	19.7	21.2	22.5	23.3	25	25.84

表 8.6-7　　　　　　　　碾压混凝土徐变试验值　　　　　　单位：×10⁻⁶/MPa

编号	龄期/d	持荷时间/d						
		0	3	7	14	28	45	90
三级配碾 压混凝土 C20W6	3	0	49.6	57.3	64.1	71.1	75.9	82.9
	7	0	18.7	22.9	26.8	30.9	33.9	38.3
	14	0	13.3	16.6	19.7	23.0	25.3	28.6
	28	0	7.9	9.9	11.9	14.1	15.7	18.2
	90	0	4.2	5.1	5.9	6.9	7.6	*8.7

（3）施工浇筑条件。

1）浇筑温度为浇筑期平均气温＋2℃。

表 8.6 - 8 混凝土自生体积变形

| 龄期
/d | 混凝土自身体积变形/×10⁻⁶ | | | | | |
| | 三级配碾压 C20W6 | | | 三级配常态 C30W8 | | |
	718NP021 - 1	718NP021 - 2	平均值	718NP026 - 1	718NP026 - 2	平均值
1	0.0	0.0	0.0	0.0	0.0	0.0
2	-3.4	-13.4	-8.4	-4.1	-4.9	-4.5
3	-1.9	-11.3	-6.6	1.1	0.7	0.9
4	-3.6	-3.5	-3.5	3.7	2.4	3.1
5	8.1	10.6	9.4	3.3	3.3	3.3
6	13.2	-6.8	3.2	1.0	3.7	2.3
7	-6.1	-12.7	-9.4	-2.6	-1.2	-1.9
8	-5.9	-13.9	-9.9	-3.6	-0.9	-2.3
9	-2.6	-9.4	-6.0	-0.3	0.9	0.3
10	-1.5	-6.8	-4.2	1.0	-0.4	0.3
11	0.6	-11.3	-5.3	-1.6	1.1	-0.2
12	0.3	-10.5	-5.1	-0.5	1.4	0.4
13	-0.4	-10.2	-5.3	1.1	3.7	2.4
14	-5.0	-13.9	-9.5	-3.7	-1.1	-2.4
15	-2.3	-11.2	-6.7	-4.1	-1.8	-3.0
17	-1.2	-10.5	-5.9	-5.4	-2.0	-3.7
20	-1.5	-10.7	-6.1	-6.3	-2.4	-4.4
24	-19.4	-15.3	-17.4	-11.7	2.7	-4.5
27	-0.5	-10.9	-5.7	-8.7	-3.8	-6.2
31	-8.9	-12.1	-10.5	-17.0	-4.1	-10.5
34	-5.2	-15.3	-10.2	-10.6	-12.4	-11.5
38	-2.6	-12.5	-7.5	-14.0	-9.6	-11.8
41	-0.9	-12.3	-6.6	-13.3	-10.4	-11.8
45	4.5	-9.8	-2.7	-10.0	-9.1	-9.5
50	-3.3	-12.2	-7.0	-12.6	-15.3	-13.9
52	-1.0	-12.9	-7.0	-15.7	-14.7	-15.2
55	2.3	-6.0	-1.8	-6.3	-8.0	-7.2
59	0.4	-12.8	-6.2	-19.6	-10.7	-15.2
67	3.7	-11.0	-3.6	-11.5	-9.8	-10.7

2）断面埋设冷却水管，冷却水管间距初步按 1.5m×1.5m 考虑。一期冷却通水时间 21d，3 月下旬至 10 月中旬采用 10℃制冷水，其余时间采用天然河水冷却，二期通水采用 10℃制冷水。

3）2009 年 1 月 1 日开始浇筑，至 2011 年 5 月完成大坝浇筑。

4）混凝土拆模后即开始保温。基础约束区及上游面、孔口周边保温后混凝土表面等效放热系数不大于 1.5～2.0W/(m²·℃)，其他部位不大于 2.0～3.0W/(m²·℃)。

大坝工程控制性进度见表 8.6 - 9，封拱温度见表 8.6 - 10。

表8.6－9   大坝工程控制性进度

序号	工 作 项 目	工程量	起 止 时 间	作业时间/d
1	混凝土垫层（高程1285～1286.5m）	0.65	2009.01.01—2009.01.31	31
2	1318m以下碾压混凝土	13.94	2009.02.01—2009.05.10	71
3	高程1318～1333m碾压混凝土	9.21	2009.11.15—2009.12.31	46
4	高程1333～1375m碾压混凝土	27.92	2010.01.01—2010.04.30	120
5	高程1375～1405m碾压混凝土	20.38	2010.05.01—2010.08.10	100
6	高程1405～1452.5m碾压混凝土、常态混凝土	22.91	2010.08.11—2011.02.28	200
7	第一期封拱冷却（高程1318m以下）		2009.12.01—2010.01.31	61
8	第一期封拱灌浆（高程1318m以下）		2010.02.01—2010.03.31	58
9	第二期封拱冷却：高程1318～1420m		2010.11.01—2011.01.31	92
	高程1420～1452.5m		2011.04.01—2011.04.30	30
10	第二期封拱灌浆：高程1318～1420m		2011.02.01—2011.04.30	89
	高程1420～1452.5m		2011.05.01—2011.05.31	31
11	导流底孔封堵时间		2011.01.01—2011.02.28	58
12	导流隧洞封堵时间		2011.04.01—2011.05.31	61
13	大坝蓄水时间		2011.04.01—2011.06.31	91
14	第一台机组发电时间		2011.06.31	

表8.6－10   封 拱 温 度

封拱区域	封拱温度/℃	封拱区域	封拱温度/℃
1445.00～1452.50m	16	1345.00～1365.00m	14
1425.00～1445.00m	15	1325.00～1345.00m	14
1405.00～1425.00m	15	1305.00～1325.00m	14
1385.00～1405.00m	14	1285.00～1305.00m	13
1365.00～1385.00m	14		

8.6.2.3　荷载及组合

1. 基本荷载

（1）建筑物自重。

（2）相应于正常蓄水位的静水压力。

（3）相应于正常蓄水位的扬压力。

（4）相应于正常蓄水位的浪压力。

（5）相应于设计水位的静水压力。

（6）相应于设计水位的扬压力。

（7）相应于设计水位的浪压力。

（8）相应于死水位的静水压力。

（9）相应于死水位的扬压力。

（10）相应于死水位的浪压力。

（11）温度荷载（设计正常温降）。

（12）温度荷载（设计正常温升）。

（13）淤沙压力。

2. 特殊荷载

(1) 相应于校核洪水位的静水压力。

(2) 相应于校核洪水位的扬压力。

(3) 相应于校核洪水位的浪压力。

(4) 相应于施工期洪水的静水压力。

(5) 相应于施工期洪水的扬压力。

(6) 相应于施工期洪水的浪压力。

(7) 地震荷载。

3. 荷载组合

(1) 拱梁分载法应力计算工况组合见表 8.6-11。

表 8.6-11 坝体应力计算荷载组合情况

组合工况	计 算 工 况	荷 载 组 合
基本组合	工况 1：正常蓄水位（温降）	(1)+(2)+(3)+(4)+(11)+(13)
	工况 2：正常蓄水位（温升）	(1)+(2)+(3)+(4)+(12)+(13)
	工况 3：设计洪水位（温升）	(1)+(5)+(6)+(7)+(12)+(13)
	工况 4：死水位（温降）	(1)+(8)+(9)+(10)+(11)+(13)
	工况 5：死水位（温升）	(1)+(8)+(9)+(10)+(12)+(13)
特殊组合	工况 6：校核洪水位（温升）	(1)+(14)+(15)+(16)+(12)+(13)
	工况 7：空库灌浆（温降）	(1)+(11)
	工况 8：正常蓄水位（温降）+地震荷载	(1)+(2)+(3)+(4)+(11)+(13)+(20)
	工况 9：正常蓄水位（温升）+地震荷载	(1)+(2)+(3)+(4)+(12)+(13)+(20)
	工况 10：死水位（温降）+地震荷载	(1)+(8)+(9)+(10)+(11)+(13)+(20)
	工况 11：死水位（温升）+地震荷载	(1)+(8)+(9)+(10)+(12)+(13)+(20)

(2) 温度场及徐变应力场仿真分析计算。温度场及徐变温度应力进行仿真计算分析，把握拱坝内温度荷载对坝体变形以及温度应力分布的影响，研究施工期及运行期三维准稳定温度场及三维应力场，分析大坝的温度场及应力场的时间历程。

(3) 等效有限元应力分析采用 ANSYS 三维有限元软件。选择拱梁分载法计算中的控制工况进行等效有限元应力计算，具体计算组合如下：

工况 1：正常蓄水位（温降）。

工况 2：正常蓄水位（温升）。

工况 3：设计洪水位（温升）。

工况 4：死水位（温降）。

工况 5：死水位（温升）。

工况 6：校核洪水位（温升）。

工况 7：空库灌浆（温降）。

工况 8：正常蓄水位（温降）+地震荷载。

工况 9：正常蓄水位（温升）+地震荷载。

工况 10：死水位（温降）+地震荷载。

工况 11：死水位（温升）＋地震荷载。

（4）导流底孔孔口应力仿真分析。原可行性研究报告对导流底孔的温度场及应力场进行了模拟计算，通过配筋可以满足孔口周边混凝土的抗裂要求，故本阶段不再进行计算，留待下一阶段进行详细分析。

（5）溢流表孔、冲砂中孔应力分析。本阶段采用拱梁分载法、有限元法和仿真计算时均对溢流表孔进行了模拟。多方面计算表明溢流表孔周边的应力很小，对大坝的整体应力分布也不会造成不利的影响。冲砂中孔的尺寸较小不影响大坝应力的整体分布，并且可以通过配筋满足孔口周边混凝土的抗裂要求，故留待下一阶段进行详细分析。

8.6.2.4　计算分析及成果

1. 拱梁分载法

（1）分析方法。根据拱坝设计规范规定，拱坝应力分析一般以拱梁分载法计算成果作为衡量强度安全的主要标准之一，故本工程的拱坝应力分析采用拱梁分载法为主，辅助其他有限元和仿真计算。拱梁分载法应用的辅助软件为浙江大学拱坝分析与优化软件系统 ADAO）和北京水利科学研究院拱坝应力分析软件 ADASO。

（2）应力控制标准。混凝土容许压应力等于混凝土极限抗压强度除以安全系数，对于 1 级拱坝，基本组合安全系数采用 4.0，非地震工况特殊荷载组合安全系数采用 3.5，即基本组合 $[\sigma_压]=25/4.0=6.25(\mathrm{MPa})$，非地震特殊组合 $[\sigma_压]=25/3.5=7.14(\mathrm{MPa})$，考虑大坝基础微风化带地基允许承载能力为 6.00MPa，所以基本组合和非地震特殊组合容许压应力均按 $[\sigma_压]=6.00\mathrm{MPa}$。

基本组合容许拉应力 $[\sigma_拉]=1.2\mathrm{MPa}$，非地震特殊组合容许拉应力 $[\sigma_拉]=1.5\mathrm{MPa}$。

地震特殊组合工况水工建筑物的抗震强度应满足《水工建筑物抗震设计规范》（DL 5073—2000）承载能力极限状态设计式：

$$\gamma_0\psi S(\gamma_G G_k,\gamma_Q Q_k,\alpha_k)\leqslant\frac{1}{\gamma_d}R\left(\frac{f_k}{\gamma_m},\alpha_k\right) \qquad (8.6-1)$$

式中　γ_0——结构重要性系数，取 1.10；

　　　ψ——设计状况系数，取 0.85；

　　$S(\cdot)$——结构的作用效应函数；

　　　γ_d——承载能力极限状态的结构系数，取 1.20；

　　$R(\cdot)$——结构的抗力函数；

　　　f_k——材料性能的标准值；

　　　γ_m——材料性能的分项系数，取 1.5；

　　　α_k——几何参数的标准值，取 1.00。

按照规范规定，混凝土动态强度标准值可较其静态标准值提高 30%，动态抗拉强度标准值可取为动态抗压强度标准值的 10%。

根据以上原则和公式计算，得到地震工况容许拉应力 $[\sigma_拉]=2.78\mathrm{MPa}$，容许压应力 $[\sigma_压]=13.97\mathrm{MPa}$。

（3）计算成果分析。采用拱梁分载法计算拱坝应力，浙江大学 ADAO 软件计算成果见表 8.6-12，中国水利水电科学研究院 ADASO 软件计算成果见表 8.6-13。由计算成

表 8.6-12

ADAO 拱坝坝体应力计算成果

名称	符号	单位	工况 1	工况 2	工况 3	工况 4	工况 5	工况 6	工况 7	工况 8	工况 9	工况 10	工况 11
上游坝面最大主拉应力	$\sigma_{上拉}$	MPa	0.68	0.74	0.76	0.32	0.34	0.78	0	1.33	1.41	1.59	2.01
相应应力出现部位			[5R 5C]	[5R 5C]	[5R 5C]	[6R −4C]	[6R −4C]	[5R 5C]	[1R −1C]	[4R −6C]	[4R −6C]	[2R 0C]	[2R 0C]
上游坝面最大主压应力	$\sigma_{上压}$	MPa	5.3	5.04	5.05	3.89	3.83	5.12	5.46	7.21	6.53	4.77	4.74
相应应力出现部位			[5R 0C]	[5R 0C]	[5R 0C]	[7R 1C]	[7R 1C]	[5R 0C]	[9R 0C]	[2R 0C]	[2R 0C]	[8R −1C]	[8R −1C]
下游坝面最大主拉应力	$\sigma_{下拉}$	MPa	0.84	0.5	0.56	0.44	0.34	0.59	1.03	1.64	1.36	1.72	1.5
相应应力出现部位			[8R 0C]	[8R 0C]	[8R 0C]	[6R 0C]	[6R 0C]	[8R 0C]	[9R 0C]	[8R −1C]	[8R −1C]	[2R 0C]	[2R 0C]
下游坝面最大主压应力	$\sigma_{下压}$	MPa	5.68	5.75	5.78	3.35	3.38	5.89	1.77	6.25	6.33	3.7	3.74
相应应力出现部位			[6R −4C]	[6R −4C]	[4R 6C]	[4R −6C]	[4R −6C]	[4R −6C]	[5R −1C]	[6R −4C]	[6R −4C]	[6R −4C]	[6R −4C]
拉应力允许值	$\sigma_{拉}$	MPa	1.2			1.5		1.2			3.7		
压应力允许值	$\sigma_{压}$	MPa	6.0			6.0		6.0			19.9		
荷载组合			基本组合			校核工况		基本组合			地震工况		
备注			XR 代表最大主应力出现在第 x 层拱圈,拱圈序号以顶拱为 1 向下编排;XC 代表最大主应力出现在第 X 条梁,梁的序号以拱冠梁为 0,左岸侧为负,右岸侧为正依次编排										

110

表 8.6－13　　ADASO 拱坝坝体应力计算成果

名称	符号	单位	工况 1	工况 2	工况 3	工况 4	工况 5	工况 6	工况 7	工况 8	工况 9	工况 10	工况 11
上游坝面最大主拉应力	$\sigma_{上拉}$	MPa	1.07	1.17	1.2	0.4	0.5	1.23	0.26	1.85	1.95	1.52	1.3
相应应力出现部位			[5R 5C]	[5R 5C]	[5R 5C]	[6R 4C]	[6R 4C]	[5R 5C]	[5R 5C]	[5R 5C]	[5R 5C]	[1R 2C]	[1R 2C]
上游坝面最大主压应力	$\sigma_{上压}$	MPa	5.15	4.75	4.77	3.95	3.78	4.84	5.02	6.74	6.08	4.42	4.26
相应应力出现部位			[5R 0C]	[5R 0C]	[5R 0C]	[8R 0C]	[8R 0C]	[5R 0C]	[9R 0C]	[2R 0C]	[2R 0C]	[8R 0C]	[8R 0C]
下游坝面最大主拉应力	$\sigma_{下拉}$	MPa	0.62	0.59	0.58	0.48	0.52	0.59	0.28	1.14	0.86	1.37	1.42
相应应力出现部位			[9R -1C]	[9R -1C]	[9R-1C]	[9R-1C]	[2R -8C]	[9R -1C]	[1R 2C]	[7R 2C]	[9R-1C]	[3R -2C]	[3R -7C]
下游坝面最大主压应力	$\sigma_{下压}$	MPa	5.73	5.82	5.85	3.21	3.3	5.94	1.93	6.84	6.92	4.12	4.2
相应应力出现部位			[6R -4C]	[6R -4C]	[6R -4C]	[8R 2C]	[8R 2C]	[6R -4C]	[5R 0C]	[5R 5C]	[5R 5C]	[8R 2C]	[8R 2C]
拉应力允许值		MPa		1.2		1.5		1.2				3.7	
压应力允许值		MPa		6.0		6.0		6.0				19.9	
荷载组合				基本组合		校核工况		基本组合				地震工况	
备注			XR 代表最大主应力出现在第 x 层拱圈，拱圈序号以顶拱为 1 向下编排，XC 代表最大主应力出现在第 X 条梁，梁的序号以拱冠梁为 0，左岸侧为负、右岸侧为正依次编排										

果分析可知，两种不同的计算软件计算的最大压应力和拉应力相差不大且规律相近，各种工况下最大拉应力和压应力均小于应力控制指标，且满足《混凝土拱坝设计规范》有关要求。

2. 等效有限元应力分析

（1）分析方法。坝体结构按弹性考虑，有限元计算成果中往往建基面、截面突变等地方产生应力集中，局部应力较大，因此需要对坝体应力集中部位进行等效，即是对有限元分析所得的应力沿特定路径积分求出内力，再用材料力学法求截面应力，转化为有限元等效应力。计算软件采用三维有限元分析软件 ANSYS。

（2）应力控制标准。压应力控制标准与拱梁分载法同，由于受基础岩石承载力控制各种组合均取 6.0MPa，按规范要求基本组合容许拉应力 $[\sigma_{拉}] = 1.5$MPa，非地震特殊组合容许拉应力 $[\sigma_{拉}] = 2.0$MPa。

（3）计算成果分析。武汉大学和广西电力工业勘察设计研究院结构中心分别进行了计算。

武汉大学计算运行期等效有限元应力成果如下：

基本组合工况下最大有限元等效主拉应力分别为 0.8MPa（正常蓄水位＋温降）和 0.8MPa（正常蓄水位＋温升），小于 1.5MPa，均满足规范要求。

基本组合工况下最大有限元等效主压应力分别为 5.47MPa（正常蓄水位＋温降）、5.54MPa（正常蓄水位＋温升），均小于允许压应力 6.0MPa，满足规范要求。

广西电力工业勘察设计研究院结构中心计算的各工况有限元应力成果见表 8.6－14 和表 8.6－15，两个单位计算成果表明各种工况下坝身主拉应力和主压应力均能满足规范要求。

表 8.6－14　　　　　　　万家口子拱坝坝体有限元等效应力计算成果　　　　　单位 MPa

序号	名　称	工况 1（正常蓄水位＋温升）	工况 2（正常蓄水位＋温降）	工况 3（设计洪水位＋温升）	工况 4（死水位＋温升）	工况 5（死水位＋温降）	工况 6（校核洪水位＋温升）
1	上游坝面最大主拉应力	1.07	1.05	1.05	0.29	0.28	1.09
	相应出现的位置	坝踵	坝踵	坝踵	坝踵	坝踵	坝踵
	应力控制指标	1.50	1.50	2.00	1.50	1.50	2.00
	是否满足	是	是	是	是	是	是
2	下游坝面最大主拉应力	0.06	0.12	0.06	0.01	0.04	0.07
	相应出现的位置	左、右岸 1428.5m 高程 1/4 拱圈处	左、右岸 1428.5m 高程 1/4 拱圈处	左、右岸 1429m 高程 1/4 拱圈处	右岸 1452.5m 高程拱端处	右岸 1452.5m 高程拱端处	右岸 1452.5m 高程拱端处
	应力控制指标	1.50	1.50	2.00	1.50	1.50	2.00
	是否满足	是	是	是	是	是	是

序号	名称	工况1 （正常蓄水位 ＋温升）	工况2 （正常蓄水位 ＋温降）	工况3 （设计洪水位 ＋温升）	工况4 （死水位＋温升）	工况5 （死水位＋温降）	工况6 （校核洪水位 ＋温升）
3	上游坝面最大 主压应力	4.06	4.46	4.08	2.65	2.85	4.15
	相应出现的 位置	拱冠梁高程 1368m 处	拱冠梁高程 1368m 处	拱冠梁高程 1368m 处	拱冠梁高程 1332m 处	拱冠梁高程 1332m 处	拱冠梁高 程1368m 处
	应力控制指标	6.00	6.00	6.00	6.00	6.00	6.00
	是否满足	是	是	是	是	是	是
4	下游坝面最大 主压应力	5.11	4.88	5.06	3.86	3.63	5.10
	相应出现的 位置	1306m 拱圈 右岸拱端	1306m 拱圈 右岸拱端	1306m 拱圈 右岸拱端	1300m 拱圈 右岸拱端	1306m 拱圈 右岸拱端	1306m 拱 圈右岸拱端
	应力控制指标	6.00	6.00	6.00	6.00	6.00	6.00
	是否满足	是	是	是	是	是	是

表8.6－15　　　　　　万家口子拱坝坝体有限元等效应力计算成果　　　　　　单位 MPa

序号	名称	工况7 （空库＋温降）	工况8 （正常蓄水位＋ 温升＋地震）	工况9 （正常蓄水位＋ 温降＋地震）	工况10 （死水位＋ 温升＋地震）	工况11 （死水位＋ 温降＋地震）
1	上游坝面最大 主拉应力	0.12	1.43	1.41	0.86	1.28
	相应出现的 位置	右岸 1452.5m 高程拱端处	坝踵	坝踵	1395m 高程 拱圈左岸拱端处	1452.5m 高程 拱圈右岸拱端处
	应力控制指标	1.50	3.70	3.70	3.70	3.70
	是否满足	是	是	是	是	是
2	下游坝面最大 主拉应力	0.01	1.48	1.49	1.59	1.71
	相应出现的位置	1452.5m 高 程拱圈右岸拱 端处	1427m 高程 拱圈右岸拱端处	1427m 高程 拱圈右岸拱端处	1395m 高程 拱圈左岸拱端处	1452.5m 高程 拱圈左岸拱端处
	应力控制指标	1.50	3.70	3.70	3.70	3.70
	是否满足	是	是	是	是	是
3	上游坝面最大 主压应力	1.68	3.49	3.95	2.29	2.52
	相应出现的位置	坝踵	拱冠梁高程 1359m 处	拱冠梁高程 1359m 处	拱冠梁高程 1331m 处	拱冠梁高程 1331m 处
	应力控制指标	6.00	19.92	19.92	19.92	19.92
	是否满足	是	是	是	是	是

续表

序号	名 称	工况 7（空库＋温降）	工况 8（正常蓄水位＋温升＋地震）	工况 9（正常蓄水位＋温降＋地震）	工况 10（死水位＋温升＋地震）	工况 11（死水位＋温降＋地震）
4	下游坝面最大主压应力	1.16	5.08	4.85	3.81	3.59
	相应出现的位置	坝址	1306m 拱圈右岸拱端	1306m 拱圈右岸拱端	1306m 拱圈右岸拱端	1306m 拱圈右岸拱端
	应力控制指标	6.00	19.92	19.92	19.92	19.92
	是否满足	是	是	是	是	是

经设计采用多拱梁程序、有限元程序复核验算，坝体最大拉应力和最大压应力，基本满足规范要求，拱坝的体型是可行的。计算中也显示坝体应力分布不够均匀、合理，在某些荷载基本组合下，有限元法算得下游坝面有大面积低强度拉应力区，除个别点位稍大外，绝大部分区域均不超过规范允许值，在运行中应加强监测。

3. 温度及应力仿真分析

（1）分析方法。为了分析大坝结构整体安全性，选定合理的大坝分缝方案及温控措施，本阶段采用三维非线性有限元法计算施工期及运行期三维温度场及三维应力场，分析大坝的温度场及应力场的时间历程。计算中抓住影响大坝温度场及应力场分布的主要因素，结合坝址地形、地质、水文、气象，施工条件、施工进度等对大坝施工及大坝蓄水过程、运行期进行了模拟计算。计算考虑了不同的分缝方案、不同温控措施对大坝温度场及应力场影响，并对材料指标进行了敏感性分析。最终优选最佳的分缝方案，提合理的温控措施。采用 ANSYS 三维有限元分析软件和武汉大学温度场及徐变应力场仿真计算二次开发程序进行计算分析。

计算时先对无缝的光面坝进行模拟计算，求出光面坝的应力分布情况，然后结合目前国内已建类似工程经验，上阶段对 8 条分缝方案（2 横 6 诱）和 10 条分缝方案（4 横 6 诱）两种结构分缝方案进行计算后，采用 8 条分缝方案（2 横 6 诱），故本阶段仅对 8 条分缝方案进行复核，见图 8.6-1。

三维有限元计算模型网格划分：建基面 1285m 高程以下基岩厚度约 1.5 倍坝高，坝轴线上游侧顺河向范围约 1.5 倍坝高，下游侧顺河向范围约 2 倍坝高，左右坝肩横河向范围约 1 倍坝宽。

离散中坝体及坝肩（基）岩体采用空间 8 节点等参实体单元，整个计算域共离散为 37051 个节点和 32070 个单元，其中坝体 18557 个节点、15096 个单元。

（2）应力控制标准。施工期温度应力控制标准根据万家口子水电站大坝的施工进度计划，大坝混凝土全部浇筑和灌浆工程完成以后，在 2011 年 4 月开始蓄水，采用了"大间距横缝＋诱导缝"的结构分缝形式，坝体通仓碾压浇筑，因此在施工期大坝蓄水以前，大坝同时承受自重和温度荷载的作用。目前《混凝土拱坝设计规范》（SD 145—85 以及 SL 282—2003）以及《碾压混凝土坝设计规范》（SL 314—2004）只规定了施工期采用柱状法浇筑的混凝土浇筑块的水平向徐变温度应力，其控制标准为：

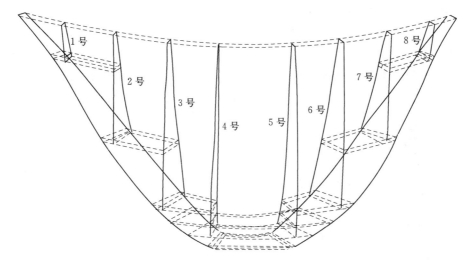

图 8.6-1　坝体体型图及分缝图

$$\sigma \leqslant \frac{\varepsilon_p E_C}{K_f} \qquad\qquad (8.6-2)$$

式中　σ——各种温差所产生的温度应力之和，MPa；

　　　ε_p——混凝土极限拉伸值；

　　　E_C——混凝土弹性模量，MPa；

　　　K_f——安全系数，一般采用 1.3～1.8。

各种温差所产生的温度应力可以采用三维有限元仿真计算。

偏于安全计算，安全系数采用 1.8，根据列出的各标号混凝土 90d 以内龄期的弹性模量以及相应的极限拉伸值，可计算出大坝混凝土的允许拉应力，列入表 8.6-16。

表 8.6-16　　　　　　施工期坝体混凝土应力控制标准

混凝土种类	允许应力/MPa		抗拉弹模/10^4 MPa		极限拉伸/10^{-6}	
	28d	90d	28d	90d	28d	90d
碾压混凝土二级配 上游防渗层 C20	1.3	1.6	3.50	3.68	69	76
碾压混凝土三级配 大坝内部 C20	1.0	1.7	3.39	3.66	52	83
表面变态混凝土 二级配 C20	1.5	1.9	3.99	4.07	69	83
常态混凝土垫层 C20	1.0	1.8	3.66	4.17	50	77

对于施工期建基面应力集中的部位，采用下节给出的运行期有限元等效应力的控制标准。

（3）温度场成果分析。通过模拟坝体施工碾压浇筑过程、通水冷却、水库蓄水过程、气温和水温的变化，计算了万家口子碾压混凝土拱坝施工期至运行期的变化温度场。计算时间从 2009 年 1 月 1 日至 2013 年 7 月 1 日。

拱冠梁剖面准稳定温度场及施工期最高温度包络图如图 8.6-2 所示。由准稳定温度场图可知，坝体内部准稳定温度在 13.0～15.0℃ 之间，基本趋于稳定；坝体施工期的最高温度在 17.9～30.5℃ 之间，坝体在中部有个明显的高温区，坝体高温区发生在 1374.5～1406.5m 附近的基础强约束区内，这是由于该部位混凝土浇筑时受高气温及太阳辐射影响所致。

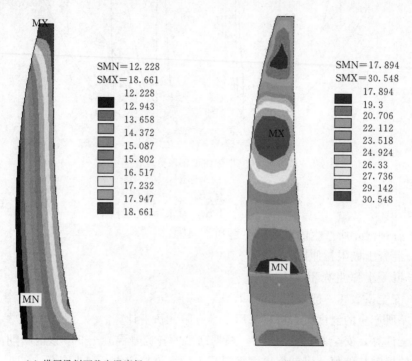

SMN=12.228
SMX=18.661
12.228
12.943
13.658
14.372
15.087
15.802
16.517
17.232
17.947
18.661

SMN=17.894
SMX=30.548
17.894
19.3
20.706
22.112
23.518
24.924
26.33
27.736
29.142
30.548

（a）拱冠梁剖面稳定温度场　　　　　（b）拱冠梁剖面最高温度包络图

图 8.6-2　拱冠梁剖面准稳定温度场及最高温度包络图（单位：℃）

表 8.6-17 给出了坝体各个区域的最高温度，从表中可以看出各个区域的最高温度均低于允许温度。

表 8.6-17　　　　　　　　　　　坝体的各区域的最高温度　　　　　　　　　　　单位：℃

区域	0～0.2L	0.2～0.4L	非基础约束区
最高温度	22.3	22.9	30.5
允许温度	28	29	30～32

（4）施工期及水库蓄水过程应力成果分析。施工期应力分别计算了无缝光面坝方案、8 条分缝（2 横 6 诱），详细计算成果参见《碾压混凝土高拱坝施工及运行期温度场及应力场仿真计算研究》。由仿真计算成果可知光面坝方案施工期大坝的最大拉应力发生在坝上下游面坝肩处，发生的时间为冬季低温季节。由于拱坝在坝肩部位的约束很强，在坝肩部位会产生大的应力集中现象，从而产生大的拉应力。上游坝面高程 1374.5～1406.5m 高程处在坝肩处产生的拉应力达到 1.8～2.0MPa。下游坝面高程 1374.5～1406.5m 高程处，也产生较大的拉应力，其原因与上游面的高拉应力区域相同，最大主拉应力为 2.4～

2.7MPa。由于没有分缝，大坝的整体约束非常强烈，使得不分缝方案拉应力远远大于分缝方案在相同部位的拉应力。

由仿真计算成果可知8条分缝（2横6诱）方案施工期第一主应力包络图如图8.6-3所示、下游面施工期第一主应力包络图如图8.6-4所示。图中在高程1374.5～1406.5m坝肩处存在应力集中，最大主拉应力为1.6～1.8MPa。在坝体的其他部位拉应力最大值0.6～0.8MPa，低于允许主拉应力。可见该分缝方案的应力的释放效果比较明显。考虑自重作用以及温度荷载的施工期大坝整体综合仿真计算结果表明，本方案的诱导缝和横缝可以有效地释放大坝的超标应力，防止了大坝其他部位随机无序裂缝的产生，保证了大坝的安全；诱导缝和横缝释放超标应力后，大坝其他部位的主拉应力基本小于施工期的允许应力。因而本方案是一种可行的、安全的、合理的结构分缝方案。

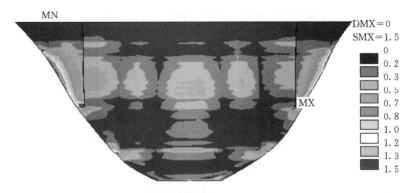

图8.6-3　开浇至水库满蓄时段距上游面顺坝轴向剖面的第一主应力包络图（单位：MPa）

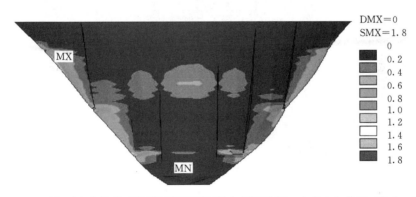

图8.6-4　开浇至水库满蓄时段距下游面顺坝轴向剖面的第一主应力包络图（单位：MPa）

（5）温度及应力仿真分析结论。

1）运行期坝体上下游面主要受水温和气温影响，坝体各高程内部温度在13～15℃之间，随着高程的增加，坝体内部稳定温度略有增加。

2）坝体施工期的最高温度在17.9～30.5℃之间，坝体在中部有个明显的高温区，坝体高温区发生在1374.5～1406.5m附近的基础强约束区内，这是由于该部位混凝土浇筑时受高气温及太阳辐射影响所致。坝基础约束区及坝体最高温度均满足规范要求的最高温度。

3）8 条分缝（2 横 6 诱）方案诱导缝在二次冷却时拉开，可以有效地释放大坝超标应力，防止大坝其他部位随机无序裂缝产生，释放超标应力后，大坝其他部位的主拉应力均小于施工期的允许应力，运行期的大坝应力也满足规范要求。因而本方案是一种可行的、安全的、合理的结构分缝方案。

4. 三维非线性有限元

（1）分析方法。为了了解大坝及基础的整体安全度，用三维快速拉格朗日法对坝体及坝基岩体的应力、变形状态进行三维弹塑性分析，研究坝基内断层及软弱夹层等对坝基的影响；利用强度储备系数法和超载法计算坝体-坝基系统的渐进破坏过程，研究坝体及坝基的应力变形发展状态、可能失稳模式、相应强度储备安全系数，由此对坝体的应力和稳定性做出判断。

计算模型范围：横河向左右岸宽度约 2 倍坝宽，顺河向上下游范围约为 1.5 倍坝高，铅直向由坝基以下以 1.5 倍坝高延伸至地底，如图 8.6-5 所示。坝基、山体大部分采用六面体单元，仅用少数四面体单元过渡。稳定渗流场计算模型的单元总数为 51065 个，节点总数 31747 个。计算采用的有限差分网格如图 8.6-6 所示。具体计算原理及方法等参见广西电力工业勘察设计研究院结构中心的《万家口子水电站大坝三维整体稳定安全度研究》。

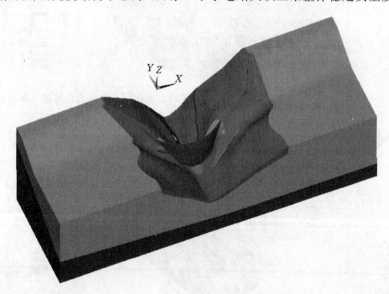

图 8.6-5 万家口子三维地质模型

（2）计算工况及荷载。

计算工况：上游计算水位为 1450.00m，下游水位为 1300.40m。

主要荷载：坝体自重、坝体温度荷载、坝体上下游表面水压力、泥沙压力、坝基面扬压力、坝基渗透体积力等。

（3）整体稳定安全度判据。在强度储备系数法和超载法分析过程中，随着材料强度的逐步降低或载荷的逐步加大，首先在局部小范围出现拉裂和（或）压剪屈服区，随后这一屈服破坏的范围逐步扩展，直到最后形成贯通的屈服区，丧失保持平衡的能力，导致整体破坏。因此，可以采用以下的方法来判定坝基系统的整体安全度：

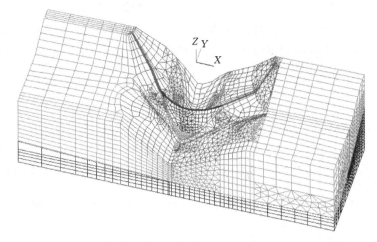

图 8.6-6　万家口子三维网格图

1）如果在非线性有限元计算过程中某一荷载步出现不收敛，从有限元平衡方程来看，即在某一定的荷载条件下，结构的变位趋于无穷，所以可以通过有限元计算中迭代出现不收敛或者坝体坝基系统的某些特征点位移发生突变来判别系统是否达到其极限承载力，而此时的强度储备系数或超载系数就可以表征系统的最终整体安全度。

2）从结构整体安全角度来看，如果坝体坝基系统在一定的荷载条件下其破坏区域渐进发展以致使其形成某种滑动模式，即此时系统已达到其极限承载力。因此在非线性有限元计算中，可通过考察坝体坝基系统的塑性屈服区（破坏区域）是否贯通来判别系统是否达到其极限承载力，此时的强度储备系数或超载系数也可以用来表征系统的最终安全度。

3）结构能量法认为，在非线性有限元超载法和强度储备系数法具体计算过程中，每超载一次或降低一次材料强度参数，相当于改变了被考察的结构系统，如果本次计算能够迭代收敛，说明这一系统能够达到平衡，结构能够产生一内力系与外力保持平衡，系统总势能的一阶变分为零，总势能保持最小。但这一平衡体系是否稳定，则需考察总势能的二阶变分：当 $\delta^2 \Pi > 0$，系统平衡是稳定的；当 $\delta^2 \Pi = 0$，系统平衡处于临界状态；当 $\delta^2 \Pi < 0$，平衡是不稳定的。因此，根据总能量的二阶变分的正负可以判定系统的整体稳定性，对应的强度储备系数或超载系数也可以用来表征系统的最终安全度。

（4）计算成果分析。

1）通过对正常工况下的应力、变形的三维弹塑性有限元分析，表明正常工况下铅直位移的最大值发生在坝体下游面 1/5 坝高处，约为 1.33cm 左右；坝体横河向向左岸的最大位移为 0.68cm，向右岸的最大位移为 0.67cm；顺河向位移最大值出现在坝顶部，约为 3.178cm。坝体有限元等效最大拉应力为 1.07MPa，拉应力区主要分布在坝踵处及其上游基岩表层；坝体有限元等效最大压应力出现在下游约 1/5 坝高拱端处，约为 5.11MPa，而且这些部位处于三向受拉（受压）状态，容易破坏。

2）整体点安全系数均大于 1.0，断层、裂隙及不整合面等软弱结构处的点安全系数较小，其分布范围在 1.21～4 之间。尤其是断层 F_8、F_{12}、裂隙 J11、J14 及不整合面，其点安全系数均在 2.0 以下，说明这些部位的安全度不够，并且有拉剪破坏的趋势。

3）在单独降低坝基材料参数条件下的整体强度储备系数为 3.1；超水容重系数为 4.3。从坝基的渐进破坏过程可看出：在降强度时系统的极限承载能力由断层、裂隙及不整合面的强度控制；在超水容重时系统的极限承载能力由坝体及建基面的强度控制。

参 考 文 献

［1］ 杨迅，朱彤.带横缝高混凝土拱坝动力模型试验研究 ［J］.山西建筑，2019，45（19）：36 - 37.

［2］ 娄靖雪，卢晓春，熊勃勃，等.拱坝基础垫座体型优化模型研究 ［J/OL］.水力发电：1 - 5

［3］ 方志远，鞠金峰，曹志国，等.基于正交异性板模型的煤矿地下水库人工坝体结构优化 ［J］.煤炭学报：1 - 10.

［4］ 徐建荣，何明杰，张伟狄，等.白鹤滩水电站特高拱坝设计关键技术研究 ［J］.中国水利，2019（18）：36 - 38.

［5］ 李静，陈健云，徐强.高拱坝抗震安全性能评价指标探讨 ［J］.人民长江，2019，50（9）：129 - 136.

［6］ 赖宏.水库拱坝三维有限元分析及设计优化 ［J］.陕西水利，2019（9）：32 - 35，40.

［7］ 王新友.碾压混凝土拱坝应力变形有限元分析研究 ［J］.黑龙江水利科技，2019，47（8）：29 - 32.

［8］ 陈丹，陈伟.高拱坝体形设计中分析及优化 ［J］.河南水利与南水北调，2019，48（6）：68 - 69.

［9］ 程正飞，王晓玲，任炳昱，等.基于代理模型的碾压混凝土坝坝体渗控结构多目标优化 ［J］.天津大学学报（自然科学与工程技术版），2019，52（8）：793 - 803.

［10］ 徐娜娜.重力坝的三维有限元分析以及断面优化设计 ［D］.兰州：兰州理工大学，2019.

［11］ 李庆斌，马睿，朱贺，等.拱坝横缝的张开温度及其应用 ［J］.水力发电学报，2019，38（9）：29 - 36.

［12］ 殷亮，徐建军，黄熠辉，等.杨房沟水电站拱坝体形多目标优化设计 ［J］.人民长江，2018，49（24）：55 - 58，75.

［13］ 马腾，杨田.杨房沟拱坝施工图阶段体形优化分析 ［J］.四川水力发电，2017，36（2）：154 - 159.

［14］ 江柳蓉.白江河电站拱坝优化设计 ［D］.长春：长春工程学院，2015.

［15］ 李鹏，李召朋.卡拉贝利水利枢纽工程坝体填筑优化设计 ［J］.中国水能及电气化，2015（1）：16 - 19.

［16］ 雷双超，辛全才，韩亚平.弹性模量优化分区对碾压混凝土拱坝应力状态的影响 ［J］.水电能源科学，2014，32（5）：59 - 62.

［17］ 李海荣.有效优化水利工程中坝体防渗技术方案的思考 ［J］.门窗，2013（11）：106.

［18］ 吴党中.拱坝优化时基础变模敏感性及坝肩传力洞增稳效应研究 ［D］.杭州：浙江大学，2012.

［19］ 管志保.某拱坝体形优化及坝体应力三维有限元分析 ［D］.西安：西安理工大学，2009.

［20］ 白俊光.高地应力峡谷高拱坝坝基开挖扰动效应与反弧开挖形式优化研究 ［D］.天津：天津大学，2009.

第 9 章

拱坝温控仿真理论和方法研究

9.1 概述

温度荷载是碾压混凝土拱坝设计的主要荷载之一，大体积碾压混凝土早期温升低，后期温升高，达到最高温的时间及高温的持续时间均较长。就其变形特性而言，其极限拉伸值比同标号的常规混凝土略低，徐弹比只有常规混凝土的 $1/3 \sim 2/3$。并且碾压混凝土施工的原则要求不设横缝或尽量少设横缝、大仓面薄层浇注、连续上升，尽管碾压混凝土的水化热温升较低，但其温度应力问题依然较为突出。随着坝高、坝厚的增加，地基约束作用、坝体新老混凝土以及二期冷却上、下层分区的相互约束作用更大，温控难度也将进一步增加。

9.2 研究目的及研究内容

9.2.1 研究目的

万家口子水电站碾压混凝土高拱坝，坝体本身厚度较薄，受周期性的气温变化影响明显，气温变化容易导致新老混凝土产生较大的温差。加之，停歇很久的老混凝土，水化热已散失完毕，温度相对较低；在其上面浇筑新混凝土，由于采用新的中热水泥，新老混凝土之间由于混凝土水化热影响可能形成较大的温差，并且温度梯度较大，亦使新老混凝土产生较大的温差。由于老混凝土的弹性模量往往超过基岩的弹性模量，因此，上下层温差产生的拉应力可能超过基础约束引起的拉应力，从而引起裂缝，导致结合新老混凝土结合层面破坏，应进行相应的计算研究，提出合理的温控措施。

同时，相比于原先所采用的混凝土材料，新的中热水泥其材料热、力学参数均发生了改变，应对高程 1323.60m 以上的大坝混凝土进行全过程实时三维温控仿真分析，从而拟定合理的温控措施，指导现场施工。

9.2.2 研究内容

针对上述存在的技术问题，拟进行下列相关的数值仿真计算研究工作：

（1）大坝 1323.60m 新老结合面仿真分析。依据原混凝土材料热、力学参数，结合施工现场实测的混凝土温度资料，反演大坝各区混凝土的热学参数；采用反演的混凝土热参数，论证施工期和运行期新老混凝土结合面对大坝整体应力变形的影响，提出合理可行的温控措施。

（2）蓄水前大坝温控反演及温控措施研究。以大坝蓄水前的实测温度和施工过程为反演条件，反演得出大坝各区混凝土实际的绝热温升等热力学参数。结合反演的中热水泥混凝土热学试验参数，模拟实际施工进度和蓄水计划，进行蓄水前全过程三维温控仿真分析，拟定合理的温控措施，为大坝蓄水安全鉴定提供技术支撑。

（3）大坝竣工温控反演及温控安全评价。以大坝竣工前的实测温度和施工过程为反演条件，反演得出大坝各区混凝土实际的绝热温升等热力学参数。结合反演的中热水泥混凝土热、力学试验参数，模拟实际施工进度和蓄水计划，进行全过程三维温控仿真分析，预测大坝竣工期和运行期的温度场和应力场，复核是否满足设计要求，为大坝竣工安全鉴定提供技术支撑。

9.3　基于响应面法的 4 号坝段施工期温控参数反演分析

9.3.1　反演分析的基本理论

通常情况下反演分析的方法可以分为直接法和间接法两类。岩土工程中的参数反演问题常采用直接法，将材料参数反演问题转化成数学规划的极小值问题，根据反演目的构造目标函数，通过线性规划法、直接迭代法或者矩阵求逆法求其极小值，以获得最优参数组合。在之前处理万家口子 1323.60m 高程以下温度场反演问题中即是采用直接法求解，通过将反分析问题转化为求解约束非线性规划问题，并通过序列二次规划算法（SQP 法），也被称为有约束问题的变尺度法或拉格朗日-牛顿法，成功反演出了 1323.60m 高程以下混凝土热学参数。但是在上述参数反演过程中，需要进行大量的有限元正问题的求解，由于待反演参数较多，计算效率较低，耗时较长。相对于直接法而言采用间接法进行反分析计算拥有较高的计算效率，然而间接法在计算过程中通常需要采用现代优化算法寻优，因此不可避免的需要大量的正演计算，为了避免大量正演计算的耗时问题，往往会采用混凝土块代替实际坝段的有限元模型，这虽然极大地提高了计算效率，但在一定程度上牺牲了正演计算的精度和可靠性。为了解决上述问题，在本次 1323.60m 高程以上温度场参数反演问题中采用响应面法（response surface method，RSM）替代有限元计算、遗传算法（genetic algorithm，GA）直接寻优的反演分析方法，本次反演分析直接采用实际坝段的有限元模型进行正演计算，分析结果更加接近实测数据，提高了计算的精度。

1. 响应面法基本原理

响应面法（RSM）是一种渐进式的优化方法，其基本思想是将仿真过程看成"黑箱"，通过构造一个具有明确表达形式的多项式来表达隐式的功能函数，运用统计学的方法来寻找最佳响应面，即问题的最优解，巧妙地将统计方法与随机仿真和确定性仿真结合起来。按照所构造的逼近函数的不同，响应面法可以分为多项式回归法、神经网络法、Kriging 函数法以及径向基函数法。基于这一基本思想，构造精度和效率较高的响应面函数是进行响应面法的第一步，也是最为关键的一步。针对混凝土的绝热温升参数，所构造的响应面函数实际上代表某一个观测点的温度时间历程与待研究参数之间的关系。因此，要想合理准确地实现"黑箱"的功能，响应面函数的构造必须以混凝土绝热温升的数学模型为基础，综合考虑混凝土绝热温升中最终绝热温升温度和水化热一半天数的双曲线函数形式，构造的响应面函数为

$$S_k(\overline{x}) = a + \sum_{i=1}^{N} b_i \overline{x}_i + \sum_{i=1}^{N} c_i \overline{x}_i^2 + \sum_{j=1}^{M} d_j \overline{y}_j + \sum_{j=1}^{M} \frac{f_j}{\overline{y}_j} \qquad (9.3-1)$$

式中　N、M——反映绝热温升函数中最终温升参数和水化热一半天数的参数个数，本次
　　　　　　计算中分别取 $N=M=3$，亦即 $x=Q_i$，$y=n_i$（$n=1$，2，3）。考虑二
　　　　　　者由于各自的实际物理量纲所导致的量级差别，在计算中为在初始值基
　　　　　　础上进行一定缩放后的取值，用于多次计算构造响应面方程组。

　　基于试验参数构造参数组合，通过若干次有限元正问题的求解获得所选测点在不同参数组合下的变温度值，求解方程组，获得每个测点对应的响应面函数。在此基础上结合坝体的实测资料建立目标函数并进行寻优，找到最优参数组合。

　　2. 遗传算法基本原理

　　遗传算法起始于 20 世纪 60 年代末期到 70 年代初期，美国密执安大学的 Holland 教授与其同事、学生们研究形成了一个较完整的理论和方法，模拟生物进化的机制来构造人工系统的模型。它将"优胜劣汰，适者生存"的生物进化原理引入优化参数形成的编码串群体中，按照所选择的适配值函数，通过遗传算法中的复制、交叉及变异操作对各个体进行筛选，使适配值高的个体被保留下来，组成新的群体。简单地说，选择就是从一个旧群体中挑出生命力强的个体用于产生新群体的过程，它意味着适应度高的个体在下一代中复制自身的个数多；交叉是指随机从群体中选择两个个体，并按较大的概率交换这两个个体的某些位。交叉的目的在于产生新的基因组合，以限制遗传材料的丢失；变异是以较小的概率对群体中某些个体的位进行改变。变异的目的在于防止寻优过程中过早收敛。遗传算法的基本流程包括：参数编码、初始群体设定、个体适应度评价、选择、交叉、变异等操作，基本流程图如图 9.3-1 所示。

　　3. 基于响应面的温控参数反演方法

　　采用响应面法建立起混凝土绝热温升参数与适应度值之间的非线性映射关系之后，对于任意一组给定的绝热温升参数，可以通过响应面函数的推广预测能力求出其相应的适应度值，应用遗传算法结合响应面函数对绝热温升参数进行搜索寻优。这样将遗传算法和响应面法结合应用于温控参数反演分析，既利用了响应面函数的非线性映射、网络推理和预测功能，又利用了遗传算法全局优化特性，在处理变量和目标函数值之间无明显数学表达式的复杂工程问题中，具有较高的应用价值。

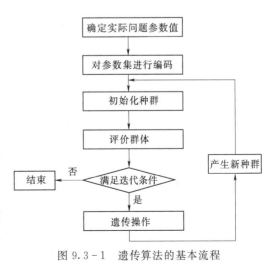

图 9.3-1　遗传算法的基本流程

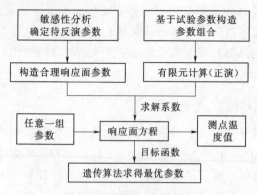

图 9.3-2 响应面法和遗传算法结合的
反演流程图

综合以上分析可以得出应用响应面法和遗传算法进行参数反演的具体步骤（图 9.3-2）如下：

（1）进行参数敏感性分析。考虑到混凝土温控问题的相关参数较多，首先对计算模型中涉及的与混凝土温控相关的参数进行敏感性分析，在对计算精度影响不大的情况选取敏感性较高的参数作为待反演参数，可以有效减少反演计算量，提高反演效率。

（2）构造响应面函数。混凝土绝热温升主要和最终绝热温升和水化热一半天数有关，综合考虑混凝土绝热温升中最终绝热温升温度和水化热一半天数的双曲线函数形式，构造如式（9.3-1）所示的响应面函数。

（3）有限元正演计算。以试验参数为基准，在此基础上按照式（9.3-2）的方式构造参数组合（其中变化范围 d 根据敏感性分析的结果选取），利用这些参数组合进行有限元计算，组建针对每个测点的方程组（下标表示测点编号，上标表示方程编号）。

$$\left.\begin{aligned}
S_1^1(\overline{x}) &= S(\overline{x}_1, \overline{x}_2, \cdots, \overline{x}_N, \overline{y}_1, \cdots, \overline{y}_M) \\
S_1^2(\overline{x}) &= S(\overline{x}_1 + d\overline{x}_1, \overline{x}_2, \cdots, \overline{x}_N, \overline{y}_1, \cdots, \overline{y}_M) \\
S_1^3(\overline{x}) &= S(\overline{x}_1 + d\overline{x}_1, \overline{x}_2, \cdots, \overline{x}_N, \overline{y}_1, \cdots, \overline{y}_M) \\
&\vdots \\
S_1^{2(M+N)}(\overline{x}) &= S(\overline{x}_1, \overline{x}_2, \cdots, \overline{y}_M + d\overline{y}_M) \\
S_1^{2(M+N)+1}(\overline{x}) &= S(\overline{x}_1, \overline{x}_2, \cdots, \overline{y}_M - d\overline{y}_M)
\end{aligned}\right\} \quad (9.3-2)$$

（4）求解各个测点的响应面方程。根据响应面函数式（9.3-1）可知，针对每一个测点，待求系数的个数 Q 与待反演参数总数（$N+M$）之间满足 $Q=2(N+M)+1$ 的关系，而利用式（9.3-2）的方式形成的参数组合共有 $2(N+M)+1$ 组，利用有限元计算结果可形成 $2(N+M)+1$ 个方程，针对每一个测点都满足线性方程个数和未知数个数相等的原则，即该方法可以得到针对每一个测点唯一的响应面函数。

（5）构造目标函数求得最优解。各个测点对应的响应面函数都确定后，根据各监测点位移计算值和位移实测值，目标函数可取为均方根误差最小。采用基于径向基函数的遗传算法求得目标函数的最优解，即可确定最优参数组合，获得反演结果。构造的目标函数为

$$f(\beta, \theta_0, n) = \sqrt{\frac{1}{n} \sum_{j=1}^{n} \chi_i^2} \quad \chi_i = \max_{1 \leqslant i \leqslant m} \left| \frac{T_i^j - T_i^{j*}}{T_i^{j*}} \right| \quad (9.3-3)$$

式中：n——温度测点的个数；

$\quad m$——测点所选取的时间节点个数；

$\quad T_i^{j*}$——相应的实测温度值；

$\quad T_i^j$——第 i 个测点的在第 j 个时间点的温度计算值。

9.3.2 基于响应面的温控参数反演

由实测温度反演分析得到的混凝土热学参数能较准确地反映受诸多因素影响的实际坝体混凝土材料的热学特性，可利用反演分析所得的参数进行有限元计算分析，对施工过程大坝内部混凝土温度场和应力性状进行仿真和评估。

1. 有限元反演计算模型及计算条件

采用间接算法计算时需要进行大量的有限元正演计算，如果以整体模型作为反演分析计算模型会导致计算时间过长，考虑到以上限制因素，通常会创建一个典型的有限元模型进行计算分析从而提高计算效率。

在本次反分析研究中，将采用完整的坝段模型进行正演计算，本次选取的4号坝段的完整有限单元模型作为混凝土温度参数反演的计算模型，对影响其温度场的相关参数进行进一步反演，计算时用单元生死法来模拟浇筑过程，首先根据大坝的实际浇筑过程建立有限元模型，再按施工工序将新浇筑的混凝土依次激活。其中仿真特征点的选取按照温度计的实际埋设位置选取，计算过程中的气温、水温边界条件，分别依据现场提供的坝址处气温、实际水管通水水温、通水流量而设定；各浇筑层浇筑温度，依据每一仓浇筑时混凝土温度而设定，浇筑层浇筑温度定为比浇筑时气温增加 3℃；其他通水冷却等温控措施，依据施工单位实测大坝一期、二期通水冷却的相关记录数据进行取值。

坝体温度场三维计算网格立体图如图 9.3-3 和图 9.3-4 所示，其中建基面 1285.00m 高程以下基岩厚度约 1.0 倍坝高，坝轴线上游侧顺河向范围约 1.5 倍坝高，下游侧顺河向范围约 2 倍坝高，左右坝肩横河向范围约 1 倍坝宽。

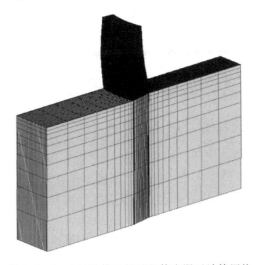 

图 9.3-3　4号坝体及坝基整体有限元计算网格　　图 9.3-4　拱冠梁位置剖面计算
网格（顶部取 1405.00m 高程）

网格离散中坝体及坝肩（基）岩体采用空间 8 节点等参实体单元，拱坝模型在高程方向，进行 0.3m 高的网格划分，且设定每一层单元即为一层浇筑层，整个计算域共离散为413946 个节点和 44850 个单元，其中坝体 425250 个节点、396006 个单元。

有限元计算坐标系定义：Z 轴为铅直向下；Y 轴为顺河向，由上游水平指向下游，且与坝轴线垂直；X 轴为横河向，沿坝轴线由左岸水平指向右岸。

2. 敏感性分析确定反演参数

在实际工程中，混凝土的温度场变化过程主要受到导温系数 α、表面放热系数 β 以及混凝土绝热温升参数等的影响，原则上需要将上述参数统一构造在响应面函数中，进行联合反演，但是，还存在以下问题：

（1）响应面法考虑的待反演参数数量越多意味着需要越多的待定系数，这样将增加响应面自身的复杂度，从而影响最终的反演精度。

（2）反演参数越多意味着求解响应面所需要的样本数量将以 2 倍形式增加，而这也将极大地增加通过有限元计算产生训练样本的时间，本次研究将采用完整坝段进行正演计算，若训练样本的正演次数过多，有可能超出实际的可行范围。

（3）有些参数对位移反应不敏感，当这些参数有较大的变化时，温度场变化很小甚至不变化，实际上没有进行反演分析的必要；而有个别测点的观测数据误差较大，若选为反演控制测点（反演目标）也将影响反演结果对真实温度应力场的模拟。

（4）参数较多时，遗传算法求解的反演参数唯一性较差，收敛相对比较困难。

因此，在确定反演参数之前需要对影响混凝土温度场的相关参数进行敏感性分析，减少待反演参数个数以提高精度。

考虑到影响混凝土温度场的各个参数之间可能存在着较强的相互影响，本次研究选用 Morris 法对上述参数进行全局敏感性分析。Morris 法是 Morris 在 1991 年提出的，它能够有效地对模型参数的重要性进行识别及排序。Morris 法的采样原则设计颇为巧妙，它通过构造若干组"正交试验"一次只改变一个参数的取值轮流计算各参数的"基本影响"，从而可以对模型输入参数对输出数据的影响进行评估，并得到参数全局灵敏度的比较及参数相关性和非线性的定性描述。

Morris 法的具体实施过程如下：设模型输出函数 $y = f(x_1, x_2, x_3, \cdots, x_n)$，含有 n 个参数，首先结合各个参数所服从的概率分布，将每个参数的变化范围都映射到闭区间 $[0, 1]$ 中，并由预设的抽样水平 p 将其离散化，每个参数只能从 $(0, \dfrac{1}{p-1}, \dfrac{2}{p-1}, \cdots, 1-\Delta)$ 中取值，让 n 个参数都在这些抽样点中随机抽样一次，并让相邻的两组抽样试验中都只有一个参数发生变化，且都发生 Δ 的变化量，这样依次进行抽样试验直到这 n 个参数轮流变化一次完成一组抽样试验。试验完成后由式（9.3-4）计算每个参数的基本影响，再计算它们的均值 μ 和方差 σ，最后进行敏感性分析：μ 的值越大，对应的参数对计算模型的影响越明显；而方差 σ 的值越大，则说明该参数在影响模型输出时与其他参数的相互作用越大，亦即越容易受到其他参数的影响，或者说该参数对于模型输出的影响是非线性的。

$$EE_j = \frac{y(x_1, \cdots, x_{j1}, \cdots, x_n) - y(x_1, \cdots, x_{j2}, \cdots, x_n)}{\Delta} \qquad (9.3-4)$$

现将影响混凝土温度场的若干参数进行 Morris 法全局敏感性分析，将各个混凝土坝段的混凝土绝热温升参数构造一组正交试验，正交试验设计见表 9.3-1、表 9.3-2，计算其对输出结果的影响。由于该坝体在 1370.00m 以下为 C25 混凝土，采用朱伯芳院士建议的复合指数式，用 a 和 b 两个参数表述混凝土的绝热温升；而 1370.00m 以上为 C20 混凝土采用双曲线式，用水化热一般天数表述混凝土的绝热温升，因此本次计算对两种标号的混凝土分别进行敏感性分析。

表 9.3-1　　　　　　　　　　　正交实验设计表（复合指数型）

实验编号	Q_{02}	Q_{03}	a_2	a_3	b_2	b_3
1	20.4	19.35	0.189	0.3045	0.861	0.8745
2	18.36	19.35	0.189	0.3045	0.861	0.8745
3	20.4	17.415	0.189	0.3045	0.861	0.8745
4	20.4	19.35	0.1701	0.3045	0.861	0.8745
5	20.4	19.35	0.189	0.27405	0.861	0.8745
6	20.4	19.35	0.189	0.3045	0.7749	0.8745
7	20.4	19.35	0.189	0.3045	0.861	0.78705
8	22.44	19.35	0.189	0.3045	0.861	0.8745
9	20.4	21.285	0.189	0.3045	0.861	0.8745
10	20.4	19.35	0.2079	0.3045	0.861	0.8745
11	20.4	19.35	0.189	0.33495	0.861	0.8745
12	20.4	19.35	0.189	0.3045	0.9471	0.8745
13	20.4	19.35	0.189	0.3045	0.861	0.96195

表 9.3-2　　　　　　　　　　　正交实验设计表（双曲线型）

实验编号	Q_{02}^*	Q_{03}^*	n_2	n_3
1	13.998	13.044	1.032	1.454
2	13.998	13.044	1.032	1.454
3	12.5982	13.044	1.032	1.454
4	13.998	11.7396	1.032	1.454
5	13.998	13.044	1.032	1.454
6	13.998	13.044	0.6192	1.454
7	13.998	13.044	1.032	0.8724
8	13.998	13.044	1.032	1.454
9	15.3978	13.044	1.032	1.454
10	13.998	14.3484	1.032	1.454
11	13.998	13.044	1.032	1.454
12	13.998	13.044	1.4448	1.454
13	13.998	13.044	1.032	2.0356

根据上述正交试验设计表 9.3-1 和表 9.3-2 中的试验参数，分别进行若干次有限元

正演试验，分别计算其对应的坝体温度场，如图 9.3-5～图 9.3-10 所示，分别表现了部分参数在正交试验的变化过程中对坝体温度场的影响程度。其中 Q 表示 C25 混凝土的最终水化热温度，Q^* 表示 C20 混凝土的最终水化热温度。

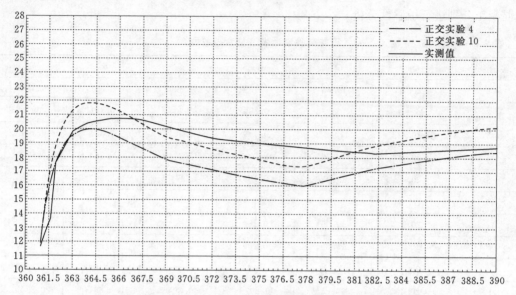

图 9.3-5　Q_{03} 在正交试验中对模型输出的影响

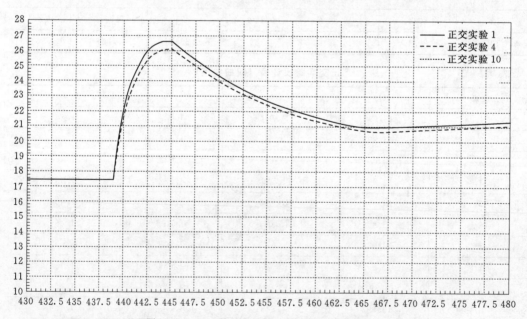

图 9.3-6　a_2 在正交试验中对模型输出的影响

由上述敏感性分析的计算结果可知：绝热温升参数对计算模型的输出影响较为明显而且受其他参数的影响较小，或者说这些参数对结果的影响是有较强的独立性，在参数反演过程中稳定性较好。

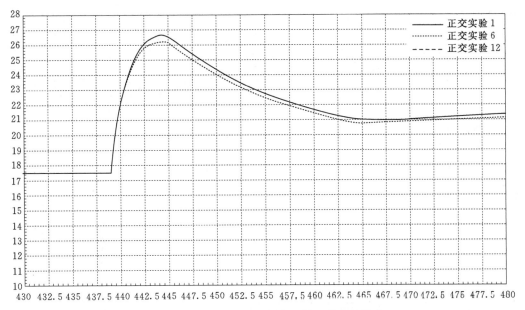

图 9.3-7 b_{02} 在正交试验中对模型输出的影响

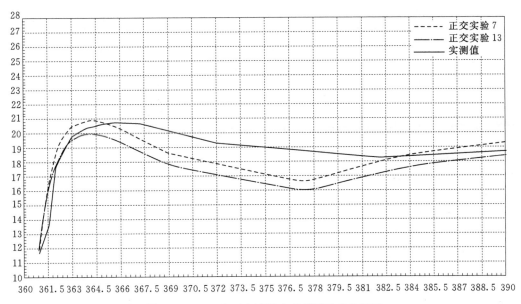

图 9.3-8 n_3 在正交试验中对模型输出的影响

3. 反演分析温度监测资料的选取

万家口子碾压混凝土拱坝施工过程中使用主体混凝土材料较多，复工之后大坝于2014年12月初开始浇筑碾压，期间主要使用了常态混凝土、变态混凝土和碾压混凝土，其中河床坝段基础垫层采用1m厚常态混凝土，两岸坝肩采用0.5m厚变态混凝土作为找平层。碾压混凝土拱坝上游面混凝土有防渗要求。根据应力分布，水头作用大小，采用二级配碾压混凝土，厚度沿坝高程线性增加。坝体内部采用三级配碾压混凝土。为提高坝面

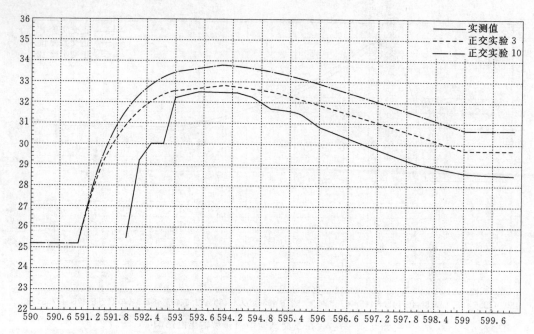

图 9.3-9 Q_{02} 在正交试验中对模型输出的影响

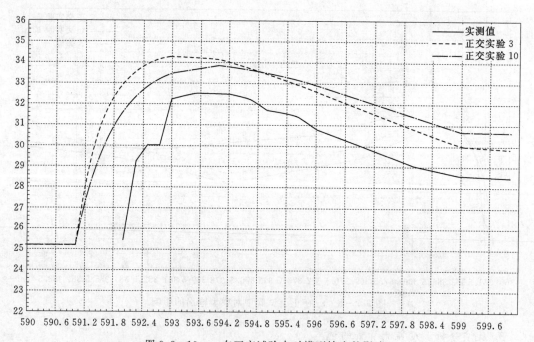

图 9.3-10 n_2 在正交试验中对模型输出的影响

的防渗能力和坝面平整，在上、下游面 0.5m 范围采用变态混凝土。其中 1370.00m 高程以下的坝体主要采用 C25 二、三级配碾压混凝土，1370.00m 高程以上的坝体采用 C20 混凝土二、三级配碾压混凝土。

考虑到复工之后二级配碾压混凝土和三级配碾压混凝土的温度场监测资料比较丰

富，本书重点对 1370.00m 高程以下的坝体主要采用的 C25 二级配碾压混凝土和三级配碾压混凝土以及 1370.00m 高程以上的坝体采用的 C20 二级配碾压混凝土和三级配碾压混凝土进行热学参数反演，反演过程中主要反演 C25 混凝土绝热温升 Q_0 和绝热温升的两个复合指数 a 和 b，以及 C20 混凝土绝热温升 Q_0 和水化热达一半天数 n 两个热学参数。

4. 反演分析样本的输入参数设计

混凝土热学参数范围的选取主要考虑以下因素：以往类似工程经验中的混凝土热学参数值，因为正交试验可通过较少次数的试验反映出试验条件完全组合的内在规律，所以在确定参数的取值范围时，可根据敏感性分析中的正交试验参数中接近实测温度变化规律的参数组来确定；同时在样本参数的确定时考虑到样本参数空间应该有合适的大小，结合敏感性分析的结论根据样本参数计算所得的温度值应该要能包括所有的实测温度值以及未来可能实测温度值的最大值和最小值，故在选择样本参数时采用全面试验的方法进行设计。

依据反演计算原理，同时考虑碾压混凝土拱坝浇筑的实际情况，结合敏感性分析的成果，这里设定参数的取值范围为室内试验值上下的 0.8~1.2 倍。

5. 响应面构造及其预测效果验证

根据响应面方程的构成形式，进行参数归一化之后，标号 C25 的混凝土和标号 C20 的混凝土分别需要进行若干次有限元正演试验，以确定响应面中的待定系数；这些有限元正演试验可选用敏感性分析中的正交试验作为试验样本，并选取不同时间节点构造考虑时间序列的响应面函数。

本次利用响应面法反演的关键在于响应面函数在替代有限元试验的可靠度和试验精度是否能够满足要求，因此本次研究设计了多次随机正演试验，检验响应面函数是否有能力替代有限元正演计算。表 9.3-3~表 9.3-5 是从若干次随机正演试验中选取的 3 次代表性试验，表中选取了测点 BT-14 附近混凝土的有限元计算值和响应面函数的计算值，其中"TIME"一栏是选取的在混凝土温度场变化历时曲线中几个特征节点：浇筑后水化热升温达到的最高温度、混凝土在通水冷却作用下温度下降达到的最低温度、混凝土由于残余水化热的影响温度回升达到的最高温度以及混凝土温度场达到相对稳定后的温度等。

表 9.3-3   随机验证实验 1 计算结果对比表

随机验证试验 1			
参数取值	Q_{02}^*	Q_{03}^*	n_2	n_3
	18.4229	22.6167	1.7244	1.6959
时间/(年/月/日)	有限元计算值	响应面计算值	相对误差百分比	
2014/12/31	21.150475	21.1911	0.192076064	
2015/1/13	17.244545	17.2401	0.025776267	
2015/1/30	20.448126	20.4425	0.027513524	
2015/2/12	20.831834	20.8229	0.042886286	
2015/3/16	21.317795	21.3067	0.05204572	

表 9.3-4 随机验证实验 2 计算结果对比表

参数取值	Q_{02}^*	Q_{03}^*	n_2	n_3
	17.4911	22.4728	1.2549	1.2342
时间/(年/月/日)	有限元计算值	响应面计算值	相对误差百分比	
2014/12/31	21.577179	21.5577	0.090275935	
2015/1/13	16.816969	16.8211	0.024564474	
2015/1/30	19.846427	19.8506	0.021026455	
2015/2/12	20.12802	20.1334	0.026728908	
2015/3/16	20.540667	20.5465	0.028397325	

表 9.3-5 随机验证实验 3 计算结果对比表

参数取值	Q_{02}^*	Q_{03}^*	n_2	n_3
	17.1998	26.6763	1.7277	1.6992
时间/(年/月/日)	有限元计算值	响应面计算值	相对误差百分比	
2014/12/31	20.503289	20.5083	0.024439981	
2015/1/13	16.783662	16.7812	0.014669028	
2015/1/30	19.7798	19.7776	0.011122458	
2015/2/12	20.140074	20.1381	0.009801354	
2015/3/16	20.600617	20.5991	0.007363857	

由上表计算对比可知，响应面法在经过短短 13 次有限元正演训练后就可以建立起绝热温升参数与温度场之间的映射关系，图 9.3-11～图 9.3-13 展示了响应面法计算的温度场历时曲线和有限元计算的温度历时曲线之间的对比关系，图中纵坐标为温度单位℃，横坐标为时间并以 2014 年 1 月 1 日为第 1 天。

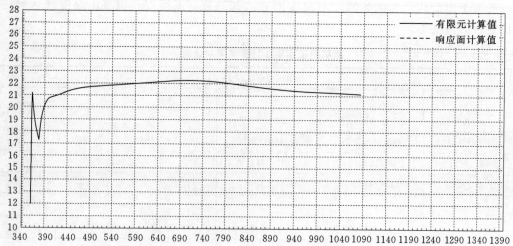

图 9.3-11 随机验证试验 1 计算结果对比图

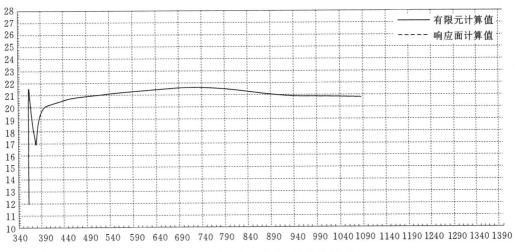

图 9.3-12　随机验证试验 2 计算结果对比图

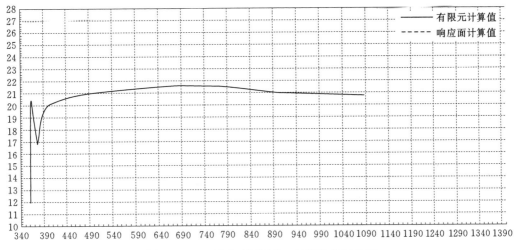

图 9.3-13　随机验证试验 3 计算结果对比图

从图中可以看出，针对任一组随机生成的参数组合，经过响应面函数求得的时间节点温度值与有限元计算的温度值最大相对误差最大不超过 1%，平均误差仅为 0.5%。说明该响应面准确模拟了绝热温升参数与混凝土温度场之间的映射关系，利用响应面来模拟有限元正分析的精度是满足要求的。因此在接下来的反演分析过程中利用响应面方程代替有限元的计算是可行的。

9.3.3　遗传算法热学参数反演及反演成果

复工之后大坝于 2014 年 12 月初开始浇筑碾压，期间主要使用了常态混凝土、变态混凝土和碾压混凝土，其中河床坝段基础垫层采用 1m 厚常态混凝土，两岸坝肩采用 0.5m 厚变态混凝土作为找平层。碾压混凝土拱坝上游面混凝土有防渗要求。根据应力分布，水头作用大小，采用二级配碾压混凝土，厚度沿坝高程线性增加。坝体内部采用三级配碾压混凝土。为提高坝面的防渗能力和坝面平整，在上、下游面 0.5m 范围采用变态混凝土。

为了更好的反应坝体整体温度场的变化历程，此次反演采用的温度实测资料来自于传统点式温度计的监测数据，该数据能够更加准确地反映应变计周围混凝土的温度场变化过程，更有利于准确地模拟测点所在浇筑层的温度历程。其中各个应变计附近的温度实测数据见表 9.3-6～表 9.3-14

表 9.3-6   **BT-16 测点实测温度历时表**

测点高程/m	测点编号	时间/(年/月/日)	温度/℃	混凝土标号
1337	BT-16	2015/3/17	15.89	C_{180}25W6F50 三级配
1337	BT-16		19.94	C_{180}25W6F50 三级配
1337	BT-16		22.44	C_{180}25W6F50 三级配
1337	BT-16	2015/3/18	25.06	C_{180}25W6F50 三级配
1337	BT-16		25.63	C_{180}25W6F50 三级配
1337	BT-16	2015/3/19	25.94	C_{180}25W6F50 三级配
1337	BT-16		25.98	C_{180}25W6F50 三级配
1337	BT-16	2015/3/21	26.09	C_{180}25W6F50 三级配
1337	BT-16	2015/3/23	25.95	C_{180}25W6F50 三级配
1337	BT-16	2015/3/24	25.89	C_{180}25W6F50 三级配
1337	BT-16	2015/3/25	25.83	C_{180}25W6F50 三级配
1337	BT-16		25.82	C_{180}25W6F50 三级配
1337	BT-16	2015/3/26	25.8	C_{180}25W6F50 三级配
1337	BT-16		25.78	C_{180}25W6F50 三级配
1337	BT-16	2015/3/27	27.64	C_{180}25W6F50 三级配
1337	BT-16	2015/4/3	25.16	C_{180}25W6F50 三级配
1337	BT-16	2015/4/7	25.1	C_{180}25W6F50 三级配
1337	BT-16	2015/4/21	23.92	C_{180}25W6F50 三级配
1337	BT-16	2015/4/28	23.87	C_{180}25W6F50 三级配
1337	BT-16	2015/5/2	23.77	C_{180}25W6F50 三级配
1337	BT-16	2015/5/24	24.04	C_{180}25W6F50 三级配
1337	BT-16	2015/6/19	24.65	C_{180}25W6F50 三级配
1337	BT-16	2015/7/3	24.68	C_{180}25W6F50 三级配
1337	BT-16	2015/7/18	24.68	C_{180}25W6F50 三级配
1337	BT-16	2015/7/26	24.89	C_{180}25W6F50 三级配
1337	BT-16	2015/8/15	24.69	C_{180}25W6F50 三级配
1337	BT-16	2015/8/24	24.64	C_{180}25W6F50 三级配
1337	BT-16	2015/9/1	24.44	C_{180}25W6F50 三级配
1337	BT-16	2015/9/8	24.2	C_{180}25W6F50 三级配
1337	BT-16	2015/9/15	24.01	C_{180}25W6F50 三级配

测点高程/m	测点编号	时间/(年/月/日)	温度/℃	混凝土标号
1337	BT－16	2015/9/24	24.1	$C_{180}25W6F50$ 三级配
1337	BT－16	2015/10/2	23.91	$C_{180}25W6F50$ 三级配
1337	BT－16	2015/10/9	23.82	$C_{180}25W6F50$ 三级配
1337	BT－16	2015/10/15	23.61	$C_{180}25W6F50$ 三级配
1337	BT－16	2015/10/23	23.7	$C_{180}25W6F50$ 三级配
1337	BT－16	2015/11/1	23.61	$C_{180}25W6F50$ 三级配
1337	BT－16	2015/11/13	23.33	$C_{180}25W6F50$ 三级配
1337	BT－16	2015/11/20	23.11	$C_{180}25W6F50$ 三级配
1337	BT－16	2015/11/21	23.44	$C_{180}25W6F50$ 三级配
1337	BT－16	2015/11/22	23.6	$C_{180}25W6F50$ 三级配
1337	BT－16	2015/11/23	23.35	$C_{180}25W6F50$ 三级配
1337	BT－16	2015/11/24	23.08	$C_{180}25W6F50$ 三级配
1337	BT－16	2015/11/25	23.27	$C_{180}25W6F50$ 三级配
1337	BT－16	2015/11/26	23.06	$C_{180}25W6F50$ 三级配
1337	BT－16	2015/11/28	23.03	$C_{180}25W6F50$ 三级配
1337	BT－16	2015/11/30	22.99	$C_{180}25W6F50$ 三级配
1337	BT－16	2015/12/2	22.96	$C_{180}25W6F50$ 三级配
1337	BT－16	2015/12/4	22.93	$C_{180}25W6F50$ 三级配
1337	BT－16	2015/12/6	22.89	$C_{180}25W6F50$ 三级配
1337	BT－16	2015/12/8	22.82	$C_{180}25W6F50$ 三级配
1337	BT－16	2015/12/10	22.77	$C_{180}25W6F50$ 三级配
1337	BT－16	2015/12/12	22.72	$C_{180}25W6F50$ 三级配
1337	BT－16	2015/12/14	22.6	$C_{180}25W6F50$ 三级配
1337	BT－16	2015/12/16	22.55	$C_{180}25W6F50$ 三级配

表 9.3－7   BT－17 测点实测温度历时表

测点高程/m	测点编号	时间/(年/月/日)	温度/℃	混凝土标号
1337	BT－17	2015/3/17	16.4	$C_{180}25W6F50$ 三级配
1337	BT－17		19.22	$C_{180}25W6F50$ 三级配
1337	BT－17		22.38	$C_{180}25W6F50$ 三级配
1337	BT－17	2015/3/18	24.83	$C_{180}25W6F50$ 三级配
1337	BT－17		25.3	$C_{180}25W6F50$ 三级配
1337	BT－17	2015/3/19	25.64	$C_{180}25W6F50$ 三级配
1337	BT－17		25.73	$C_{180}25W6F50$ 三级配
1337	BT－17	2015/3/21	26.3	$C_{180}25W6F50$ 三级配
1337	BT－17	2015/3/23	26.58	$C_{180}25W6F50$ 三级配

测点高程/m	测点编号	时间/(年/月/日)	温度/℃	混凝土标号
1337	BT-17	2015/3/24	26.55	$C_{180}25W6F50$ 三级配
1337	BT-17	2015/3/25	26.68	$C_{180}25W6F50$ 三级配
1337	BT-17		26.68	$C_{180}25W6F50$ 三级配
1337	BT-17	2015/3/26	26.7	$C_{180}25W6F50$ 三级配
1337	BT-17		26.71	$C_{180}25W6F50$ 三级配
1337	BT-17	2015/3/27	26.6	$C_{180}25W6F50$ 三级配
1337	BT-17	2015/4/3	25.9	$C_{180}25W6F50$ 三级配
1337	BT-17	2015/4/7	25.7	$C_{180}25W6F50$ 三级配
1337	BT-17	2015/4/21	23.88	$C_{180}25W6F50$ 三级配
1337	BT-17	2015/4/28	23.63	$C_{180}25W6F50$ 三级配
1337	BT-17	2015/5/2	23.48	$C_{180}25W6F50$ 三级配
1337	BT-17	2015/5/24	23.84	$C_{180}25W6F50$ 三级配
1337	BT-17	2015/6/19	24.71	$C_{180}25W6F50$ 三级配
1337	BT-17	2015/7/3	24.62	$C_{180}25W6F50$ 三级配
1337	BT-17	2015/7/18	24.42	$C_{180}25W6F50$ 三级配
1337	BT-17	2015/7/26	24.4	$C_{180}25W6F50$ 三级配
1337	BT-17	2015/8/15	24.41	$C_{180}25W6F50$ 三级配
1337	BT-17	2015/8/24	24.36	$C_{180}25W6F50$ 三级配
1337	BT-17	2015/9/1	24.18	$C_{180}25W6F50$ 三级配
1337	BT-17	2015/9/8	23.92	$C_{180}25W6F50$ 三级配
1337	BT-17	2015/9/15	23.81	$C_{180}25W6F50$ 三级配
1337	BT-17	2015/9/24	23.81	$C_{180}25W6F50$ 三级配
1337	BT-17	2015/10/2	23.62	$C_{180}25W6F50$ 三级配
1337	BT-17	2015/10/9	23.59	$C_{180}25W6F50$ 三级配
1337	BT-17	2015/10/15	23.42	$C_{180}25W6F50$ 三级配
1337	BT-17	2015/10/23	22.97	$C_{180}25W6F50$ 三级配
1337	BT-17	2015/11/1	22.74	$C_{180}25W6F50$ 三级配
1337	BT-17	2015/11/13	22.18	$C_{180}25W6F50$ 三级配
1337	BT-17	2015/11/20	21.86	$C_{180}25W6F50$ 三级配
1337	BT-17	2015/11/21	21.84	$C_{180}25W6F50$ 三级配
1337	BT-17	2015/11/22	21.82	$C_{180}25W6F50$ 三级配
1337	BT-17	2015/11/23	21.79	$C_{180}25W6F50$ 三级配
1337	BT-17	2015/11/24	21.77	$C_{180}25W6F50$ 三级配
1337	BT-17	2015/11/25	21.75	$C_{180}25W6F50$ 三级配
1337	BT-17	2015/11/26	21.67	$C_{180}25W6F50$ 三级配

测点高程/m	测点编号	时间/(年/月/日)	温度/℃	混凝土标号
1337	BT-17	2015/11/28	21.57	$C_{180}25W6F50$ 三级配
1337	BT-17	2015/11/30	21.49	$C_{180}25W6F50$ 三级配
1337	BT-17	2015/12/2	21.46	$C_{180}25W6F50$ 三级配
1337	BT-17	2015/12/4	21.29	$C_{180}25W6F50$ 三级配
1337	BT-17	2015/12/6	21.18	$C_{180}25W6F50$ 三级配
1337	BT-17	2015/12/8	21.07	$C_{180}25W6F50$ 三级配
1337	BT-17	2015/12/10	21.01	$C_{180}25W6F50$ 三级配
1337	BT-17	2015/12/12	20.92	$C_{180}25W6F50$ 三级配
1337	BT-17	2015/12/14	20.72	$C_{180}25W6F50$ 三级配
1337	BT-17	2015/12/16	20.65	$C_{180}25W6F50$ 三级配

表 9.3-8　　　　　　　　　　BT-18 测点实测温度历时表

测点高程/m	测点编号	时间/(年/月/日)	温度/℃	混凝土标号
1347	BT-18	2015/5/19	26.93	$C_{180}25W6F50$ 三级配
1347	BT-18		28.06	$C_{180}25W6F50$ 三级配
1347	BT-18	2015/5/20	31.09	$C_{180}25W6F50$ 三级配
1347	BT-18		31.85	$C_{180}25W6F50$ 三级配
1347	BT-18		31.93	$C_{180}25W6F50$ 三级配
1347	BT-18		32.05	$C_{180}25W6F50$ 三级配
1347	BT-18	2015/5/21	32.69	$C_{180}25W6F50$ 三级配
1347	BT-18		32.79	$C_{180}25W6F50$ 三级配
1347	BT-18		32.96	$C_{180}25W6F50$ 三级配
1347	BT-18	2015/5/22	33.39	$C_{180}25W6F50$ 三级配
1347	BT-18		33.45	$C_{180}25W6F50$ 三级配
1347	BT-18		33.54	$C_{180}25W6F50$ 三级配
1347	BT-18	2015/5/23	33.49	$C_{180}25W6F50$ 三级配
1347	BT-18		33.6	$C_{180}25W6F50$ 三级配
1347	BT-18		33.64	$C_{180}25W6F50$ 三级配
1347	BT-18	2015/5/24	33.69	$C_{180}25W6F50$ 三级配
1347	BT-18	2015/5/25	33.51	$C_{180}25W6F50$ 三级配
1347	BT-18	2015/5/28	33.4	$C_{180}25W6F50$ 三级配
1347	BT-18	2015/5/29	33.45	$C_{180}25W6F50$ 三级配
1347	BT-18	2015/5/30	33.53	$C_{180}25W6F50$ 三级配
1347	BT-18	2015/5/31	33.59	$C_{180}25W6F50$ 三级配
1347	BT-18	2015/6/1	33.62	$C_{180}25W6F50$ 三级配

续表

测点高程/m	测点编号	时间/(年/月/日)	温度/℃	混凝土标号
1347	BT－18	2015/6/2	33.64	$C_{180}25W6F50$ 三级配
1347	BT－18	2015/6/3	33.66	$C_{180}25W6F50$ 三级配
1347	BT－18	2015/6/4	33.58	$C_{180}25W6F50$ 三级配
1347	BT－18	2015/6/5	33.2	$C_{180}25W6F50$ 三级配
1347	BT－18	2015/6/6	33.04	$C_{180}25W6F50$ 三级配
1347	BT－18	2015/6/7	32.91	$C_{180}25W6F50$ 三级配
1347	BT－18	2015/6/11	33.13	$C_{180}25W6F50$ 三级配
1347	BT－18	2015/6/14	32.85	$C_{180}25W6F50$ 三级配
1347	BT－18	2015/6/17	32.13	$C_{180}25W6F50$ 三级配
1347	BT－18	2015/6/19	31.34	$C_{180}25W6F50$ 三级配
1347	BT－18	2015/7/3	29.61	$C_{180}25W6F50$ 三级配
1347	BT－18	2015/7/18	28.13	$C_{180}25W6F50$ 三级配
1347	BT－18	2015/7/26	27.89	$C_{180}25W6F50$ 三级配
1347	BT－18	2015/8/1	27.72	$C_{180}25W6F50$ 三级配
1347	BT－18	2015/8/5	27.01	$C_{180}25W6F50$ 三级配
1347	BT－18	2015/8/15	26.46	$C_{180}25W6F50$ 三级配
1347	BT－18	2015/8/24	25.76	$C_{180}25W6F50$ 三级配
1347	BT－18	2015/9/1	25.63	$C_{180}25W6F50$ 三级配
1347	BT－18	2015/9/8	25.79	$C_{180}25W6F50$ 三级配
1347	BT－18	2015/9/15	25.89	$C_{180}25W6F50$ 三级配
1347	BT－18	2015/9/24	26.02	$C_{180}25W6F50$ 三级配
1347	BT－18	2015/10/2	26.1	$C_{180}25W6F50$ 三级配
1347	BT－18	2015/10/9	26.17	$C_{180}25W6F50$ 三级配
1347	BT－18	2015/10/15	26.6	$C_{180}25W6F50$ 三级配
1347	BT－18	2015/10/23	26.2	$C_{180}25W6F50$ 三级配
1347	BT－18	2015/11/1	26.25	$C_{180}25W6F50$ 三级配
1347	BT－18	2015/11/13	26.26	$C_{180}25W6F50$ 三级配
1347	BT－18	2015/11/20	26.29	$C_{180}25W6F50$ 三级配
1347	BT－18	2015/11/21	26.29	$C_{180}25W6F50$ 三级配
1347	BT－18	2015/11/22	26.29	$C_{180}25W6F50$ 三级配
1347	BT－18	2015/11/23	26.31	$C_{180}25W6F50$ 三级配
1347	BT－18	2015/11/24	26.3	$C_{180}25W6F50$ 三级配
1347	BT－18	2015/11/25	26.29	$C_{180}25W6F50$ 三级配
1347	BT－18	2015/11/26	26.29	$C_{180}25W6F50$ 三级配
1347	BT－18	2015/11/28	26.33	$C_{180}25W6F50$ 三级配

表 9.3 - 9   BT - 19 测点实测温度历时表

测点高程/m	测点编号	时间/(年/月/日)	温度/℃	混凝土标号
1357	BT - 19	2015/8/4	25.03	$C_{180}25W8F100$ 二级配
1357	BT - 19		28.87	$C_{180}25W8F100$ 二级配
1357	BT - 19		29.83	$C_{180}25W8F100$ 二级配
1357	BT - 19		29.95	$C_{180}25W8F100$ 二级配
1357	BT - 19	2015/8/5	33.66	$C_{180}25W8F100$ 二级配
1357	BT - 19	2015/8/5	33.64	$C_{180}25W8F100$ 二级配
1357	BT - 19		33.61	$C_{180}25W8F100$ 二级配
1357	BT - 19		33.43	$C_{180}25W8F100$ 二级配
1357	BT - 19	2015/8/6	33.04	$C_{180}25W8F100$ 二级配
1357	BT - 19		32.97	$C_{180}25W8F100$ 二级配
1357	BT - 19		32.64	$C_{180}25W8F100$ 二级配
1357	BT - 19	2015/8/7	32.42	$C_{180}25W8F100$ 二级配
1357	BT - 19		32.51	$C_{180}25W8F100$ 二级配
1357	BT - 19		31.98	$C_{180}25W8F100$ 二级配
1357	BT - 19	2015/8/8	31.44	$C_{180}25W8F100$ 二级配
1357	BT - 19	2015/8/9	30.26	$C_{180}25W8F100$ 二级配
1357	BT - 19	2015/8/10	29.12	$C_{180}25W8F100$ 二级配
1357	BT - 19	2015/8/11	28.91	$C_{180}25W8F100$ 二级配
1357	BT - 19	2015/8/12	29.03	$C_{180}25W8F100$ 二级配
1357	BT - 19	2015/8/13	29.29	$C_{180}25W8F100$ 二级配
1357	BT - 19	2015/8/14	29.61	$C_{180}25W8F100$ 二级配
1357	BT - 19	2015/8/15	30.14	$C_{180}25W8F100$ 二级配
1357	BT - 19	2015/8/16	29.68	$C_{180}25W8F100$ 二级配
1357	BT - 19	2015/8/17	29.85	$C_{180}25W8F100$ 二级配
1357	BT - 19	2015/8/19	32.13	$C_{180}25W8F100$ 二级配
1357	BT - 19	2015/8/21	33.17	$C_{180}25W8F100$ 二级配
1357	BT - 19	2015/8/24	33.75	$C_{180}25W8F100$ 二级配
1357	BT - 19	2015/8/27	33.54	$C_{180}25W8F100$ 二级配
1357	BT - 19	2015/8/29	33.2	$C_{180}25W8F100$ 二级配
1357	BT - 19	2015/8/31	32.19	$C_{180}25W8F100$ 二级配
1357	BT - 19	2015/9/1	32.54	$C_{180}25W8F100$ 二级配
1357	BT - 19	2015/9/8	32.64	$C_{180}25W8F100$ 二级配
1357	BT - 19	2015/9/10	30.88	$C_{180}25W8F100$ 二级配
1357	BT - 19	2015/9/12	30.69	$C_{180}25W8F100$ 二级配
1357	BT - 19	2015/9/13	30.65	$C_{180}25W8F100$ 二级配

续表

测点高程/m	测点编号	时间/(年/月/日)	温度/℃	混凝土标号
1357	BT - 19	2015/9/15	30.61	$C_{180}25W8F100$ 二级配
1357	BT - 19	2015/9/24	29.94	$C_{180}25W8F100$ 二级配
1357	BT - 19	2015/9/30	29.45	$C_{180}25W8F100$ 二级配
1357	BT - 19	2015/10/9	28.78	$C_{180}25W8F100$ 二级配
1357	BT - 19	2015/10/15	28.43	$C_{180}25W8F100$ 二级配
1357	BT - 19	2015/10/23	27.34	$C_{180}25W8F100$ 二级配
1357	BT - 19	2015/11/1	26.48	$C_{180}25W8F100$ 二级配
1357	BT - 19	2015/11/7	26.22	$C_{180}25W8F100$ 二级配
1357	BT - 19	2015/11/9	26.07	$C_{180}25W8F100$ 二级配
1357	BT - 19	2015/11/13	24.5	$C_{180}25W8F100$ 二级配
1357	BT - 19	2015/11/20	24.86	$C_{180}25W8F100$ 二级配
1357	BT - 19	2015/11/21	25.02	$C_{180}25W8F100$ 二级配
1357	BT - 19	2015/11/22	25.52	$C_{180}25W8F100$ 二级配
1357	BT - 19	2015/11/23	25.48	$C_{180}25W8F100$ 二级配
1357	BT - 19	2015/11/24	25.4	$C_{180}25W8F100$ 二级配
1357	BT - 19	2015/11/25	25.38	$C_{180}25W8F100$ 二级配
1357	BT - 19	2015/11/26	25.13	$C_{180}25W8F100$ 二级配
1357	BT - 19	2015/11/28	24.99	$C_{180}25W8F100$ 二级配
1357	BT - 19	2015/11/30	21.91	$C_{180}25W8F100$ 二级配
1357	BT - 19	2015/12/2	21.86	$C_{180}25W8F100$ 二级配
1357	BT - 19	2015/12/4	21.42	$C_{180}25W8F100$ 二级配
1357	BT - 19	2015/12/6	24.29	$C_{180}25W8F100$ 二级配
1357	BT - 19	2015/12/8	24.08	$C_{180}25W8F100$ 二级配
1357	BT - 19	2015/12/10	23.81	$C_{180}25W8F100$ 二级配
1357	BT - 19	2015/12/12	23.86	$C_{180}25W8F100$ 二级配
1357	BT - 19	2015/12/13	23.47	$C_{180}25W8F100$ 二级配
1357	BT - 19	2015/12/15	23.28	$C_{180}25W8F100$ 二级配
1357	BT - 19	2015/12/16	23.19	$C_{180}25W8F100$ 二级配

表 9.3 - 10   **BT - 20 测点实测温度历时表**

测点高程/m	测点编号	时间/(年/月/日)	温度/℃	混凝土标号
1357	BT - 20	2015/8/4	25.46	$C_{180}25W6F50$ 三级配
1357	BT - 20		29.21	$C_{180}25W6F50$ 三级配
1357	BT - 20		30.04	$C_{180}25W6F50$ 三级配
1357	BT - 20		30.01	$C_{180}25W6F50$ 三级配
1357	BT - 20	2015/8/5	32.25	$C_{180}25W6F50$ 三级配

续表

测点高程/m	测点编号	时间/(年/月/日)	温度/℃	混凝土标号
1357	BT-20		32.39	C_{180}25W6F50 三级配
1357	BT-20		32.51	C_{180}25W6F50 三级配
1357	BT-20		32.5	C_{180}25W6F50 三级配
1357	BT-20	2015/8/6	32.49	C_{180}25W6F50 三级配
1357	BT-20		32.47	C_{180}25W6F50 三级配
1357	BT-20		32.28	C_{180}25W6F50 三级配
1357	BT-20	2015/8/7	31.7	C_{180}25W6F50 三级配
1357	BT-20		31.63	C_{180}25W6F50 三级配
1357	BT-20		31.45	C_{180}25W6F50 三级配
1357	BT-20	2015/8/8	30.81	C_{180}25W6F50 三级配
1357	BT-20	2015/8/9	29.9	C_{180}25W6F50 三级配
1357	BT-20	2015/8/10	29.06	C_{180}25W6F50 三级配
1357	BT-20	2015/8/11	28.6	C_{180}25W6F50 三级配
1357	BT-20	2015/8/12	28.51	C_{180}25W6F50 三级配
1357	BT-20	2015/8/13	28.44	C_{180}25W6F50 三级配
1357	BT-20	2015/8/14	28.46	C_{180}25W6F50 三级配
1357	BT-20	2015/8/15	28.68	C_{180}25W6F50 三级配
1357	BT-20	2015/8/16	28.69	C_{180}25W6F50 三级配
1357	BT-20	2015/8/17	28.77	C_{180}25W6F50 三级配
1357	BT-20	2015/8/19	29.81	C_{180}25W6F50 三级配
1357	BT-20	2015/8/21	30.36	C_{180}25W6F50 三级配
1357	BT-20	2015/8/24	30.5	C_{180}25W6F50 三级配
1357	BT-20	2015/8/27	30.18	C_{180}25W6F50 三级配
1357	BT-20	2015/8/29	30.08	C_{180}25W6F50 三级配
1357	BT-20	2015/8/31	29.98	C_{180}25W6F50 三级配
1357	BT-20	2015/9/1	29.6	C_{180}25W6F50 三级配
1357	BT-20	2015/9/8	29.73	C_{180}25W6F50 三级配
1357	BT-20	2015/9/10	28.32	C_{180}25W6F50 三级配
1357	BT-20	2015/9/12	28.31	C_{180}25W6F50 三级配
1357	BT-20	2015/9/13	28.3	C_{180}25W6F50 三级配
1357	BT-20	2015/9/15	28.23	C_{180}25W6F50 三级配
1357	BT-20	2015/9/24	27.87	C_{180}25W6F50 三级配
1357	BT-20	2015/9/30	27.68	C_{180}25W6F50 三级配
1357	BT-20	2015/10/9	27.25	C_{180}25W6F50 三级配
1357	BT-20	2015/10/15	26.8	C_{180}25W6F50 三级配

续表

测点高程/m	测点编号	时间/(年/月/日)	温度/℃	混凝土标号
1357	BT-20	2015/10/23	26.19	$C_{180}25W6F50$ 三级配
1357	BT-20	2015/11/1	25.65	$C_{180}25W6F50$ 三级配
1357	BT-20	2015/11/7	25.37	$C_{180}25W6F50$ 三级配
1357	BT-20	2015/11/9	25.34	$C_{180}25W6F50$ 三级配
1357	BT-20	2015/11/13	25.37	$C_{180}25W6F50$ 三级配
1357	BT-20	2015/11/20	25.21	$C_{180}25W6F50$ 三级配
1357	BT-20	2015/11/21	25.03	$C_{180}25W6F50$ 三级配
1357	BT-20	2015/11/22	24.77	$C_{180}25W6F50$ 三级配
1357	BT-20	2015/11/23	24.68	$C_{180}25W6F50$ 三级配
1357	BT-20	2015/11/24	24.53	$C_{180}25W6F50$ 三级配
1357	BT-20	2015/11/25	24.5	$C_{180}25W6F50$ 三级配
1357	BT-20	2015/11/16	24.32	$C_{180}25W6F50$ 三级配
1357	BT-20	2015/11/28	24.14	$C_{180}25W6F50$ 三级配
1357	BT-20	2015/11/30	24.04	$C_{180}25W6F50$ 三级配
1357	BT-20	2015/12/2	23.96	$C_{180}25W6F50$ 三级配
1357	BT-20	2015/12/4	23.78	$C_{180}25W6F50$ 三级配
1357	BT-20	2015/12/6	23.64	$C_{180}25W6F50$ 三级配
1357	BT-20	2015/12/8	23.54	$C_{180}25W6F50$ 三级配
1357	BT-20	2015/12/10	23.6	$C_{180}25W6F50$ 三级配
1357	BT-20	2015/12/12	23.65	$C_{180}25W6F50$ 三级配

表 9.3-11　　　　　　　　BT-21 测点实测温度历时表

测点高程/m	测点编号	时间/(年/月/日)	温度/℃	混凝土标号
1357	BT-21	2015/8/4	25.04	$C_{180}25W6F50$ 三级配
1357	BT-21		28.97	$C_{180}25W6F50$ 三级配
1357	BT-21		29.72	$C_{180}25W6F50$ 三级配
1357	BT-21		29.89	$C_{180}25W6F50$ 三级配
1357	BT-21	2015/8/5	32.2	$C_{180}25W6F50$ 三级配
1357	BT-21		32.35	$C_{180}25W6F50$ 三级配
1357	BT-21		32.5	$C_{180}25W6F50$ 三级配
1357	BT-21		32.59	$C_{180}25W6F50$ 三级配
1357	BT-21	2015/8/6	32.7	$C_{180}25W6F50$ 三级配
1357	BT-21		32.69	$C_{180}25W6F50$ 三级配
1357	BT-21		32.64	$C_{180}25W6F50$ 三级配
1357	BT-21	2015/8/7	32.36	$C_{180}25W6F50$ 三级配
1357	BT-21		32.3	$C_{180}25W6F50$ 三级配

测点高程/m	测点编号	时间/(年/月/日)	温度/℃	混凝土标号
1357	BT - 21		32.24	$C_{180}25W6F50$ 三级配
1357	BT - 21	2015/8/8	31.82	$C_{180}25W6F50$ 三级配
1357	BT - 21	2015/8/9	31.16	$C_{180}25W6F50$ 三级配
1357	BT - 21	2015/8/10	30.53	$C_{180}25W6F50$ 三级配
1357	BT - 21	2015/8/11	30.02	$C_{180}25W6F50$ 三级配
1357	BT - 21	2015/8/12	29.31	$C_{180}25W6F50$ 三级配
1357	BT - 21	2015/8/13	29.62	$C_{180}25W6F50$ 三级配
1357	BT - 21	2015/8/14	29.62	$C_{180}25W6F50$ 三级配
1357	BT - 21	2015/8/15	29.85	$C_{180}25W6F50$ 三级配
1357	BT - 21	2015/8/16	29.95	$C_{180}25W6F50$ 三级配
1357	BT - 21	2015/8/17	29.85	$C_{180}25W6F50$ 三级配
1357	BT - 21	2015/8/19	30.35	$C_{180}25W6F50$ 三级配
1357	BT - 21	2015/8/21	30.89	$C_{180}25W6F50$ 三级配
1357	BT - 21	2015/8/24	31.26	$C_{180}25W6F50$ 三级配
1357	BT - 21	2015/8/27	31.05	$C_{180}25W6F50$ 三级配
1357	BT - 21	2015/8/29	30.46	$C_{180}25W6F50$ 三级配
1357	BT - 21	2015/8/31	30.55	$C_{180}25W6F50$ 三级配
1357	BT - 21	2015/9/1	30.29	$C_{180}25W6F50$ 三级配
1357	BT - 21	2015/9/8	30.35	$C_{180}25W6F50$ 三级配
1357	BT - 21	2015/9/10	29.22	$C_{180}25W6F50$ 三级配
1357	BT - 21	2015/9/12	29.12	$C_{180}25W6F50$ 三级配
1357	BT - 21	2015/9/13	29.11	$C_{180}25W6F50$ 三级配
1357	BT - 21	2015/9/15	29.03	$C_{180}25W6F50$ 三级配
1357	BT - 21	2015/9/24	28.44	$C_{180}25W6F50$ 三级配
1357	BT - 21	2015/9/30	28.07	$C_{180}25W6F50$ 三级配
1357	BT - 21	2015/10/9	27.46	$C_{180}25W6F50$ 三级配
1357	BT - 21	2015/10/15	27.2	$C_{180}25W6F50$ 三级配
1357	BT - 21	2015/10/23	26.3	$C_{180}25W6F50$ 三级配
1357	BT - 21	2015/11/1	25.51	$C_{180}25W6F50$ 三级配
1357	BT - 21	2015/11/7	24.98	$C_{180}25W6F50$ 三级配
1357	BT - 21	2015/11/9	24.82	$C_{180}25W6F50$ 三级配
1357	BT - 21	2015/11/13	25.92	$C_{180}25W6F50$ 三级配
1357	BT - 21	2015/11/20	25.57	$C_{180}25W6F50$ 三级配
1357	BT - 21	2015/11/21	24.98	$C_{180}25W6F50$ 三级配
1357	BT - 21	2015/11/22	24.05	$C_{180}25W6F50$ 三级配

测点高程/m	测点编号	时间/(年/月/日)	温度/℃	混凝土标号
1357	BT-21	2015/11/23	23.98	$C_{180}25W6F50$ 三级配
1357	BT-21	2015/11/24	23.92	$C_{180}25W6F50$ 三级配
1357	BT-21	2015/11/25	23.89	$C_{180}25W6F50$ 三级配
1357	BT-21	2015/11/26	23.77	$C_{180}25W6F50$ 三级配
1357	BT-21	2015/11/28	23.6	$C_{180}25W6F50$ 三级配
1357	BT-21	2015/11/30	23.53	$C_{180}25W6F50$ 三级配
1357	BT-21	2015/12/2	23.36	$C_{180}25W6F50$ 三级配
1357	BT-21	2015/12/4	23.16	$C_{180}25W6F50$ 三级配
1357	BT-21	2015/12/6	23.07	$C_{180}25W6F50$ 三级配
1357	BT-21	2015/12/8	22.91	$C_{180}25W6F50$ 三级配
1357	BT-21	2015/12/10	22.71	$C_{180}25W6F50$ 三级配
1357	BT-21	2015/12/12	22.59	$C_{180}25W6F50$ 三级配
1357	BT-21	2015/12/13	22.4	$C_{180}25W6F50$ 三级配
1357	BT-21	2015/12/15	22.27	$C_{180}25W6F50$ 三级配
1357	BT-21	2015/12/16	22.21	$C_{180}25W6F50$ 三级配

表 9.3-12　　　　　　　　　　BT-23 测点实测温度历时表

测点高程/m	测点编号	时间/(年/月/日)	温度/℃	混凝土标号
1377	BT-23	2016/3/4	20.06	$C_{180}20W8F100$ 二级配
1377	BT-23		18.82	$C_{180}20W8F100$ 二级配
1377	BT-23		20.69	$C_{180}20W8F100$ 二级配
1377	BT-23	2016/3/5	22.57	$C_{180}20W8F100$ 二级配
1377	BT-23		23.07	$C_{180}20W8F100$ 二级配
1377	BT-23		23.67	$C_{180}20W8F100$ 二级配
1377	BT-23	2016/3/6	24.28	$C_{180}20W8F100$ 二级配
1377	BT-23		24.84	$C_{180}20W8F100$ 二级配
1377	BT-23	2016/3/7	25.4	$C_{180}20W8F100$ 二级配
1377	BT-23		25.57	$C_{180}20W8F100$ 二级配
1377	BT-23	2016/3/8	25.75	$C_{180}20W8F100$ 二级配
1377	BT-23		25.66	$C_{180}20W8F100$ 二级配
1377	BT-23	2016/3/9	25.54	$C_{180}20W8F100$ 二级配
1377	BT-23	2016/3/10	25.09	$C_{180}20W8F100$ 二级配
1377	BT-23	2016/3/11	24.58	$C_{180}20W8F100$ 二级配
1377	BT-23	2016/3/12	23.38	$C_{180}20W8F100$ 二级配
1377	BT-23	2016/3/13	22.43	$C_{180}20W8F100$ 二级配
1377	BT-23	2016/3/14	21.94	$C_{180}20W8F100$ 二级配

测点高程/m	测点编号	时间/(年/月/日)	温度/℃	混凝土标号
1377	BT-23	2016/3/15	21.19	$C_{180}20W8F100$ 二级配
1377	BT-23	2016/3/16	20.44	$C_{180}20W8F100$ 二级配
1377	BT-23	2016/3/18	19.99	$C_{180}20W8F100$ 二级配
1377	BT-23	2016/3/21	20.56	$C_{180}20W8F100$ 二级配
1377	BT-23	2016/3/22	21	$C_{180}20W8F100$ 二级配
1377	BT-23	2016/3/24	21.62	$C_{180}20W8F100$ 二级配
1377	BT-23	2016/3/26	22.08	$C_{180}20W8F100$ 二级配
1377	BT-23	2016/3/28	22.17	$C_{180}20W8F100$ 二级配
1377	BT-23	2016/3/30	22.26	$C_{180}20W8F100$ 二级配
1377	BT-23	2016/4/1	22.93	$C_{180}20W8F100$ 二级配
1377	BT-23	2016 年	22.95	$C_{180}20W8F100$ 二级配
1377	BT-23	2016/4/3	22.98	$C_{180}20W8F100$ 二级配
1377	BT-23	2016/4/5	22.99	$C_{180}20W8F100$ 二级配
1377	BT-23	2016/4/7	23.15	$C_{180}20W8F100$ 二级配
1377	BT-23	2016/4/9	23.31	$C_{180}20W8F100$ 二级配
1377	BT-23	2016/4/11	23.32	$C_{180}20W8F100$ 二级配
1377	BT-23	2016/4/13	23.35	$C_{180}20W8F100$ 二级配
1377	BT-23	2016/4/15	23.36	$C_{180}20W8F100$ 二级配
1377	BT-23	2016/4/17	23.35	$C_{180}20W8F100$ 二级配
1377	BT-23	2016/4/19	23.28	$C_{180}20W8F100$ 二级配
1377	BT-23	2016/4/21	23.3	$C_{180}20W8F100$ 二级配
1377	BT-23	2016/4/23	23.23	$C_{180}20W8F100$ 二级配
1377	BT-23	2016/4/25	23.2	$C_{180}20W8F100$ 二级配
1377	BT-23	2016/4/27	23.34	$C_{180}20W8F100$ 二级配
1377	BT-23	2016/4/29	23.3	$C_{180}20W8F100$ 二级配
1377	BT-23	2016/5/1	23.58	$C_{180}20W8F100$ 二级配
1377	BT-23	2016/5/3	23.6	$C_{180}20W8F100$ 二级配
1377	BT-23	2016/5/5	23.55	$C_{180}20W8F100$ 二级配
1377	BT-23	2016/5/15	23.22	$C_{180}20W8F100$ 二级配
1377	BT-23	2016/5/31	23.39	$C_{180}20W8F100$ 二级配
1377	BT-23	2016/6/15	20.42	$C_{180}20W8F100$ 二级配
1377	BT-23	2016/6/30	23.53	$C_{180}20W8F100$ 二级配
1377	BT-23	2016/7/15	23.43	$C_{180}20W8F100$ 二级配
1377	BT-23	2016/7/31	21.37	$C_{180}20W8F100$ 二级配
1377	BT-23	2016/8/15	23.62	$C_{180}20W8F100$ 二级配

表 9.3 - 13 　　　　　　　　　　　BT - 24 测点实测温度历时表

测点高程/m	测点编号	时间/(年/月/日)	温度/℃	混凝土标号
1377	BT - 24	2016/3/4	19.77	$C_{180}20W6F50$ 三级配
1377	BT - 24		19.5	$C_{180}20W6F50$ 三级配
1377	BT - 24		21.04	$C_{180}20W6F50$ 三级配
1377	BT - 24	2016/3/5	22.59	$C_{180}20W6F50$ 三级配
1377	BT - 24		23.01	$C_{180}20W6F50$ 三级配
1377	BT - 24		23.38	$C_{180}20W6F50$ 三级配
1377	BT - 24	2016/3/6	23.78	$C_{180}20W6F50$ 三级配
1377	BT - 24		24.2	$C_{180}20W6F50$ 三级配
1377	BT - 24	2016/3/7	24.62	$C_{180}20W6F50$ 三级配
1377	BT - 24		24.76	$C_{180}20W6F50$ 三级配
1377	BT - 24	2016/3/8	24.9	$C_{180}20W6F50$ 三级配
1377	BT - 24		24.68	$C_{180}20W6F50$ 三级配
1377	BT - 24	2016/3/9	24.46	$C_{180}20W6F50$ 三级配
1377	BT - 24	2016/3/10	23.86	$C_{180}20W6F50$ 三级配
1377	BT - 24	2016/3/11	23.22	$C_{180}20W6F50$ 三级配
1377	BT - 24	2016/3/12	22.07	$C_{180}20W6F50$ 三级配
1377	BT - 24	2016/3/13	20.94	$C_{180}20W6F50$ 三级配
1377	BT - 24	2016/3/14	20.49	$C_{180}20W6F50$ 三级配
1377	BT - 24	2016/3/15	19.87	$C_{180}20W6F50$ 三级配
1377	BT - 24	2016/3/16	19.25	$C_{180}20W6F50$ 三级配
1377	BT - 24	2016/3/18	18.83	$C_{180}20W6F50$ 三级配
1377	BT - 24	2016/3/21	20.11	$C_{180}20W6F50$ 三级配
1377	BT - 24	2016/3/22	20.5	$C_{180}20W6F50$ 三级配
1377	BT - 24	2016/3/24	20.87	$C_{180}20W6F50$ 三级配
1377	BT - 24	2016/3/26	21.24	$C_{180}20W6F50$ 三级配
1377	BT - 24	2016/3/28	21.36	$C_{180}20W6F50$ 三级配
1377	BT - 24	2016/3/30	21.49	$C_{180}20W6F50$ 三级配
1377	BT - 24	2016/4/1	21.66	$C_{180}20W6F50$ 三级配
1377	BT - 24	2016 年	21.75	$C_{180}20W6F50$ 三级配
1377	BT - 24	2016/4/3	21.86	$C_{180}20W6F50$ 三级配
1377	BT - 24	2016/4/5	21.89	$C_{180}20W6F50$ 三级配
1377	BT - 24	2016/4/7	22.13	$C_{180}20W6F50$ 三级配
1377	BT - 24	2016/4/9	22.36	$C_{180}20W6F50$ 三级配
1377	BT - 24	2016/4/11	22.42	$C_{180}20W6F50$ 三级配
1377	BT - 24	2016/4/13	22.33	$C_{180}20W6F50$ 三级配

测点高程/m	测点编号	时间/(年/月/日)	温度/℃	混凝土标号
1377	BT-24	2016/4/15	22.38	$C_{180}20$W6F50 三级配
1377	BT-24	2016/4/17	22.39	$C_{180}20$W6F50 三级配
1377	BT-24	2016/4/19	22.37	$C_{180}20$W6F50 三级配
1377	BT-24	2016/4/21	23.3	$C_{180}20$W6F50 三级配
1377	BT-24	2016/4/23	22.28	$C_{180}20$W6F50 三级配
1377	BT-24	2016/4/25	22.26	$C_{180}20$W6F50 三级配
1377	BT-24	2016/4/27	22.31	$C_{180}20$W6F50 三级配
1377	BT-24	2016/4/29	22.28	$C_{180}20$W6F50 三级配
1377	BT-24	2016/5/1	22.35	$C_{180}20$W6F50 三级配
1377	BT-24	2016/5/3	22.4	$C_{180}20$W6F50 三级配
1377	BT-24	2016/5/5	22.38	$C_{180}20$W6F50 三级配
1377	BT-24	2016/5/15	23.07	$C_{180}20$W6F50 三级配
1377	BT-24	2016/5/31	22.92	$C_{180}20$W6F50 三级配
1377	BT-24	2016/6/15	23.36	$C_{180}20$W6F50 三级配
1377	BT-24	2016/6/30	23.09	$C_{180}20$W6F50 三级配
1377	BT-24	2016/7/15	22.96	$C_{180}20$W6F50 三级配
1377	BT-24	2016/7/23	22.98	$C_{180}20$W6F50 三级配
1377	BT-24	2016/7/31	23	$C_{180}20$W6F50 三级配
1377	BT-24	2016/8/15	22.88	$C_{180}20$W6F50 三级配

表 9.3-14　　　　　　　　　　**BT-25 测点实测温度历时表**

测点高程/m	测点编号	时间/(年/月/日)	温度/℃	混凝土标号
1377	BT-25	2016/3/4	22.6	$C_{180}20$W6F50 三级配
1377	BT-25	2016 年	19.76	$C_{180}20$W6F50 三级配
1377	BT-25	2016 年	20.58	$C_{180}20$W6F50 三级配
1377	BT-25	2016/3/5	21.49	$C_{180}20$W6F50 三级配
1377	BT-25	2016 年	22	$C_{180}20$W6F50 三级配
1377	BT-25	2016 年	22.49	$C_{180}20$W6F50 三级配
1377	BT-25	2016/3/6	22.99	$C_{180}20$W6F50 三级配
1377	BT-25	2016 年	23.74	$C_{180}20$W6F50 三级配
1377	BT-25	2016/3/7	24.5	$C_{180}20$W6F50 三级配
1377	BT-25	2016 年	24.84	$C_{180}20$W6F50 三级配
1377	BT-25	2016/3/8	25.18	$C_{180}20$W6F50 三级配
1377	BT-25	2016 年	25.05	$C_{180}20$W6F50 三级配
1377	BT-25	2016/3/9	24.92	$C_{180}20$W6F50 三级配

测点高程/m	测点编号	时间/(年/月/日)	温度/℃	混凝土标号
1377	BT－25	2016/3/10	24.28	$C_{180}20W6F50$ 三级配
1377	BT－25	2016/3/11	24.12	$C_{180}20W6F50$ 三级配
1377	BT－25	2016/3/12	23.49	$C_{180}20W6F50$ 三级配
1377	BT－25	2016/3/13	22.29	$C_{180}20W6F50$ 三级配
1377	BT－25	2016/3/14	22.24	$C_{180}20W6F50$ 三级配
1377	BT－25	2016/3/15	21.83	$C_{180}20W6F50$ 三级配
1377	BT－25	2016/3/16	21.44	$C_{180}20W6F50$ 三级配
1377	BT－25	2016/3/18	21.19	$C_{180}20W6F50$ 三级配
1377	BT－25	2016/3/21	21.36	$C_{180}20W6F50$ 三级配
1377	BT－25	2016/3/22	21.53	$C_{180}20W6F50$ 三级配
1377	BT－25	2016/3/24	21.74	$C_{180}20W6F50$ 三级配
1377	BT－25	2016/3/26	21.95	$C_{180}20W6F50$ 三级配
1377	BT－25	2016/3/28	22.01	$C_{180}20W6F50$ 三级配
1377	BT－25	2016/3/30	22.07	$C_{180}20W6F50$ 三级配
1377	BT－25	2016/4/1	22.14	$C_{180}20W6F50$ 三级配
1377	BT－25	2016/4/1	22.18	$C_{180}20W6F50$ 三级配
1377	BT－25	2016/4/3	22.22	$C_{180}20W6F50$ 三级配
1377	BT－25	2016/4/5	22.26	$C_{180}20W6F50$ 三级配
1377	BT－25	2016/4/7	22.36	$C_{180}20W6F50$ 三级配
1377	BT－25	2016/4/9	22.46	$C_{180}20W6F50$ 三级配
1377	BT－25	2016/4/11	22.56	$C_{180}20W6F50$ 三级配
1377	BT－25	2016/4/13	22.35	$C_{180}20W6F50$ 三级配
1377	BT－25	2016/4/15	22.37	$C_{180}20W6F50$ 三级配
1377	BT－25	2016/4/17	22.36	$C_{180}20W6F50$ 三级配
1377	BT－25	2016/4/19	22.35	$C_{180}20W6F50$ 三级配
1377	BT－25	2016/4/21	22.3	$C_{180}20W6F50$ 三级配
1377	BT－25	2016/4/23	22.23	$C_{180}20W6F50$ 三级配
1377	BT－25	2016/4/25	22.26	$C_{180}20W6F50$ 三级配
1377	BT－25	2016/4/27	22.24	$C_{180}20W6F50$ 三级配
1377	BT－25	2016/4/29	22.41	$C_{180}20W6F50$ 三级配
1377	BT－25	2016/5/1	22.4	$C_{180}20W6F50$ 三级配
1377	BT－25	2016/5/3	22.4	$C_{180}20W6F50$ 三级配
1377	BT－25	2016/5/5	22.45	$C_{180}20W6F50$ 三级配
1377	BT－25	2016/5/15	22.69	$C_{180}20W6F50$ 三级配
1377	BT－25	2016/5/31	22.69	$C_{180}20W6F50$ 三级配

测点高程/m	测点编号	时间/(年/月/日)	温度/℃	混凝土标号
1377	BT-25	2016/6/15	23.21	$C_{180}20W6F50$ 三级配
1377	BT-25	2016/6/30	22.99	$C_{180}20W6F50$ 三级配
1377	BT-25	2016/7/15	23.09	$C_{180}20W6F50$ 三级配
1377	BT-25	2016/7/23	23.17	$C_{180}20W6F50$ 三级配
1377	BT-25	2016/7/31	23.26	$C_{180}20W6F50$ 三级配
1377	BT-25	2016/8/15	23.15	$C_{180}20W6F50$ 三级配

1. 反演参数计算设置

在混凝土热学参数的反演分析中，利用所求响应面方程代替有限元正分析，极大地缩短了反演分析时间，为遗传算法进行堆石体参数的优化搜索提供了便利条件。遗传算法利用响应面方程得到温度场特定时间节点的温度并计算适应度值，不断推动整个种群进化，最终得到最符合堆石体实际变形的参数。流程如图9.3-14所示。

（1）生成初始流变参数种群，种群中每个个体为一组待反演的堆石体参数。

（2）在一代计算中，把每个个体带入训练好的神经网络计算适应度值。

（3）在本代中所有的个体计算出适应度后，进行比较，选取适应度值高的个体，进入下一代进行交叉和变异，再生成相同规模的样本。

（4）重复（2）～（4），直至达到事先设定的最大进化代数。

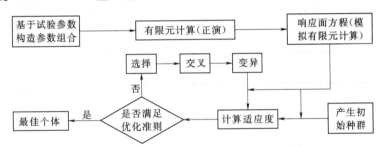

图9.3-14　采用遗传算法进行参数反演的流程图

遗传算法的其他主要参数有：初始群体大小 $N=200$，遗传终止代数500；交叉概率 $P_c=0.8$；变异概率 $P_m=0.2$，采用赌轮盘选择和高斯变异。

图9.3-15给出了种群适应度值随进化代数的演化，由图可以看出，种群染色体的平均适应度值无限地接近最佳染色体适应值，说明随着进化的发展，每一代种群中个体的基因得到优良的进化。

2. 热学参数反演成果

按照上述计算所构造的响应面函数替代有限元计算，经过遗传算法寻优反演，得到二级配变态混凝土、二级配碾压混凝土和三级配碾压混凝土的相关热学反演参数，见表9.3-15、表9.3-16。其中温度计初期实测温度历时曲线与反演参数的温度仿真曲线对比图，如图9.3-16～图9.3-22所示，图中纵坐标为温度单位℃，横坐标为时间并以2014年1月1日为第1天。

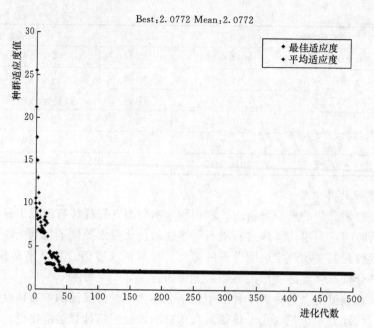

图 9.3-15 采用遗传算法进行参数反演的种群进化趋势图

表 9.3-15　　　坝体混凝土热学参数反演成果汇总表 (复合指数型)

参数符号	Q_{02}	Q_{03}	a_2	a_3	b_2	b_3
室内试验值	20.4	19.35	0.189	0.3045	0.861	0.8745
反演计算值	22.40921	20.36702	0.20793	0.27405	0.93752	0.895983

表 9.3-16　　　坝体混凝土热学参数反演成果汇总表 (双曲线型)

参数符号	Q_{02}^*	Q_{03}^*	n_2	n_3
室内试验值	13.998	13.044	1.032	1.454
反演计算值	15.34119	14.29565	0.622649	0.877259

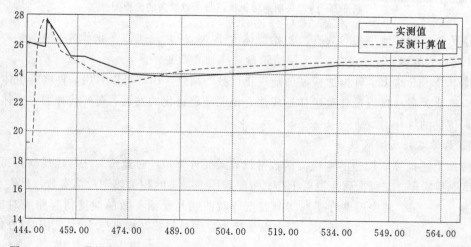

图 9.3-16　4 号坝段三级配碾压混凝土 BT-16 测点温度实测值与反演计算仿真值对比图

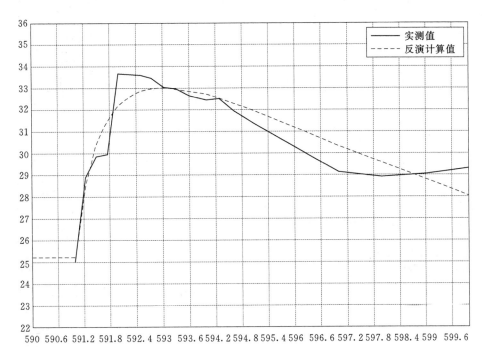

图9.3-17 4号坝段二级配碾压混凝土BT-19测点温度实测值与反演计算仿真值对比图

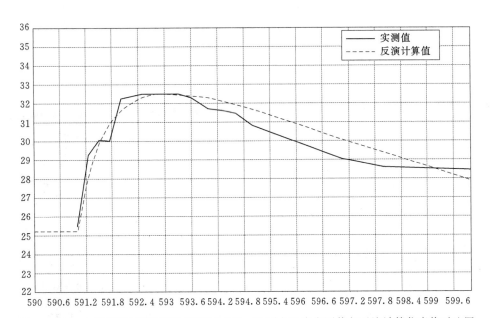

图9.3-18 4号坝段三级配碾压混凝土BT-20测点温度实测值与反演计算仿真值对比图

以上各图为基于反演热学参数的仿真值与实测值的最高温度历程对比曲线,混凝土浇筑后,内部温度逐渐上升,在3~5d后达到峰值温度,这也符合大体积混凝土的温度变化规律,各温度计的实测值与相应位置的仿真值拟合程度较高,各个特征节点温度——浇筑后水化热升温达到的最高温度、混凝土在通水冷却作用下温度下降达到的最低温度、混凝

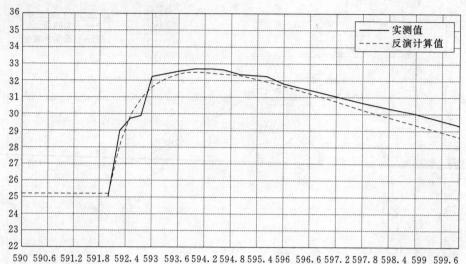

图 9.3 - 19 4 号坝段三级配碾压混凝土 BT - 21 测点温度实测值与反演计算仿真值对比图

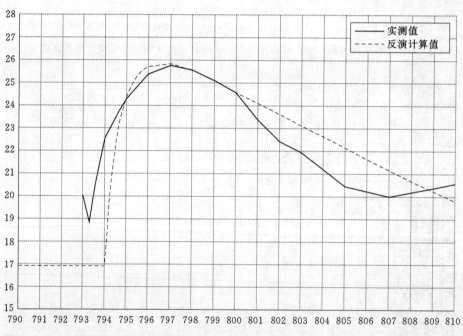

图 9.3 - 20 4 号坝段二级配碾压混凝土 BT - 23 测点温度实测值与反演计算仿真值对比图

土由于残余水化热的影响温度回升达到的最高温度以及混凝土温度场达到相对稳定后的温度——相差均不超过 0.5℃，说明本次反演研究的热学参数（混凝土绝热温升和水化热达一半天数）能较好地反映混凝土的真实情况，保证了接下来坝体整体温度场仿真计算的准确度和可靠度。

3. 小结

本节通过运用响应面法替代有限元计算、遗传算法直接寻优的反演分析方法对坝体

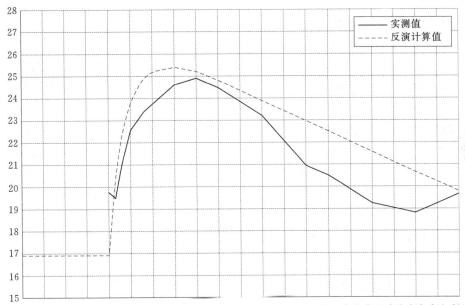

图 9.3-21　4号坝段三级配碾压混凝土 BT-24 测点温度实测值与反演计算仿真值对比图

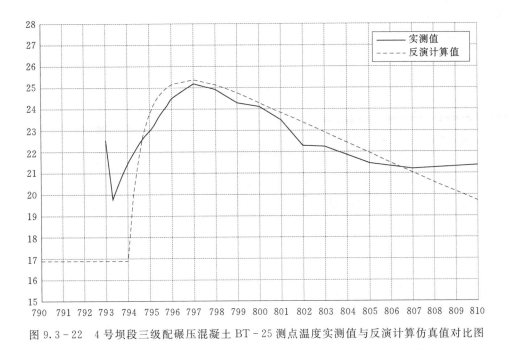

图 9.3-22　4号坝段三级配碾压混凝土 BT-25 测点温度实测值与反演计算仿真值对比图

1370.00m 高程以下主要采用的 C25 二级配碾压混凝土和三级配碾压混凝土以及 1370.00m 高程以上的坝体采用的 C20 二级配碾压混凝土和三级配碾压混凝土进行热学参数反演，其中 C25 二级配碾压混凝土反演得出的最终绝热温升值为 22.4℃，比室内试验值高 2℃，C25 三级配碾压混凝土反演得出的最终绝热温升值为 20.3℃，比室内实验值高

1℃；C20 二级配碾压混凝土反演得出的最终绝热温升值为 15.3℃，比室内试验值高1.3℃，C20 三级配碾压混凝土反演得出的最终绝热温升值为 14.3℃，比室内试验值高1.3℃。经验证，用反演值计算的温度场结果与实测值吻合较好。

9.4 坝体施工期温度应力场仿真分析

温度场是模拟施工过程和考虑不同边界介质以及混凝土水化热随时间变化等因素仿真计算得出的。施工期温度场仿真计算的目的：①通过数值计算预测整个坝体在施工过程中的温度变化过程，为进一步制定和修改温控措施提供依据；②确定坝体应力计算的温度荷载，温度场计算得到的相邻时间步的温差作为应力计算相应时间步的温度荷载。

本次仿真结合第 7 章反演所得的混凝土热学参数模拟坝体施工碾压浇筑过程、通水冷却、水库蓄水过程、气温和水温的变化，计算万家口子碾压混凝土拱坝施工期全过程的变化温度场。

9.4.1 施工期温度场分析

1. 老混凝土温度场

由《云南万家口子 RCC 薄拱坝安全评价报告》可知：通过对分布式光纤测温数据的分析，大坝 1289.50～1323.60m 高程的坝体，历时 12 个月以上，主体温度稳定在 18～20℃。仿真结果如图 9.4-1 所示，在新混凝土开始浇筑前，老混凝土主体温度处在 18～20℃，与光纤测温结果对应。

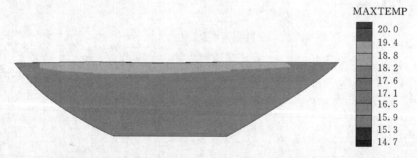

图 9.4-1 老混凝土温度场（新混凝土开浇前）（单位：℃）

2. 1323.60m 高程以上施工期温度场变化规律

在大坝施工期温度场计算中，图 9.4-2～图 9.4-8 给出了施工期拱冠梁剖面不同高程特征点的温度历时曲线。

由温度历时曲线图可知，由于水化热作用，施工期每一个新浇筑混凝土层混凝土从初温上升到最高温度，经历了一个较大幅度的初期温升过程。初期冷却在混凝土浇筑后立即进行，主要作用是削减最高温度峰值，在水化热和一期水管冷却、表面散热的联合作用下，温度达到早期最高温度，一般发生在该层混凝土浇筑后的 3～5d。随后初期水管冷却吸收的热量大于水泥水化产生的热量，温度逐渐降低，初期冷却结束后，由于覆盖上层混凝土，同时由于碾压混凝土的水化热释放比较缓慢，在坝体表面拆模板后，对坝体实行保

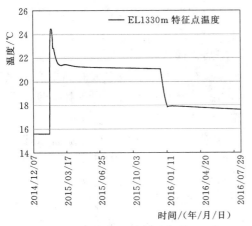

图 9.4-2 施工期拱冠梁剖面高程 1330.00m
附近节点温度历时曲线图

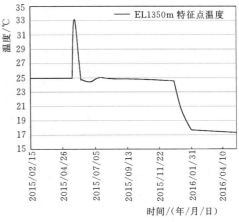

图 9.4-3 施工期拱冠梁剖面高程 1350.00m
附近节点温度历时曲线图

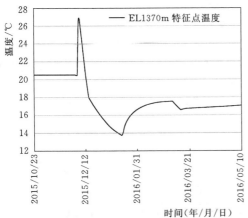

图 9.4-4 施工期拱冠梁剖面高程 1370.00m
附近节点温度历时曲线图

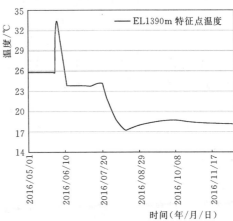

图 9.4-5 施工期拱冠梁剖面高程 1390.00m
附近节点温度历时曲线图

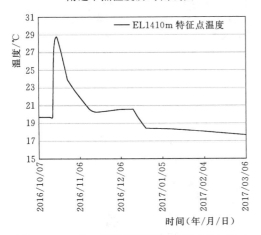

图 9.4-6 施工期拱冠梁剖面高程 1410.00m
附近节点温度历时曲线图

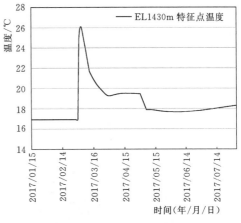

图 9.4-7 施工期拱冠梁剖面高程 1430.00m
附近节点温度历时曲线图

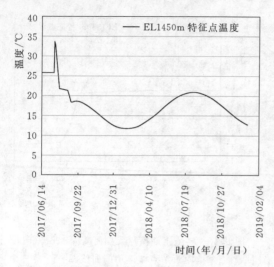

图 9.4-8　施工期拱冠梁剖面高程 1450.00m
附近节点温度历时曲线图

温，控制混凝土的散热速率，因而在后期部分仓混凝土温度会出现一定的回升。

后期通水是为了使坝体达到接缝灌浆温度进行的通水。从温度时间历时曲线可以看出，经过后期通水，坝体逐渐冷却降至接缝灌浆温度，且降温速度不大于 1℃/d。后期通水冷却结束后，随着水库蓄水位的上升，大坝上下游面主要受气温和水温影响，坝体内部温度受外界气温和水温变化影响很小，逐渐达到稳定温度。

3. 1323.60m 高程以上施工期混凝土最高温度

由于浇筑时间、通水冷却降温等情况的不同，坝体内部的最高温度随高程变化而变化，在施工期坝体内部最高温度分布沿高程出现了 3 个明显的高温区。其中坝体 1323.60m 高程以上的第一个高温区出现在高程 1346.00～1365.00m 范围内，最高温度达到了 33.05℃，从图 9.4-9～图 9.4-11 可知，这一结果与埋设在该高程附近的点式温度计 BT-19、BT-20 和 BT-21 所测得的结果相同。这是由于该处的混凝土浇筑时间均在 6～9 月之间，此时气温及混凝土浇筑温度均较高，故其最高温度高于其他部位。

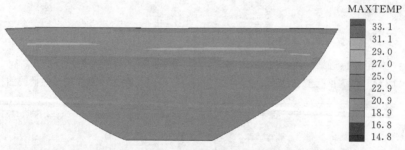

图 9.4-9　坝底至 1365m 高程坝体最高温度包络图（单位：℃）

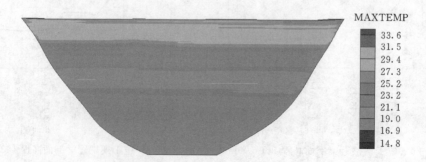

图 9.4-10　坝底至 1408.00m 高程坝体最高温度包络图（单位：℃）

1323.60m 高程以上的第二个高温区出现在高程 1388.80～1408.00m 附近，最高温度达到了 33.54℃，同时埋设在该高程附近的点式温度计 BT-27、BT-28 和 BT-29 也记录该层混凝土浇筑时的温度历程，其中 3 支温度计所测得的最高温度分别为 34.60℃、35.62℃ 和 34.76℃，均与仿真计算值接近。该处坝体浇筑时间在 2016 年 6—9 月，同样是盛夏时节浇筑，气温及浇筑温度较高，导致该处混凝土的温度明显高于其他部位。

坝体的第三个高温区出现在坝顶附近，该处坝体同样处于气温较高时节浇筑，因此混凝土最高温度达到 33.29℃，满足最高温度控制标准。

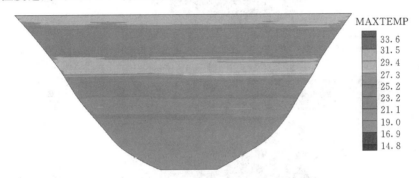

图 9.4-11　坝体最高温度包络图（单位：℃）

由以上分析计算可知，坝体施工期的最高温度总体在 14～32℃ 之间，部分区域达到了 33℃ 以上的高温，总体满足温度控制标准的要求。坝体在高程 1346.00～1365.00m、1388.80～1408.00m 及坝顶附近有 3 个明显的高温区，这是由于这些部位混凝土在夏季浇筑时受高气温及太阳辐射影响所致。坝体在高程 1330.00m、1378.00m、1430.00m 左右处存在一个相对低温区，主要是由于该区域的混凝土在低温季节浇筑，产生的温升较小。

9.4.2　施工期应力场分析

根据蓄水计划，大坝在 2017 年 1 月 15 日即开始蓄水，此时大坝浇筑至 1427.00m 高程，还未封顶。本节主要针对未开始蓄水前的大坝施工期应力场进行分析。

图 9.4-12～图 9.4-14 为大坝各浇筑层浇筑 28d 后上、中、下游面最大第一主应力包络图，由计算结果可知：上游坝面最大第一主应力为 0.62MPa，出现在右岸高程 1322.00m 左右的坝肩位置，低于 C25 混凝土相应龄期的允许拉应力，上游坝面整体应力水平处在 0.00～0.40MPa，满足混凝土 28d 龄期应力控制标准。

顺坝轴线的中间剖面上，最大第一主应力为 0.67MPa，出现在右岸高程 1390.00m 左右的坝肩位置，低于 C20 混凝土相应龄期的允许拉应力。顺坝轴线剖面的整体应力水平处在 0.00～0.55MPa，满足 28d 龄期应力控制标准。

下游坝面上，最大第一主应力为 0.70MPa，出现在右岸高程 1322.00m 左右的坝肩位置，低于 C25 混凝土相应龄期的允许拉应力，由于拱的作用，其最大值较上游面高。下游坝面整体应力水平处在 0.00～0.47MPa，满足 28d 龄期应力控制标准。

图 9.4-15～图 9.4-17 为大坝各浇筑层浇筑 90d 后上、中、下游面最大第一主应力

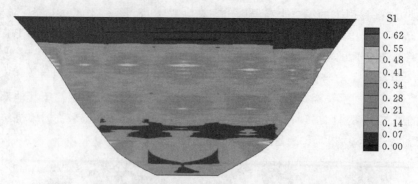

图 9.4-12　各仓浇筑 28d 上游坝面第一主应力包络图（单位：MPa）

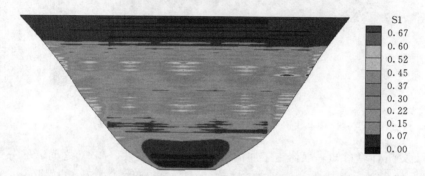

图 9.4-13　各仓浇筑 28d 坝轴线中间剖面第一主应力包络图（单位：MPa）

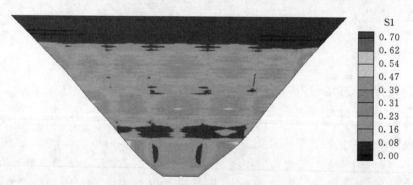

图 9.4-14　各仓浇筑 28d 下游坝面第一主应力包络图（单位：MPa）

包络图，由计算结果可知：上游坝面最大第一主应力为 0.95MPa，出现在左岸高程 1407.00m 左右的坝肩位置，低于 C20 混凝土相应龄期的允许拉应力，上游坝面整体应力水平处在 0.00～0.63MPa，满足混凝土 90d 龄期应力控制标准。

顺坝轴线的中间剖面上，最大第一主应力为 0.97MPa，出现在高程 1389.00m 左右的坝体中部位置，低于 C20 混凝土相应龄期的允许拉应力。顺坝轴线剖面的整体应力水平处在 0.00～0.65MPa，满足 90d 龄期应力控制标准。

下游坝面上，最大第一主应力为 0.98MPa，出现在右岸高程 1393m 左右的坝肩位置，低于 C20 混凝土相应龄期的允许拉应力，由于拱的作用，其最大值较上游面高。下游坝

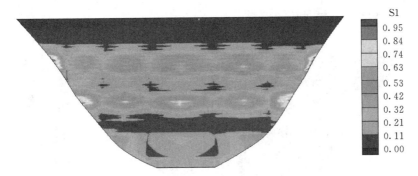

图 9.4-15　各仓浇筑 90d 上游坝面第一主应力包络图（单位：MPa）

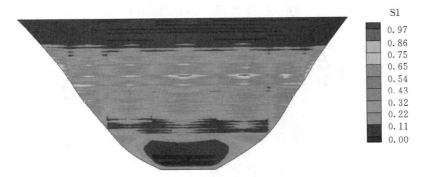

图 9.4-16　各仓浇筑 90d 坝轴线中间剖面第一主应力包络图（单位：MPa）

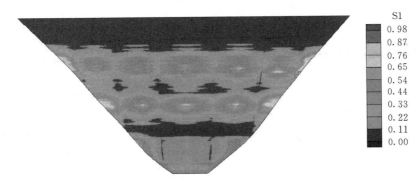

图 9.4-17　各仓浇筑 90d 下游坝面第一主应力包络图（单位：MPa）

面整体应力水平处在 0.00～0.65MPa，满足 90d 龄期应力控制标准。

　　根据浇筑进度计划，目前坝体已浇筑至 1408.00m 左右，故取 2016 年 10 月 17 日为当前时刻，对当前时刻坝体的应力状况进行分析。因横缝的模拟采用薄层单元，在计算中易产生一定的应力集中，故应力较大。且横缝单元在有限元计算中的主要作用为使坝体达到整体受力状态，故不对其进行特别分析。图 9.4-18、图 9.4-19 为当前时刻大坝上、下游面去掉横缝后的最大第一主应力包络图，由计算结果可知：上游坝面最大第一主应力为 1.36MPa，出现在坝体左岸高程 1384.50m 左右的坝肩位置，因此处为坝肩位置，且为接缝灌浆区，存在一定的应力集中现象，故应力较大。除上述部位外，坝体整体应力水平处在—0.34～0.80MPa，满足应力控制标准。

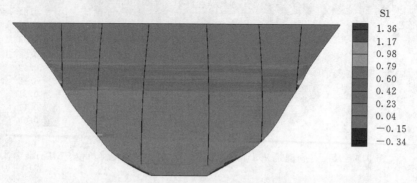

图 9.4-18　当前时刻上游坝面第一主应力包络图（单位：MPa）

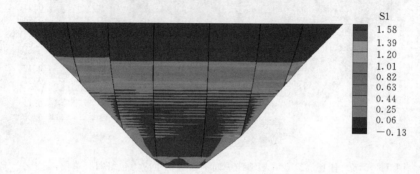

图 9.4-19　当前时刻下游坝面第一主应力包络图（单位：MPa）

下游坝面上，最大第一主应力为 1.58MPa，出现在坝体左岸高程 1333.00m 左右的坝肩位置，因此处为坝肩位置，且为接缝灌浆区，存在一定的应力集中现象，故应力较大。除上述部位外，坝体整体应力水平处在—0.13～1.00MPa，满足应力控制标准。

图 9.4-20～图 9.4-25 分别给出坝体各特征点高程的最大主应力历程曲线。其中特征点包含了拱冠梁表面和内部的特征点。

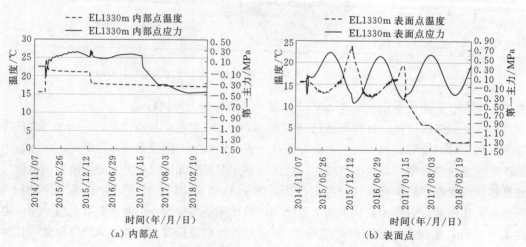

图 9.4-20　拱冠梁剖面高程 1330m 附近节点温度-应力历时曲线图

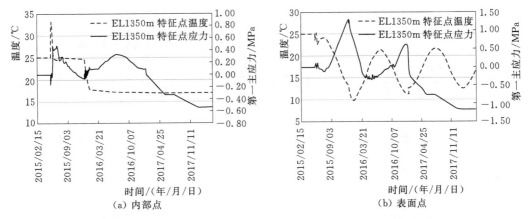

图 9.4-21　拱冠梁剖面高程 1350m 附近节点温度-应力历时曲线图

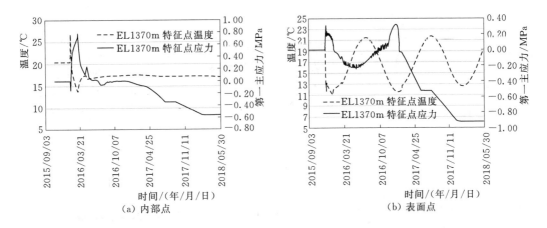

图 9.4-22　拱冠梁剖面高程 1370m 附近节点温度-应力历时曲线图

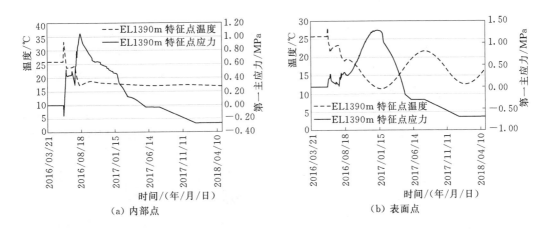

图 9.4-23　拱冠梁剖面高程 1390m 附近节点温度-应力历时曲线图

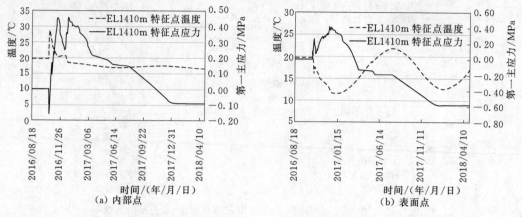

图 9.4-24 拱冠梁剖面高程 1410m 附近节点温度-应力历时曲线图

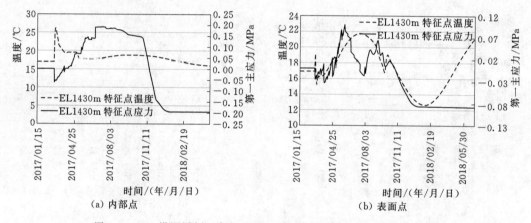

图 9.4-25 拱冠梁剖面高程 1430m 附近节点温度-应力历时曲线图

由以上各高程特征点的应力历程变化曲线可知，仿真所得的应力变化过程基本符合一般规律，即：

混凝土浇筑后，随着温度的升高，内部混凝土膨胀，导致压应力增大；在一期通水阶段，内部混凝土温度逐渐下降，从压应力过渡到拉应力并增大，最大拉应力发生在一期通水降温结束时刻，即浇筑后 15d 左右达到最大，约为 0.20~0.56MPa。一期通水结束后部分仓号有一定的温度的回升，拉应力逐渐减小。

二期通水开始后，因通水的降温作用，拉应力再次增大，当二期通水使混凝土温度降至封拱温度时，内部混凝土拉应力再次达到一个峰值，约为 0.20~1.20MPa，均满足应力控制标准。

表面混凝土拉应力主要受外界气温变化的影响，高温季节一般产生压应力，低温季节一般产生拉应力，后期应力水平均低于 1.40MPa，满足应力控制标准。

9.4.3 小结

经仿真分析可知：

（1）在新混凝土开始浇筑前，老混凝土主体温度处在 18～20℃，与光纤测温结果对应。坝体施工期的最高温度总体在 14～32℃之间，部分区域达到了 33℃以上的高温，总体满足温度控制标准的要求。

（2）由温度历时曲线可知，大坝内部点及表面点温度变化规律正常。经过后期通水，坝体逐渐冷却降至接缝灌浆温度，且降温速度不大于 1℃/d。

（3）大坝各浇筑层浇筑 28d 后，最大第一主应力为 0.70MPa，出现在下游坝面高程 1322.00m 左右的右岸坝肩处，低于 C25 混凝土相应龄期的允许拉应力，大坝整体应力水平处在 0.00～0.55MPa，满足 28d 龄期应力控制标准。大坝各浇筑层浇筑 90d 后，最大第一主应力为 0.98MPa，出现在下游坝面高程 1393.00m 左右的右岸坝肩处，低于 C20 混凝土相应龄期的允许拉应力，下游坝面整体应力水平处在 0.00～0.65MPa，满足 90d 龄期应力控制标准。

（4）分析当前时刻坝体的应力状况可知：最大第一主应力为 1.58MPa，出现在下游坝面高程 1333.00m 左右的左岸坝肩位置，因此处为坝肩位置，且为接缝灌浆区，存在一定的应力集中现象，故应力较大。除上述部位外，坝体整体应力水平处在 −0.34～1.00MPa，满足应力控制标准。

（5）由各高程特征点的应力历程曲线可知，仿真所得的应力变化过程基本符合一般规律，且各龄期拉应力满足控制标准。

9.5 蓄水期应力场分析

根据设计要求，2017 年 1 月 15 日开始下闸蓄水，1 月 31 日库水位到 1365.00m 高程，2017 年 5 月 30 日前，水位保持在 1415.00m 以下，2017 年底，水位蓄到正常水位 1450.00m。

根据大坝施工-蓄水全过程应力仿真结果，由第 3 章图 3.3-9～图 3.3-14 可知，坝体拱冠梁剖面各高程内部点及上游面点，在对应的蓄水时刻，其应力均随蓄水高度的增加呈现出拉应力减小并逐渐发展至压应力的过程，符合规律。

根据仿真结果，蓄水结束时刻，最大第一主应力出现在大坝上游面左岸的坝基位置，最大拉应力为 1.36MPa，如图 9.5-1 所示，满足应力控制标准。图 9.5-1～图 9.5-8 分别给出大坝各特征高程上下游面左右岸的坝基（肩）处的应力历时曲线。

分析上述应力历程曲线可知，在蓄水过程中，上游坝面左右岸的坝肩（基）位置的第一主应力均随着蓄水高程的上升而增大，即拉应力增大；下游坝面左右岸的坝肩（基）位置的第一主应力均随着蓄水高程的上升而减小，即拉应力减小或发展成压应力。且随着坝体高程的上升，蓄水结束时刻上游面特征点所能达到的最大拉应力呈现下降的趋势。以上规律均符合大坝蓄水期的正常规律。

结合第 8 章及本章应力仿真结果可知，在蓄水期，大坝拱冠梁剖面的内部点、表面点及坝基和坝肩左右岸的特征点在蓄水过程中所能达到的最大第一主应力均小于 1.50MPa，满足应力控制标准。

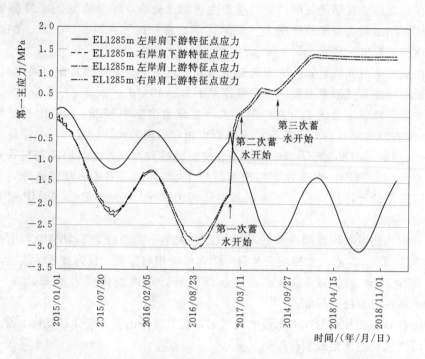

图 9.5-1　大坝高程 1285m 上下游面坝基处应力历时曲线图

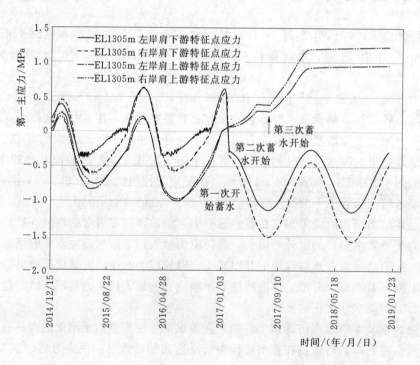

图 9.5-2　大坝高程 1305m 附近上下游面坝肩处应力历时曲线图

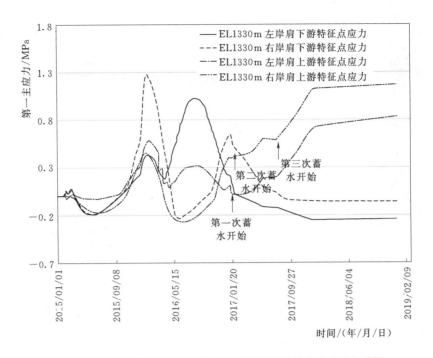

图 9.5 - 3　大坝高程 1330m 附近上下游面坝肩处应力历时曲线图

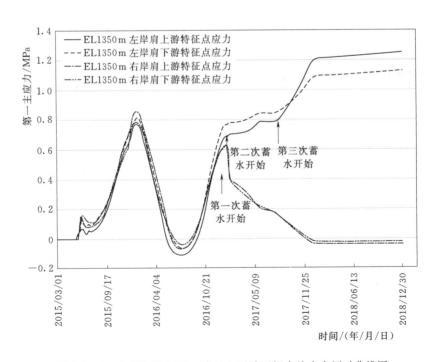

图 9.5 - 4　大坝高程 1350m 附近上下游面坝肩处应力历时曲线图

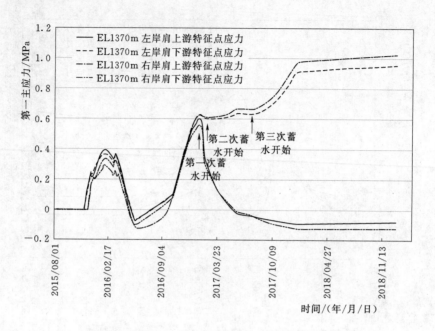

图 9.5 - 5   大坝高程 1370m 附近上下游面坝肩处应力历时曲线图

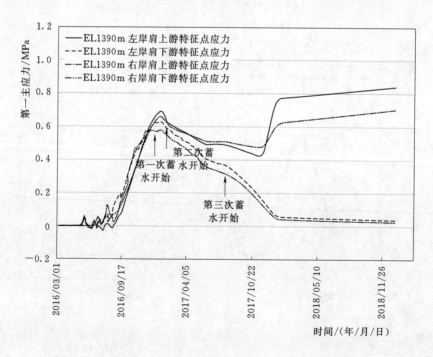

图 9.5 - 6   大坝高程 1390m 附近上下游面坝肩处应力历时曲线图

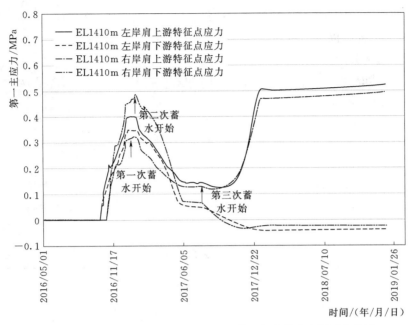

图 9.5 - 7　大坝高程 1410m 附近上下游面坝肩处应力历时曲线图

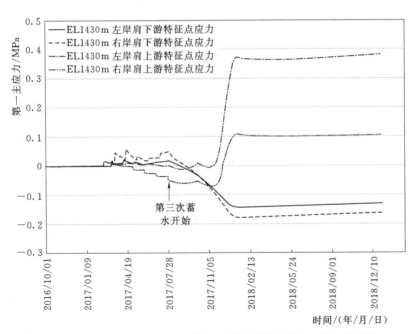

图 9.5 - 8　大坝高程 1430m 附近上下游面坝肩处应力历时曲线图

9.6　大坝运行期应力场分析

选用控制工况"自重＋正常蓄水位＋设计温降"及"自重＋正常蓄水位＋设计温升"模拟计算大坝运行期的应力场。

模型概化时，坝体按高程 1370.00m 进行分区，1370.00m 高程以上坝体采用 C20 混凝土，1370.00m 高程以下采用 C25 混凝土，相应物理力学参数如下：

(1) C20 混凝土。

密度：$2440kg/m^3$ 弹性模量：18.6GPa   泊松比：0.167

线胀系数：$6.8×10^{-6}/℃$ 导温系数：$0.0036m^2/h$

(2) C25 混凝土。

密度：$2462kg/m^3$ 弹性模量：23.4GPa   泊松比：0.167

线胀系数：$6.0×10^{-6}/℃$ 导温系数：$0.00279m^2/h$

上游计算水位为 1450.00m，下游计算水位为 1300.40m。计算淤沙高程为 1380.00m；淤沙浮容重 $0.86t/m^3$；淤沙内摩擦角 14°。其中计算温度荷载时，资料选取见表 9.6-1

表 9.6-1   坝址处温度资料

温度资料项目	单位	数值
多年平均气温	℃	16.20
日照对水位以上坝面多年平均气温的影响	℃	3
气温年变幅（温降、温升）	℃	7.65
日照对水位以上坝面温度年变幅的影响	℃	1.5
上下游坝面多年平均表面水温	℃	16.1
日照对上下游面多年平均表面水温的影响	℃	3
上下游面表面水位年变幅（温降、温升）	℃	6.3
日照对上下游表面水温年变幅的影响	℃	1.5
上下游恒温层的温度	℃	12.67/15
上下游恒温层的高程	m	1415.00/1285.00

计算中选取正常蓄水位＋温降荷载和正常蓄水位＋温升荷载两个工况，大坝运行期各个工况上游面和下游面的第一主应力和第三主应力包络线如图 9.6-1～图 9.6-4 所示。

坝肩主拉应力主要分布在坝踵及靠近上游坝面基础内，且绝大部分区域的主拉应力均在 0.5MPa 以下，靠近上游坝面处坝肩由于应力集中影响主拉应力在 0.5MPa 以上。坝肩第三主应力基本全为压应力，且坝肩处绝大部分区域主压应力均在 3.5MPa 以下，仅在下游面坝肩处由于应力集中的影响存在大于 3.5MPa 的主压应力。按照规范要求，将坝肩及坝踵的应力成果进行等效处理，即断面上的应力分布按合力和一次矩相同的条件转化为等效的线形分布处理，见表 9.6-2、表 9.6-3。

大坝运行期各个工况坝体各个方向位移云图如图 9.6-5～图 9.6-10 所示，其中各个方向位移极值及其出现位置汇总在表 9.6-4、表 9.6-5 中。

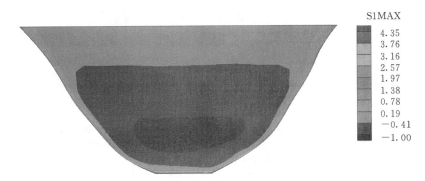

图 9.6-1　运行期正常蓄水位＋温降荷载上游剖面第一主应力包络图（单位：MPa）

图 9.6-2　运行期正常蓄水位＋温降荷载下游剖面第三主应力包络图（单位：MPa）

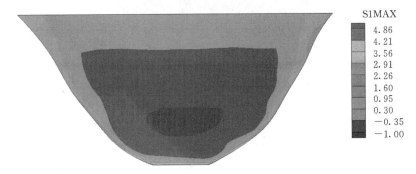

图 9.6-3　运行期正常蓄水位＋温升荷载上游剖面第一主应力包络图（单位：MPa）

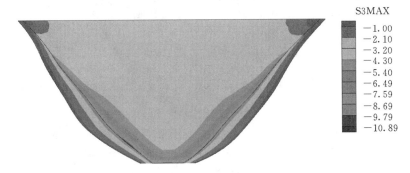

图 9.6-4　运行期正常蓄水位＋温升荷载下游剖面第三主应力包络图（单位：MPa）

表 9.6-2 　　　　　　　　　运行期正常蓄水位＋温降应力计算成果表

项　目	计算结果/MPa			判别标准
	有限元应力	等效应力	最大值出现位置	等效应力容许应力值
主拉应力最大值	4.35	1.10	靠近上游坝面坝踵处	容许拉应力 $[\sigma_拉]$ = 1.5MPa
主压应力最大值	10.36	5.44	靠近下游坝面坝踵处	容许压应力 $[\sigma_压]$ = 6.0MPa

表 9.6-3 　　　　　　　　　运行期正常蓄水位＋温升应力计算成果表

项　目	计算结果/MPa			判别标准
	有限元应力	等效应力	最大值出现位置	等效应力容许应力值
主拉应力最大值	4.86	1.16	靠近上游坝面坝踵处	容许拉应力 $[\sigma_拉]$ = 1.5MPa
主压应力最大值	10.89	5.60	靠近下游坝面坝踵处	容许压应力 $[\sigma_压]$ = 6.0MPa

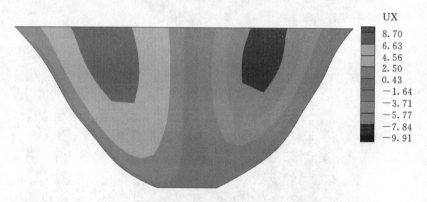

UX
8.70
6.63
4.56
2.50
0.43
−1.64
−3.71
−5.77
−7.84
−9.91

图 9.6-5　运行期正常蓄水位＋温降荷载坝体横河向位移云图（单位：mm）

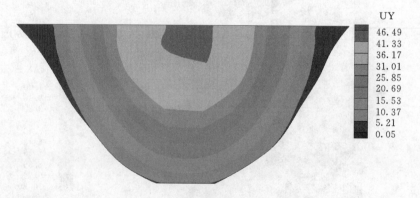

UY
46.49
41.33
36.17
31.01
25.85
20.69
15.53
10.37
5.21
0.05

图 9.6-6　运行期正常蓄水位＋温降荷载坝体顺河向位移云图（单位：mm）

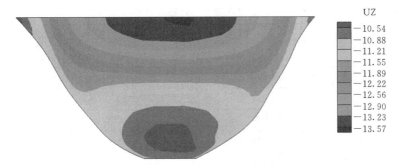

图 9.6-7　运行期正常蓄水位＋温降荷载坝体铅直向位移云图（单位：mm）

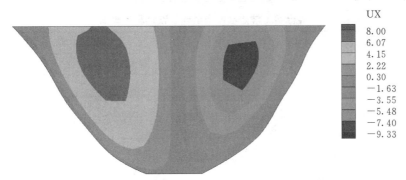

图 9.6-8　运行期正常蓄水位＋温升荷载坝体横河向位移云图（单位：mm）

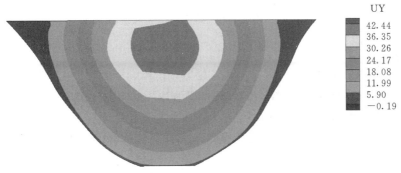

图 9.6-9　运行期正常蓄水位＋温升荷载坝体顺河向位移云图（单位：mm）

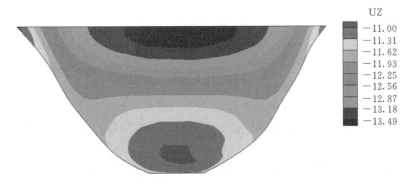

图 9.6-10　运行期正常蓄水位＋温升荷载坝体铅直向位移云图（单位：mm）

表 9.6 - 4 运行期正常蓄水位＋温降位移计算成果表

位 移 方 向		最大位移值/mm	
		最大值	发生位置
上游面	顺河向	46.49	拱冠梁顶部
	横河向	−9.91	右半拱顶部
	铅直向	−13.57	拱顶顶部
下游面	顺河向	46.38	拱冠梁顶部
	横河向	−6.94	右半拱顶部
	铅直向	−13.93	1/4 坝高左坝肩

表 9.6 - 5 运行期正常蓄水位＋温升位移计算成果表

位 移 方 向		最大位移值/mm	
		最大值	发生位置
上游面	顺河向	42.44	拱冠梁 3/4 坝高
	横河向	−9.33	右半拱顶部
	铅直向	−13.49	拱顶顶部
下游面	顺河向	42.56	拱冠梁 3/4 坝高
	横河向	−5.10	右半拱顶部
	铅直向	−13.79	1/4 坝高左坝肩

9.7 结语

（1）通过不同高程的点式温度计实测温度值，运用响应面法替代有限元计算、遗传算法直接寻优的反演分析方法对坝体 1370.00m 高程以下主要采用的 C25 二级配碾压混凝土和三级配碾压混凝土以及 1370.00m 高程以上的坝体采用的 C20 二级配碾压混凝土和三级配碾压混凝土进行热学参数反演。经验证，采用反演值计算的温度场结果与实测值吻合较好。

（2）采用三维有限元法计算了万家口子拱坝施工期的温度场。混凝土早期最高温度一般发生在该层混凝土浇筑后的 3～5d，随后初期水管冷却吸收的热量大于水泥水化产生的热量，温度逐渐降低，初期冷却结束后，由于覆盖上层混凝土及表面保温，部分仓会产生一定的温度回升。后期通水结束后坝体各灌区都准确地冷却至了设计的灌浆温度，且降温速度不大于 1℃/d。

（3）在新混凝土开始浇筑前，老混凝土主体温度处在 18～20℃，与光纤测温结果对应。坝体施工期的最高温度总体在 14～32℃ 之间，部分区域达到了 33℃ 以上的高温，总体满足温度控制标准的要求。坝体在中部有 3 个明显的高温区，这是由于该部位混凝土浇筑时受高气温及太阳辐射影响所致。在高程 1330m、1378m、1430m 左右处存在一个相对低温区，主要是由于该区域的混凝土在冬季低温季节浇筑，产生的温升较小。

（4）大坝各浇筑层浇筑 28d 后，最大第一主应力为 0.70MPa，出现在下游坝面高程

1322.00m 左右的右岸坝肩处，低于 C25 混凝土相应龄期的允许拉应力，大坝整体应力水平处在 0.00～0.55MPa，满足 28d 龄期应力控制标准。大坝各浇筑层浇筑 90 天后，最大第一主应力为 0.98MPa，出现在下游坝面高程 1393.00m 左右的右岸坝肩处，低于 C20 混凝土相应龄期的允许拉应力，下游坝面整体应力水平处在 0.00～0.65MPa，满足 90d 龄期应力控制标准。

根据浇筑进度计划，目前坝体已浇筑至 1408.00m 左右，故取 2016 年 10 月 17 日为当前时刻，对当前时刻坝体的应力状况进行分析。由计算结果可知：上游坝面最大第一主应力为 1.36MPa，出现在坝体左岸高程 1384.50m 左右的坝肩位置，因此处为坝肩位置，且为接缝灌浆区，存在一定的应力集中现象，故应力较大。除上述部位外，坝体整体应力水平处在 −0.34～0.80MPa，满足应力控制标准。下游坝面上，最大第一主应力为 1.58MPa，出现在坝体左岸高程 1333.00m 左右的坝肩位置，因此处为坝肩位置，且为接缝灌浆区，存在一定的应力集中现象，故应力较大。除上述部位外，坝体整体应力水平处在 −0.13～1.00MPa，满足应力控制标准。

由各高程特征点的应力历程曲线可知，仿真所得的应力变化过程基本符合一般规律，且各龄期拉应力满足控制标准。

（5）大坝蓄水过程中，上游坝面左右岸的坝肩（基）位置的第一主应力均随着蓄水高程的上升而增大，即拉应力增大；下游坝面左右岸的坝肩（基）位置的第一主应力均随着蓄水高程的上升而减小，即拉应力减小或发展成压应力。且随着坝体高程的上升，蓄水结束时刻上游面特征点所能达到的最大拉应力呈现下降的趋势。以上规律均符合大坝蓄水期的正常规律。大坝拱冠梁剖面的内部点、表面点及坝基和坝肩左右岸的特征点在蓄水过程中所能达到的最大第一主应力均小于 1.50MPa，满足应力控制标注。

（6）大坝运行期，本书计算了正常蓄水位下的温升和温降两种工况，等效主拉应力分别为 1.10MPa（正常蓄水位＋温降）、1.16MPa（正常蓄水位＋温升），均出现在上游面坝踵位置，小于允许应力。等效主压应力分别为 5.44MPa（正常蓄水位＋温降）、5.60MPa（正常蓄水位＋温升），均出现在下游面坝趾位置，小于允许应力。

参 考 文 献

［1］ 谭飞帆，蔡德所，李会峰. DTS 在万家口子水电站大坝温度场监测中的应用 [J]. 水利建设与管理，2018，38（11）：1-4，62.

［2］ 王富万. 万家口子拱坝新老混凝土结合面温度应力分析 [J]. 红水河，2016，35（5）：17-20.

［3］ 池为，廖明菊，熊图耀，等. 万家口子水电站碾压混凝土拱坝的关键技术研究 [J]. 中国西部科技，2010，9（30）：8-9，49.

［4］ 刘晓燕，池为. 万家口子碾压混凝土高拱坝施工期温度仿真分析 [J]. 黄河水利职业技术学院学报，2008（2）：7-11.

［5］ 解凌飞，杨丽. 万家口子高碾压混凝土坝温控防裂仿真分析 [J]. 红水河，2007（S1）：5-8.

［6］ 刘俊，黄玮，周伟，等. 大体积混凝土小温差的长期通水冷却 [J]. 武汉大学学报（工学版），2011，44（5）：549-553.

［7］ 常晓林，李梦，周伟. 基于动力有限元法对拱坝应力控制指标的分析 [J]. 水力发电学报，2010，

29 (5)：52-57.

[8] 刘杏红，周创兵，常晓林，等. 大体积混凝土温度裂缝扩展过程模拟 [J]. 岩土力学，2010，31 (8)：2666-2670，2676.

[9] 刘杏红，周创兵，常晓林，等. 考虑非线性徐变的混凝土温度裂缝扩展过程模拟 [J]. 岩土力学，2010，31 (6)：1995-2000，2005.

[10] 周伟，韩云童，常晓林，等. 考虑施工期至运行期全过程温度荷载作用的高碾压混凝土拱坝结构分缝研究 [J]. 水利学报，2008 (8)：961-968.

[11] 刘杏红，马刚，常晓林，等. 基于热-流耦合精细算法的大体积混凝土水管冷却数值模拟 [J]. 工程力学，2012，29 (8)：159-164.

[12] 井向阳，常晓林，周伟，等. 高拱坝施工期温控防裂时空动态控制措施及工程应用 [J]. 天津大学学报，2013，46 (8)：705-712.

[13] 徐建荣，何明杰，张伟狄，等. 白鹤滩水电站特高拱坝设计关键技术研究 [J]. 中国水利，2019 (18)：36-38.

[14] 李静，陈健云，徐强. 高拱坝抗震安全性能评价指标探讨 [J]. 人民长江，2019，50 (9)：129-136.

[15] 赖宏. 水库拱坝三维有限元分析及设计优化 [J]. 陕西水利，2019 (9)：32-35，40.

[16] 王新友. 碾压混凝土拱坝应力变形有限元分析研究 [J]. 黑龙江水利科技，2019，47 (8)：29-32.

[17] 李庆斌，马睿，朱贺，等. 拱坝横缝的张开温度及其应用 [J]. 水力发电学报，2019，38 (9)：29-36.

第 10 章

诱导缝系统布置及温控措施研究

10.1　国内外碾压混凝土坝设诱导缝研究现状

碾压混凝土坝是运用土石坝填筑的施工方法进行干硬性混凝土碾压坝体的一种新型坝，具有节省水泥，加快进度，方法简单，造价低的特点，是当前国内外发展很快的一种新型的筑坝技术。

20 世纪 70 年代初，美国学者首先提出碾压混凝土的概念。1975 年，巴基斯坦在塔贝拉坝结构的紧急加固与保护处理工程中第一次采用了碾压混凝土工艺。1981 年在日本岛地川采用碾压混凝土筑坝技术建成了世界上第一座碾压混凝土重力坝。我国于 1981 年开始进行碾压混凝土筑坝的试验研究工作，1986 年在福建大田坑口建成我国第一座碾压混凝土重力坝。"七五"期间又相继建成了铜街子、沙溪口、天生桥二级、岩滩等一批碾压混凝土重力坝，取得了可喜的成果。

拱坝作为一种承载力强、安全度高、筑坝材料省、运行性能良好的坝型，得到了广泛的应用。但是，常规混凝土拱坝采用柱状法分缝分块浇筑施工，温控措施复杂，分层及封拱灌浆对工期影响较大，其工艺也比较复杂，一定程度上影响了拱坝优势的发挥。碾压混凝土筑坝技术作为一种更加经济、快速的筑坝施工技术已被人们广泛接受，同时随着碾压混凝土配合比设计、结构设计和施工技术等不断地完善和发展，为在更高的坝和更广泛的坝型中采用碾压混凝土创造了条件。于是人们自然地联想到了将碾压混凝土筑坝技术应用于建筑拱坝这一领域之中。1988 年南非首先建成了世界上第一座尼尔浦特（Knellpoort）碾压混凝土重力拱坝，坝高 50m，坝顶长 200m；1990 年又建成了另一座碾压混凝土重力拱坝沃尔韦登斯（Wolwedans）坝，坝高 70m，坝顶长 270m。

碾压混凝土拱坝与碾压混凝土重力坝最大的不同之处在于其受力的整体性要求。对于碾压混凝土重力坝，依靠自身重量保持稳定，坝体开裂的后果主要是引起的渗漏及增大坝的扬压力，而碾压混凝土拱坝由于是依靠坝体的整体传力，因此对碾压混凝土拱坝防裂性有特殊的要求。南非尼尔浦特和沃尔韦登斯重力拱坝采取了以下防裂措施：沿外拱圈按约 10m 间距在上、下游面布置了"诱导缝"，这些诱导缝中设置了止水片。尼尔浦特坝采用孔隙状诱导缝，沃尔韦登斯坝的诱导缝为带薄板的切缝，在上、下游之间按 1m 高的间距设导向缝，通过导向缝诱导形成碾压混凝土中不连续的缝面，然后对大坝进行分层压力灌浆，封堵这些不连续的裂缝，使其结合成整体。在计算方面，应用了非线性有限元并考虑接触面单元和垂直接缝单元，对诱导缝进行分析。南非两座碾压混凝土重力拱坝建成后，部分诱导缝有裂开的情况发生，并通过裂缝形成渗漏。该两座坝的坝内总渗漏量曾分别达 $5L/s(300L/min)$ 和 $14L/s(840L/min)$，其中 1993 年 4—5 月沃尔韦斯登坝上游坝面渗漏量达 $1.4\sim3.5L/s$，其渗漏量与水库水位有较大的相关关系，该坝 1993 年对部分诱导缝进行了灌浆。必须指出的是，该两座坝上游面均设置了常态混凝土防渗层，并在从上游面算起的 5m 宽的范围内，在认为层面结合有问题的地方，铺设层间垫层。层间垫层混凝土为最大骨料粒径为 19mm、强度为 15MPa 的常态混凝土。

在"八五"期间，我国积极推进了碾压混凝土拱坝筑坝技术的发展，取得了令世界瞩目的成就，先后建成的贵州普定、河北温泉堡和福建的溪柄等各具特色的拱坝。其中，尤以 1993 年建成的目前世界上最高的普定碾压混凝土拱坝，最为突出，整体成果达到国际领先水平。普定碾压混凝土拱坝采用双曲非对称坝型，坝顶全长 195.7m，最大坝高为 75m，坝体厚高比为 0.376，上游下部采用 1/10 倒悬，有力改善了坝体的应力状况；应用三维仿真温度应力分析计算，坝体不设纵缝，横向设置 3 条诱导缝，将坝体分成 30m、55m、80m 和 31.04m 四段，以防产生不规则的温度裂缝；采用碾压混凝土自身防渗，施工中应用高掺粉煤灰低水泥用量的碾压混凝土筑坝材料，坝体通仓薄层填筑，全断面碾压，采用低温连续上升的施工工艺。应用综合处理层间结合技术，变态混凝土的作业技术，V_c 值动态控制等，解决了拱坝碾压混凝土层间结合，高抗渗性等难题。几十年来的运行表明，大坝质量良好，运行正常。

1995 年投入运行的河北温泉堡碾压拱坝，是我国在北方严寒地区建成的第一座中等厚度的全断面碾压混凝土拱坝，坝高 48.0m，采用定园心、定外半径、变中心角、变内半径的对称单曲拱型结构，坝的厚高比为 0.288（坝基最大宽度为 13.82m），坝体共设置 5 条横缝，坝段长 30~34.387m，其中两条常规横缝，两条诱导缝，拱冠为常规横缝与诱导缝结合的混合缝，坝上游面除采用二级配碾压混凝土自身防渗外，表面还铺设 PVC 土工膜辅助防渗。坝体的横缝及混合缝在施工期按设计预想张开，并实现了拼缝灌浆，保证了结构的整体性，使坝体应力在设计规定范围内。在筑坝材料上通过优化引气剂掺量和主要配合比参数，配置出满足北方寒冷地区高抗冻性要求的碾压混凝土。现该坝已经运行多年。

于 1996 年建成福建溪柄坝，为同心圆等半径拱型，坝高 63.0m，坝长 93m，底宽 12m，高厚比为 0.190，为目前世界上最薄的碾压混凝土拱坝。坝体内未设诱导缝和横缝；而是在靠坝肩区的上游，设置了周边应力释放短缝，这种结构型式显著地改善了坝体的应力状况并方便施工。该坝建成不久，即经历了设计洪水的检验。溪柄拱坝在坝体结构设计上的成功，对薄拱坝不能采用碾压混凝土技术的断言，是一个有力的反证。

20 世纪 90 年代我国建成的普定等 3 座碾压拱坝的实践，全面丰富了碾压混凝土筑坝技术建设经验，极大地拓宽了碾压拱坝的筑坝技术；无论是试验研究，材料选择，还是工程设计和施工技术，在世界上都取得了领先的地位，这为我国碾压混凝土拱坝筑坝技术的进一步发展，奠定了坚实的基础。

国内国外碾压混凝土筑坝技术的蓬勃发展，所积累的宝贵经验，为我国碾压混凝土拱坝技术向更深的领域和更高水平发展，提供了十分有益的借鉴，但也同时表明，现阶段碾压混凝土拱坝筑坝技术研究工作，存在的一些急待深入研究和解决的问题，如反映我国筑坝水平的普定、温泉堡、溪柄 3 座碾压混凝土拱坝，大都高度不大，工程量也较小（3.0 万～10 万 m³），特别是施工时段均安排在比较有利的季节进行施工（避开了高温和严寒），工期大都较长。所以，施工期坝体温度应力不大，坝体总体应力水平较低。为解决施工期温度应力而设置的诱导缝及重复灌浆系统，实际并未得到检验。普定等工程的筑坝材料，不论水泥、粉煤灰以及人工骨料等，也较为优越。因此，在推广使用这些工程经验时必将有所局限。为释放温度应力和防止坝体开裂，在坝体设置的横缝，（包括横缝的布置）目前主要还是凭经验，计算和理论都不成熟，如对于重力坝，当材料、气候、施工等条件较好时，横缝间距可达 50～70m，部分也有 100～120m。坑口（坝顶长 122.5m）、龙门滩（坝顶长 149m）、荣地（坝顶长 136m）均未设横缝。但不少工程实例表明，不设横缝或横缝间距太大，易产生贯穿性裂缝。如澳大利亚铜田坝（Copper Field）在中部溢流坝（长 100m）的两端设两条横缝，1984 年 9 月建成运行后，当年冬季在溢流坝中部深槽部位出现了一条贯穿性裂缝，将 100m 分割为 40m 及 60m 两段。我国岩滩围堰长 341m，全断面碾压不分缝。第二年堰顶过流后，出现了 10 余条裂缝，从而将围堰分割成 27～87m 的几个坝段。目前我国在建的碾压混凝土重力坝，有将缝的间距缩小的趋势。然而，对于碾压混凝土拱坝则就更加缺少经验，已有的少数几座拱坝设缝的型式和缝距均未形成统一的设计定则，南非两个重力拱坝我国温泉堡拱坝采用较小的缝间距，普定拱坝参照重力坝的经验并结合计算采用较大的缝距，也有部分拱围堰，亦不分缝，总之，对于整体作用的拱坝由于坝体应力本身水平比较高，且在施工过程中，实行通仓浇筑，随着坝体上升，即形成封拱，施工期的混凝土水化热温升，势必影响到最终的坝体应力状态，还使得坝基的约束增强，约束范围增大，引起坝体产生横向贯穿性裂缝，破坏拱坝结构的整体性。因此尽可能降低温度作用对坝体的不利影响，做好坝体分缝设计，成为高碾压混凝土拱坝设计中的关键技术问题。

鉴于各个工程的条件不同，按照经济合理的原则，工程可供选择建坝的材料，往往受到诸多因素限制；反之，随着高坝拱坝的修建，对材料性能的要求亦更加严格。因此辩证统一二者之间的关系，因地制宜选用当地材料，优选外掺剂，优化碾压混凝土的配合比，尽可能配置出满足工程设计的优良混凝土，也是促使碾压混凝土筑坝技术不断拓宽发展的需要。

20 世纪 90 年代末期，结合国家"九五"科技攻关，国内碾压混凝土拱坝建坝的高度迈上了 100m 级的新台阶。除沙牌工程（132m）以外，还有新疆塔西河（109m），陕西蔺河口（101m）以及甘肃龙首（80m）等相继开工。它们不仅在坝的高度上有了明显飞跃，而且在技术难度上（包括布置、体型、材料、施工等方面）也有了质的变化，有的工程还处于十分恶劣的严寒地区。鉴于坝的高度增大，混凝土工程量成倍增长，碾压混凝土拱坝的建设，将不同程度地遇到严寒或高温季节施工或全年连续施工的问题，为改善坝体的应力，防止温度裂缝，除需进一步探讨结构分缝型式和布置方案外，研究工程进度和材料特性对坝体应力的影响，因地制宜选择筑坝材料，优化配合比设计，提高材料的抗裂性，也同样是十分重要的方面，必要时研究适当采取一些简易的温控防裂措施，也理所应当提到日程上来。

10.2 诱导缝的强度模型和作用原理

图 10.2-1 所示是一个典型诱导缝的构造示意图。整个诱导缝由许多较小的预留缝相间排列构成，在垂直于诱导缝平面上作用了拱向正应力 σ。每个预留缝的尺寸为 $2a \times 2c$，相邻两预留缝的竖向中心距和水平向中心距各为 $2b$ 和 $2d$。

组成诱导缝的基本元素是预留缝。从图 10.2-1 中取出一个预留缝。暂时忽略相邻预留缝的相互影响，并将矩形预留缝近似地简化为椭圆形，计算图形如图 10.2-2 所示。椭圆的短轴为 $2a$，长轴为 $2c$，在正应力 σ 的作用下，椭圆周边的应力强度因子为

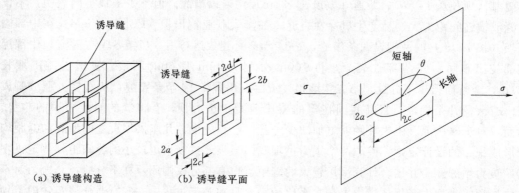

图 10.2-1　诱导缝构造示意图　　　　图 10.2-2　单个预留缝的计算图形

$$K_1 = \frac{\sigma\sqrt{\pi a}}{\phi}\left(\sin^2\theta + \frac{a^2}{c^2}\cos^2\theta\right)^{1/4} \tag{10.2-1}$$

$$\phi = \int_0^{\pi/2}\left(\sin^2\theta + \frac{a^2}{c^2}\cos^2\theta\right)^{1/2}\mathrm{d}\theta \tag{10.2-2}$$

ϕ 为第二类椭圆积分，它的值可以从有关手册中查出。对于不同方向角 θ，强度因子 K_1 亦不相同，其中最大的强度因子出现在 $\theta = \pi/2$ 的短轴方向，因为裂缝应沿着最大 K_1 的方向扩展，因此主要讨论短轴方向的 K_1 值。

$$K_1 = \frac{\sigma\sqrt{\pi a}}{\phi} \tag{10.2-3}$$

若考虑相邻预留缝的影响，所得到的应力强度因子 K_1 将比单个预留缝的 K_1 值增大，其中竖直方向的相邻预留缝主要影响短轴（即竖轴）上的 K_1 值，水平方向的相邻缝主要影响长轴上的 K_1 值。相邻预留缝的影响可用强度因子修正系数 λ 来表示，在式 (10.2-3) 短轴方向的 K_1 中乘以 λ，可得诱导缝的最大应力强度因子为

$$K_1 = \lambda\frac{\sigma\sqrt{\pi a}}{\phi} \tag{10.2-4}$$

其中
$$\lambda = \left(\frac{2b}{\pi a}\tan\frac{\pi a}{2b}\right)^{1/2} \tag{10.2-5}$$

λ 的大小与 a/b 之值有关：当 $a/b = 0.2$，即每 5 层碾压有 1 层设预留缝时，$\lambda =$

1.016。此时若不考虑相邻预留缝的作用，而按单个预留缝处理，所引起的误差不超过 2%。

在断裂力学中，代表裂缝顶端应力强弱程度的不是某一点的应力值，而是包含远场应力 σ 和预留缝尺寸 a 两个因素的应力强度因子 K_1。当预留缝尺寸为已知时，K_1 随 σ 增大而增大，直到 K_1 达到断裂极限值 K_{1c}（称为材料的断裂韧度），裂缝开始失稳扩展；这时诱导缝的远场应力 σ 也达到了它所能承受的最大值，用等效强度 f_{eq} 表示。把 $K_1 = K_{1c}$ 和 $\sigma = f_{eq}$ 代入式（10.2－4），得到：

$$f_{eq} = \frac{\phi K_{1c}}{\lambda \sqrt{\pi a}} \qquad (10.2-6)$$

用混凝土本体的抗拉强度 f_t 除式（10.2－6），就得到等效强度的相对值为

$$\frac{f_{eq}}{f_t} = \frac{\phi}{\lambda \sqrt{\pi a}} \cdot \frac{K_{1c}}{f_t} \qquad (10.2-7)$$

式中 f_{eq}/f_t 为断裂韧度强度的比值，简称韧强比，它实际上反映了材料的开裂敏感度。当 f_{eq}/f_t 很小时，诱导缝的等效强度 f_{eq}/f_t 较低，材料极易被拉裂；反之，当 f_{eq}/f_t 很大时，f_{eq}/f_t 的值也大，材料就较难拉裂。

在式（10.2－6）中，当 $a/c < 0.1$ 和 $a/b < 0.2$ 时，$\lambda \to 1$，$\phi \to 1$，就得到穿透型单裂缝体（只有一个预留裂缝，它的长度 $2c$ 很大，例如 $2c =$ 坝厚，即从坝上游面一直穿透到坝下游面）的等效强度表达式为

$$\frac{f_{eq}}{f_t} = \frac{1}{\sqrt{\pi a}} \frac{k_{1c}}{f_t} \qquad (10.2-8)$$

如图 10.2－3 所示，根据混凝土的变形特性，作出了裂缝顶端应变软化区的应力分布图形。裂缝的长度为 $2a$，按线弹性断裂力学计算出的缝端应力 σ_y 用曲线 ABC 表示。由于 AB 段的应力大于抗拉强度 f_t，缝端附近混凝土的应变软化作用将使刚度下降和变形增大，其效果相当于裂缝长度由原来的 $2a$ 向两侧各推进 r_y，修正后的有效裂缝长度 $2a' = 2(a + r_y)$。应变软化区的范围为 DF，其中 F 点处于混凝土刚开始进入应变软化阶段，该点应力 $\sigma_y = f_t$，D 点处于应变软化的最后阶段，该点应力 $\sigma_y = 0$；假设 DF 段的应力变化为抛物线形；软化区以外仍处于线弹性应力状态，其应力分布可用 $\sigma_y = K_{1c} 2\pi(r - r_y)$。由力的平衡条件，面积 DFH 应等于面积 $EFHG$，即

$$\int_0^R \sigma_{y1} \, \mathrm{d}r = \int_{r_y}^R \frac{K_{1c}}{\sqrt{2\pi(r - r_y)}} \mathrm{d}r$$

$$\frac{2}{3} R f_t = \sqrt{\frac{2}{\pi}} K_{1c} \sqrt{R - r_y}$$

$$(10.2-9)$$

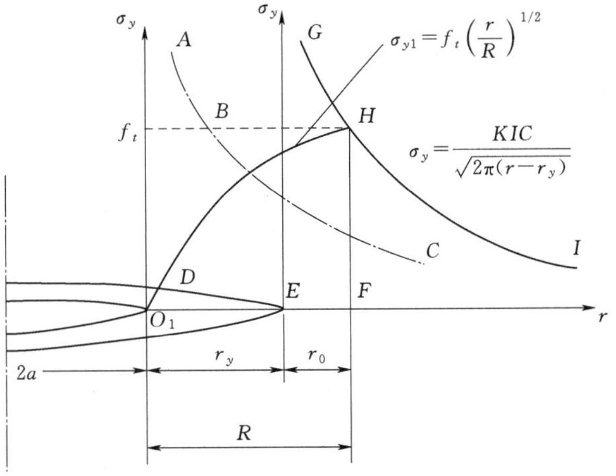

考虑到

图 10.2－3　混凝土的应变软化区计算图形

$$R - r_y = r_0 = \frac{1}{2\pi}\left(\frac{K_{1c}}{f_t}\right)^2 \tag{10.2-10}$$

可得

$$R = \frac{3}{2\pi}\left(\frac{K_{1c}}{f_t}\right)^2$$

$$r_y = \frac{1}{\pi}\left(\frac{K_{1c}}{f_t}\right)^2 \tag{10.2-11}$$

式（10.2.11）给出了因混凝土应变软化而引起的裂缝长度修正值 r_y。用修正后的有效裂缝长度 $2(a+r_y)$ 代替原来的裂缝长度 $2a$，代入式（10.2-8）可得穿透型单裂缝体的等效强度。

$$\frac{f_{eq}}{f_t} = \frac{1}{\sqrt{\pi(a+r_y)}}\frac{K_{1c}}{f_t} \tag{10.2-12}$$

诱导缝中两相邻预留缝之间的间距 $2b$ 对等效强度有一定影响；间距 $2b$ 越小，等效强度 f_{eq}/f_t 也越小。考虑相邻缝的影响修改后，等效强度可表示为

$$\frac{f_{eq}}{f_t} = \frac{1}{\lambda}\frac{1}{\sqrt{\pi(a+r_y)}}\frac{K_{1c}}{f_t} \tag{10.2-13}$$

$$\lambda = \left[\frac{2b}{\pi(a+r_y)}\tan\frac{\pi(a+r_y)}{2b}\right]^{1/2} \tag{10.2-14}$$

10.3 诱导缝的布置

10.3.1 诱导缝的开裂判别式

图 10.3-1 是一个水平拱圈的应力分布示意图。假设最大拉应力 σ_a 发生在拱端的 a 断面，诱导缝位于 i 断面，其上游面的应力为 σ_i，$\sigma_i < \sigma_a$。用 f_t 表示坝体混凝土的设计强度，f_{eq} 表示诱导缝的等效强度。为使 i 断面等于 a 断面开裂，在应力 σ_i 与 σ_a 之间应满足判别式。

$$\frac{\sigma_i}{\sigma_a} > \frac{f_{eq}}{f_t} \tag{10.3-1}$$

式（10.3-1）的意义可以理解为：诱导缝断面上的应力 σ_i 必须足够大，它与坝体中最大拉应力 σ_a 的比值必须大于诱导缝强度 f_{eq} 与混凝土强度 f_t 的比值；只有满足了这一条件，诱导缝才能首先开裂。

反之，如果式（10.3-1）的条件不满足，出现 $\sigma_i/\sigma_a < f_{eq}/f_t$ 的情形，在诱导缝断面开裂前拱端将先出现裂缝。这种情况下诱导缝就失去了它应有的作用。

考虑到式（10.3-1）的各项中坝体和诱导缝的强度都有离散性，应力计算和等效强度计算又都包含一定误差，所以在该式右端乘以一个大于 1 的系数 K，然后用等式表示诱

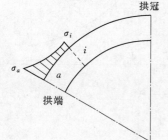

图 10.3-1　拱端附近应力分布

导缝的开裂条件，即

$$\frac{\sigma_i}{\sigma_a} > K \frac{f_{eq}}{f_t} \tag{10.3-2}$$

K 为安全系数，$K f_{eq}/f_t$ 为诱导缝的开裂应力比。K 越大，诱导缝作用的可靠度越高，但所需作用在缝断面上的应力也越大，这就要求缝面更加贴近拱坝的最大拉应力断面，从而使诱导缝的布置受到更大限制。因此，安全系数 K 的选择应该兼顾诱导缝作用的可靠性和有利于缝断面布置这两方面的要求。

在组成开裂判别式的各个因素中，坝体应力和诱导缝强度的计算值都可能出现误差，都会影响诱导缝的作用。但为简化分析，以下着重讨论最主要的变化因素：即混凝土强度的变异性对诱导缝作用可靠度的影响。

从概率论的观点，诱导缝上某点的实际强度 f_{eq} 和坝体中最大拉应力点的实际强度 f_t 可以看成是两个不同的随机变量。用一个状态随机变量 z 表示诱导缝的作用状态，即

$$z = \frac{\sigma_i}{\sigma_a} f_t - f_{eq} = X_1 - X_2 \tag{10.3-3}$$

当 $z > 0$ 时，表示 f_{eq} 小于临界值 $\sigma_i f_t/\sigma_a$，此时诱导缝可以发挥预期作用。上式中 x_1 和 x_2 也是随机变量，假设它们相互独立并服从正态分布。x_1 和 x_2 的概率密度函数为

$$p(x_1) = \frac{1}{\sqrt{2\pi} S_1} \exp\left[-\frac{(x_1 - m_1)^2}{2 S_1^2}\right]$$

$$p(x_2) = \frac{1}{\sqrt{2\pi} S_2} \exp\left[-\frac{(x_2 - m_2)^2}{2 S_2^2}\right] \tag{10.3-4}$$

式中 m_1、m_2 和 S_1、S_2 分别为 x_1、x_2 的均值和标准差。z 为 x_1 与 x_2 的线性组合，因而也服从正态分布，其均值 $m_z = m_1 - m_2$，标准差 $S_z = S_1^2 + S_2^2$。诱导缝作用的可靠度用概率 P 表示，有

$$P = P(z > 0) = \int_0^\infty \frac{1}{\sqrt{2\pi} S_z} \exp\left[-\frac{(z - m_z)^2}{2 S_z^2}\right] dz \tag{10.3-5}$$

引入标准化变量 $t = (z - m_z) S_z$，则 $dz = S_z dt$，代入式（10.3-5），可得

$$P = \int_{-m_z/s_z}^\infty \frac{1}{\sqrt{2\pi}} \exp\left(-\frac{t^2}{2}\right) dt$$

$$= 1 - \Phi\left(\frac{m_z}{S_z}\right)$$

$$= 1 - \Phi(\beta) = \Phi(-\beta) \tag{10.3-6}$$

$$\beta = \frac{m_z}{S_z} = \frac{m_1 - m_2}{\sqrt{S_1^2 + S_2^2}} \tag{10.3-7}$$

$$m_2 = \frac{1}{K} m_1 \tag{10.3-8}$$

$$\left.\begin{aligned} S_1 &= m_1 v \\ S_2 &= m_2 v = \frac{1}{K} m_1 v \end{aligned}\right\} \tag{10.3-9}$$

令 v 代表混凝土抗拉强度的变异系数。由式（10.3-8）和式（10.3-9）代入式（10.3-7），则得

$$\beta = \frac{K-1}{\sqrt{K^2+v}} \qquad (10.3-10)$$

在此暂取 $v=0.15\sim0.20$。把不同的 K 值代入上式得到 β 值，再查标准正态分布表，即可得出诱导缝首先开裂的可靠度，结果见表 10.3-1。表中后两行是取混凝土的韧强比 $K_{1c}/f_t=0.6m^{1/2}$，按沙牌拱坝的诱导缝断面的等效强度 f_{eq}，计算出的 Kf_{eq}/f_t，这便是诱导缝布置所必须满足的开裂应力比。

表 10.3-1　　沙牌拱坝诱导缝作用的可靠度 P 和缝断面的开裂应力比 Kf_{eq}/f_t

K		1.0	1.1	1.2	1.3	1.4	1.5	
P	$v=0.15$	0.5	0.673	0.803	0.889	0.939	0.968	
	$v=0.20$	0.5	0.631	0.739	0.820	0.877	0.917	
Kf_{eq}/f_t	诱导缝原断面	0.557	0.612	0.668	0.724	0.779	0.835	
	有边缘切口	0.299	0.329	0.335	0.389	0.419	0.449	

对表 10.3-1 的计算结果进行分析，可以得到以下几点结论：

（1）诱导缝强度的安全系数 K 越大，其发挥作用的可靠度也越大。若把诱导缝作用的可靠度定在 $P=90\%$，则强度安全系数 K 应取 1.4 左右。

（2）当 K 增大时，Kf_{eq}/f_t 随之增大，诱导缝断面必须具有更大拉应力和更加靠近最大应力断面才能满足开裂判别式的要求，这就给诱导缝布置增加了困难。所以，安全系数 K 不可能取得太高。

（3）降低诱导缝的等效强度可以改善它的开裂条件。例如，在 $K=1.4$ 时，原设计的诱导缝（无边缘切口）$Kf_{eq}/f_t=0.779$，缝面上必须有很大拉应力才能张开；但若在诱导缝的上下游面各设一条 0.9m 的边缘切口，Kf_{eq}/f_t 降为 0.419，只需较小的应力就能把诱导缝拉开。

10.3.2　诱导缝的合理布置

诱导缝的布置与坝体中的拱应力分布有关。在拱冠两侧大部分区域内，拱应力变化较缓慢，各断面的应力值相差较小，诱导缝的间距可以大一些。而拱端附近的应力急剧变化。诱导缝必须缩小缝距，尽量靠近拱端高应力区，让缝面承受足够大的拉应力而被拉开。图 10.3-2 是根据沙牌拱坝三维有限元计算的库空情况下拱向拉应力所作出的拱端附近应力变化曲线，应力值用拱端最大应力的百分数表示。曲线呈迅速下降的趋势，距拱端越远，应力越小，在离开拱端 15~20m 处，拱向拉应力已降低到拱端应力的 40%~60% 左右。

取诱导缝的等效强度比 $f_{eq}/f_t=0.5\sim0.6$，按诱导缝的开裂判别式，可由图 10.3-2 的应力变化曲线找出缝断面的合理位置，其与拱端间的距离应不超过 15~20m。

空库时缝断面上的拉应力较大，诱导缝较容易被拉开，是影响诱导缝布置的主要因素。满库时拱坝中仅有拱端附近局部受拉，拉应力区很小，诱导缝断面上不承受拉应力或

只有很小拉应力，不可能被拉开。由此看来，如果水库长期保持较高水位运行，拱坝下部将受较大水载压应力，这部分诱导缝就很难发挥作用。

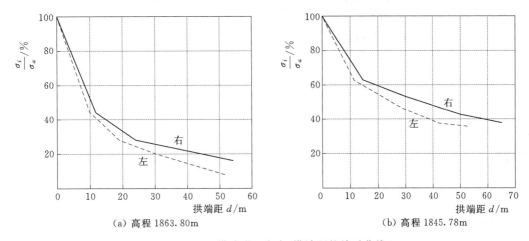

（a）高程 1863.80m   （b）高程 1845.78m

图 10.3-2　拱端附近应力-拱端距的关系曲线

10.4　混凝土时间非线性弥散裂缝模型

本书采用分布裂缝模型模拟诱导缝的开裂行为。该模型不是直观地模拟裂缝，而是在力学上模拟裂缝的作用，分布裂缝模型假定在单元内产生很大平行的裂缝，在裂缝表面上不能承受拉应力，但在平行于裂缝方向，可以继续承受拉应力。在建立刚度矩阵时，考虑裂缝的影响后，在垂直于裂缝的方向，弹性模量等于 0，在平行于裂缝方向，仍保持原来的弹模。由于裂缝扩展后不必修改计算网格，只要改变单元的力学参数，在程序实现上比较方便。诱导缝属于张开 I 型裂缝，可以采用裂缝扩展的临界条件判断诱导缝是否继续开裂：

$$K_I \leqslant K_{IC} \tag{10.4-1}$$

式中　　K_I——诱导缝端应力强度因子；

　　　　K_{IC}——断裂韧度。

文献建议的计算混凝土断裂韧度的公式为

$$K_{IC} = 0.285 k R_t \tag{10.4-2}$$

对于大体积混凝土 $k = 1.9$，R_t 为混凝土抗拉强度。

由于在施工过程中，诱导缝的开裂长度将发生变化，因此不能采用固定网格形式的缝端奇异单元模拟诱导缝，本书采用 Bazant 提出的钝裂缝带模型。假定裂缝扩展前的应力为 $\{\sigma^0\} = [\sigma_x^0 \quad \sigma_y^0 \quad \sigma_z^0 \quad \tau_{xy}^0 \quad \tau_{yz}^0 \quad \tau_{zx}^0]$，应变为 $\{\varepsilon^0\} = [\varepsilon_x^0 \quad \varepsilon_y^0 \quad \varepsilon_z^0 \quad \gamma_{xy}^0 \quad \gamma_{yz}^0 \quad \gamma_{zx}^0]^T$，缝扩展长度为 Δa，扩展单元的体积为 ΔV，结构总体积为 V，表面外力为 $\{p^0\} = \{p_x \quad p_y \quad p_z\}^T$，受外力作用的表面积为 S，裂缝扩展前后扩展单元的体积为 ΔV 内的应变能的变化为

$$\Delta \prod_{\Delta V} = \frac{1}{2} \int_{\Delta V} (\{\varepsilon\}^T [D_c] \{\varepsilon\} - \{\sigma^0\}^T \{\varepsilon^0\}) dV \tag{10.4-3}$$

整个结构在裂缝前后的势能变化为

$$\Delta \Pi = \Delta \Pi_{\Delta V} + \frac{1}{2} \int_{V-\Delta V} (\{\sigma\}^T \{\varepsilon\} - \{\sigma^0\}^T \{\varepsilon^0\}) \mathrm{d}V - \int_S \{p^0\}^T (\{r\} - \{r^0\}) \mathrm{d}S$$

$$(10.4-4)$$

式中 $\{r^0\} = \{u^0 \quad v^0 \quad w^0\}^T$——裂缝扩展前结构表面位移；

$\{r\} = \{u \quad v \quad w\}^T$——裂缝扩展后结构表面位移。

因此能量释放率 G 可以由下式求出：

$$G = \frac{\Delta \Pi}{\Delta a} \qquad (10.4-5)$$

然后根据能量释放率与应力强度因子之间的关系，对于 I 型裂缝有

$$K_I = \sqrt{GE'} \qquad (10.4-6)$$

其中 $$E' = E/(1-\mu^2)$$

诱导缝开裂分析的基本思路是：在每一个荷载步计算完毕后，就对诱导缝单元进行裂缝扩展的临界判断，如果发现某一时刻诱导缝单元的缝端应力强度因子大于其断裂韧度，认为诱导缝将继续裂开，在计算时将其拉应力释放，再把已释放拉应力单元的拉应力作为等效结点力荷载反向施加在诱导缝相邻的单元上，逐步迭代，直到满足裂缝扩展的临界条件为止，最后可得到混凝土开裂宽度，以此可作为诱导缝的长度。

为了了解大体积混凝土坝在施工过程中间以及从施工期至运行期中间由于温度应力引起的裂缝发生、扩展过程，针对现有弹性徐变温度应力分析理论的不足，提出了一种具有时间效应的混凝土非线性本构模型来模拟温度应力的发展变化过程，及时跟踪温度拉应力超标部位，如果超过混凝土的抗拉强度，则应用时间非线性弥散裂缝模型模拟温度裂缝的宏观发生、扩展过程。非线性弥散裂缝模型用弥散于一定体积内的微裂缝来代替宏观裂缝，用局部修正非线性物理方程来描述裂缝对结构的影响，不用改变结构的几何模型。该模型对描述宏观裂缝的精度不如离散裂缝模型，裂缝的间距和宽度不能直接计算，但不必预先知道开裂范围，且裂缝扩展方向不受网格划分的限制，因而能自动的连续计算和跟踪裂纹的扩展方向。

本章采用 William – Warnke 五参数准则判断混凝土的屈服，采用混凝土弥散裂缝模型模拟其开裂行为，然后根据能量释放率计算诱导缝的缝端应力强度因子，并通过混凝土断裂韧度临界开裂条件判断混凝土是否开裂，在考虑彭水水电站坝体碾压混凝土坝的实际碾压浇筑过程的基础上，利用三维瞬态有限元方法对大坝整体施工期至运行期的温度应力及综合应力进行了仿真分析，得出如下结论：

（1）碾压混凝土重力坝施工期的温度荷载是主要荷载，对坝体混凝土的开裂具有重要影响，因此研究大坝诱导缝的开裂必须以温度仿真的结果为基础。

（2）混凝土的断裂韧度与抗拉强度有关，而抗拉强度随混凝土的龄期而变化，因此不同的龄期的混凝土需采用相应的混凝土断裂韧度。

（3）混凝土断裂韧度临界开裂条件较好地判断了混凝土开裂。计算结果表明，坝体的上游面诱导缝缝端应力强度因子局部超过混凝土的断裂韧度，诱导缝发生开裂，相应的缝端局部单元的应力强度因子逐渐减小。

（4）诱导缝的裂开明显地减小了坝段中部区域的拉应力；随着高程的增加，诱导缝缝端应力强度因子也逐渐减小。

（5）根据诱导缝的开裂分析结果，建议了诱导缝的设置长度。

10.5 高拱坝施工期横缝接触模型及横缝开合度模拟方法

随着国家对水电资源开发力度的加大，我国近几年来一大批大型特大型水电站陆续上马，一批 300m 级高拱坝即将开工建设。高拱坝的施工周期都很长（有的长达 6～7 年），因此其封拱和蓄水是一个持续时间较长的动态过程，同时施工期坝体的温度场变化和温度应力也是一个动态的过程，蓄水过程的变化将影响温度场和应力场的变化，温度场的变化也将影响大坝的应力变形状态，也即与横缝的工作性态直接相关；反过来，假如施工期横缝的开合度不满足封拱灌浆得要求，就必须采取工程措施，比如对坝块的浇筑过程、大坝封拱过程和蓄水过程进行适当调整，以满足灌浆要求，这样坝体的浇筑过程、封拱过程和蓄水过程的变化又将影响大坝施工期的温度场。所以高拱坝施工期的横缝工作性态十分复杂，不仅与大坝本身的体形、材料、荷载有关，还与封拱和蓄水过程、温度场变化过程有关。横缝封拱灌浆后，相邻的坝段被联结在一起共同受力，但灌浆后的横缝部位仍然是一薄弱部位，在后期水压力和温度应力以及地震荷载的作用下，横缝将有再次被拉开的可能。总之，施工期高拱坝横缝在灌浆前工作在一种传压传剪不抗拉的面-面接触状态，灌浆后由"缝"变成"薄层水泥石"，且在横缝法向表现为弱拉性质。

对施工期高拱坝的横缝工作性态的真实模拟意义重大，这是因为如果拱坝封拱前的横缝开合度模拟计算或者预测不准确，对临灌浆前的横缝开合度是否满足灌浆要求以及横缝灌浆后是否又被拉开而需要进行二次重复灌浆的判断将会出现偏差，再加上拱坝的横缝本身的宽度很小（0.1mm 的量级），数值仿真中任何一种简化模拟方法带来的计算误差都有可能掩盖横缝真实的变形状态。用简化计算方法（不考虑横缝的真实工作性态）对施工期的横缝开合度进行仿真模拟将失去其研究意义。

经过国家"八五""九五"两次重点科技攻关，目前我国在高拱坝的温度仿真计算方面取得了丰富的成果，在降低仿真模型规模方面都起到了很好的作用。文献［6］在混凝土拱坝横缝开度三维仿真计算研究方面做了一些有益的探索，采用全过程仿真黏弹性空间有限单元法对混凝土拱坝横缝开度进行了计算研究，得出了横缝开度随时间变化的情况，但是在计算时没有考虑坝体和坝基的非线性特性，且采用非线性接缝单元模拟横缝的张拉和压闭作用的方法有待进一步改进。文献［7］在考虑混凝土材料非线性和横缝接触非线性的基础上对沙牌拱坝诱导缝进行结构分析，研究了横缝下游宽度变化对拱坝工作性态的影响。文献［8］利用商业有限元软件 MSC 中的接触单元分析了拱坝在静水压力作用下横缝中存在的各种间隙对坝体结构受力的影响。文献［9］采用有限厚度带键槽三维实体接缝单元，分析了接缝的初始间隙和接缝附近的应力和接触状况，得出了灌浆以后仅仅由于浆体收缩而产生的初始间隙很小的结论。文献［10］采用 Fenves 接触单元模型对小湾拱坝在地震作用下的横缝非线性特性进行了深入细致的研究，首次采用实际横缝间距和最多达到 25 条的横缝模拟条数对小湾拱坝进行非线性地震分析，提出要得到符合实际的横缝张开度，必须在拱坝关键部位以真实间距模拟横缝，并保证一定的模拟条数。文献［11－14］先后提出了基于增强拉格朗日算法的各种罚函数算法，并将其应用于线弹性有限元分析中模拟有间隙的接触问题，算例表明该算法具有数值计算稳定、收敛快的特点。文献［15－17］在线弹性有限元分析的基础上将增强拉格朗日算法扩展到材料非线性和几何非线性接触问题中，开发出能模拟有间隙的接触问题非线性接触单元，并将应用于丹江口二期加高的分析中，计算结果表明，非线性接触单元可以很好地模拟温度作用下接触缝的张拉和压闭作用。

本书将在已有研究成果的基础上，综合考虑横缝在施工期的真实工作性态以及影响横缝开合度的各种因素，包括施工期温度场和应力场的复合效应、封拱过程、蓄水过程、大坝混凝土和地基的非线性特征，综合非线性接触单元模拟横缝的张拉和压闭作用和三维非线性有厚度薄层单元模拟封拱灌浆过程的特性，提出一种可以模拟高拱坝施工期横缝灌浆过程真实工作性态的接触-接缝复合单元，并详细介绍其单元特性和具体的数值实施步骤，最后编制数值程序装配进现有的有限元程序，对一个具体的工程实例进行数值仿真模拟计算，以验证该复合单元的可行性和实用性。

10.6　接触摩擦模型

10.6.1　接触摩擦算法

高拱坝灌浆前横缝的工作性态是一个典型的面-面接触问题。由于接触问题本质上是非线性的，在求解之前不知道接触区域，并且接触面之间的状态（分离、黏合、滑动）是未知的，它随荷载、材料、边界条件以及其他因素的变化而变化；当接触面之间接触后，需要计算摩擦力，而摩擦问题也是非线性的。由于接触问题是一种高度的非线性问题，需要较大的计算资源，因此，必须建立一种高效的数值稳定的接触算法。

目前接触问题的求解方法主要还是采用数值方法。一般是利用变分原理用有限元或边界元进行离散，然后构造合适的迭代格式进行迭代或者数学规划方法求解。数学规划中罚函数法是一种广泛使用的方法，然而其致命弱点是计算结果对惩罚系数太敏感，对复杂的接触问题容易导致收敛困难。由于有摩擦接触问题可以表示成一个标准的凸二次规划模型，而对于凸二次规划问题目前已经有比较成熟的算法，所以本书在此基础上采用一种基于扩展拉格朗日方法的序列二次规划法（SQP）求解形如凸二次规划问题的非线性接触问题。

非线性接触问题与常规的弹塑性有限元问题一样，其定解条件包括有限元平衡方程、边界条件、材料本构模型、摩擦模型以及接触约束条件等。其中接触条件包括 3 种状态，即分离、黏合，滑动，对于黏合和滑动状态接触面的位移必须满足非穿透条件：

$$Nu-g \leqslant 0 \tag{10.6-1}$$

式中　u——变位；

　　　N——接触面法线方向；

　　　g——初始接触间隙。

由弹塑性接触分析的最小位能原理：在所有满足求解区域内的应力应变关系和位移边界条件的可能增量位移场中，其真实解使弹塑性系统的总位能取最小值。总位能计算公式为

$$\Pi = \Pi \left(\varepsilon_{ij}, u_i, \lambda \right) = \int_V \left(\frac{1}{2} D_{ijkl} \varepsilon_{ij} \varepsilon_{kl} - \overline{f}_i u_i \right) dV - \int_S \overline{T}_i u_i dS - \lambda^T C\{u\} \qquad (10.6-2)$$

式中　$\overline{f}_i$——体积力；

　　　$\overline{T}_i$——边界上的面力；

　　　C——约束矩阵；

　　　λ——拉格朗日乘子向量。

将式（10.6-2）用矩阵的方式表示为

$$\Pi(\mu, \lambda) = \frac{1}{2} u^T K u - u^T F - \lambda^T C u \qquad (10.6-3)$$

式中　u——变位；

　　　K——刚度矩阵；

　　　F——结点荷载向量；

　　　C——约束矩阵；

　　　λ——拉格朗日乘子向量。

由变分原理：

$$\delta \Pi(u, \lambda) = 0 \qquad (10.6-4)$$

可以得到：

$$K u = F \qquad (10.6-5)$$

$$C u = 0 \qquad (10.6-6)$$

式（10.6-5）和式（10.6-6）就是由最小位能原理及变分原理得到的非线性接触分析的有限元求解方程和接触边界条件，通过它们就可以采用迭代法获得问题的解。

由于迭代法的计算效率较低，因此本书采用效率高而且收敛较快的基于 SQP 二次规划法建立非线性接触分析问题的数学模型。假设 u^*、λ^* 为问题式（10.6-4）的真实解，则基于式（10.6-3）的弹塑性接触分析的最小位能原理可以表示为

$$\Pi(u, \lambda) = \frac{1}{2} u^T K u - u^T F + \lambda^T C u \geqslant \Pi(u^*, \lambda^*) \qquad (10.6-7)$$

那么式（10.6-7）通过有限元离散可以得到一个等价的二次规划问题：

$$\left. \begin{array}{ll} \min & \dfrac{1}{2} u^T K u - u^T F - \lambda^T C u \\[2mm] \text{s. t.} & C u = 0 \end{array} \right\} \qquad (10.6-8)$$

10.6.2　基于扩展拉格朗日算法的接触单元

图 10.6-1 给出了横缝接触单元模型的示意。图中左右两个拱坝坝块 A 和 B 分别是横缝两侧的六面体等参实体单元。在两个实体单元的接触界面 1234 和 5678 上布置接触点

对，使实体单元边界与接触边界相重合，并将位于接触界面上的节点（1～8）作为接触点对组成接触单元。

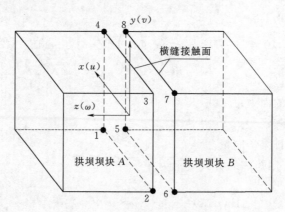

图 10.6 - 1 横缝接触单元模型

根据弹塑性接触分析的最小位能原理导出的二次规划问题列式 [式（10.6 - 8）]，接触单元的两侧接触点对在局部坐标系中的相当位移和接触应力分别为

$$\{\Delta\delta\}^e=[\Delta u_1,\Delta v_1,\Delta w_1,\Delta u_2,\Delta v_2,\Delta w_2,\Delta u_3,\Delta v_3,\Delta w_3,\Delta u_4,\Delta v_4,\Delta w_4]^T$$
$$(10.6 - 9)$$

$$\{\Delta\sigma\}^e=[\Delta\sigma_1,\Delta\tau_1,\Delta\sigma_2,\Delta\tau_2,\Delta\sigma_3,\Delta\tau_3,\Delta\sigma_4,\Delta\tau_4]^T \qquad (10.6 - 10)$$

式中 Δu、Δv、Δw——局部坐标系中 3 个方向的相对位移分量；

$\{\Delta\sigma\}^e$、$\{\Delta\tau\}^e$——接触节点的法向正应力和切向摩擦应力。

横缝接触单元相对应于 3 种实际工作的接触状态，即分离、黏合、滑动，在上述基于扩展 Lagrange 乘子法求解横缝间的接触问题时按以下方式考虑：

1. 分离状态

当接触面法向应力大于 0（因为灌浆前横缝间不存在抗拉强度）时，接触面自然张开，此时接触单元的接触对的相对位移和接触应力分别为（假设接触对 15 和 48 处于分离状态）

$$\{\Delta\delta\}^e=[\Delta u_1,\Delta v_1,\Delta w_1,\cdots,\Delta u_4,\Delta v_4,\Delta w_4]^T \qquad (10.6 - 11)$$
$$\{\Delta\sigma\}^e=[0,0,\cdots,0,0]^T \qquad (10.6 - 12)$$

2. 黏合状态

当法向应力小于 0（接触面间的应力为压应力）时，接触面处于黏合状态，此时接触单元的接触对的相对位移和接触应力分别为（假设接触对 15 和 48 处于黏合状态）

$$\{\Delta\delta\}^e=[\Delta u_1,\Delta v_1,0,\cdots,\Delta u_4,\Delta v_4,0]^T \qquad (10.6 - 13)$$
$$\{\Delta\sigma\}^e=[\Delta\sigma_1,\Delta\tau_1,\cdots\Delta\sigma_4,\Delta\tau_4]^T \qquad (10.6 - 14)$$

其中接触面切向剪应力小于摩尔库伦准则所规定的允许剪应力，允许剪应力为

$$\tau^n=\sigma_n f_n \qquad (10.6 - 15)$$

式中 τ^n——接触面上的剪应力；

f_n——静摩擦系数。

3. 滑移状态

当法向应力小于 0（接触面间的应力为压应力）时，且根据计算的接触面切向剪应力大于摩尔库伦准则所规定的允许剪应力，接触面处于滑移状态。此时接触单元的接触对的相对位移和接触应力分别为（假设接触对 15 和 48 处于滑移状态）

$$\{\Delta\delta\}^e = [\Delta u_1, \Delta v_1, 0, \cdots, \Delta u_4, \Delta v_4, 0]^T \qquad (10.6-16)$$

$$\{\Delta\sigma\}^e = [\Delta\sigma_1, 0, \cdots, \Delta\sigma_4, 0]^T \qquad (10.6-17)$$

接触面的切向滑动摩擦应力为常量，按照动摩擦公式进行计算：

$$\tau^s = \sigma_n f_s \qquad (10.6-18)$$

式中　　f_s——动摩擦系数。

接触面张开时所不能承担的应力和接触面发生滑移时超过抗剪强度的那部分将通过增量迭代转移并重新分配给周围单元。

10.6.3　横缝三维有厚度接缝单元

横缝灌浆后变成了坝块间的一个接缝，下面简要推导有厚度接缝单元的单元刚度矩阵。

对图 10.6-1 中的横缝进行灌浆后就变成了如图 10.6-3 所示的三维实体 8 节点接缝单元，单元的厚度为 t，节点的组成顺序与横缝接触单元完全一致。单元局部坐标系下 z 轴与缝面正交，坐标 x、y 在缝面内。单元内各节点位移分量为

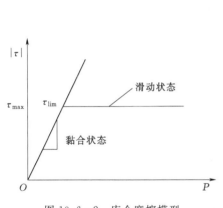

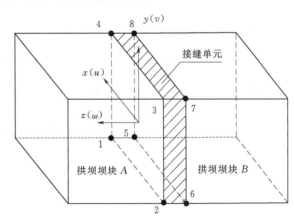

图 10.6-2　库仑摩擦模型　　　　　　图 10.6-3　有限厚度接缝单元

$$\{\delta\}^e = [u_1, v_1, w_1, u_2, v_2, w_2, \cdots, u_8, v_8, w_8]^T \qquad (10.6-19)$$

接缝单元法向两侧节点的位移差可根据接缝单元内 8 个结点的位移分 $\{\delta\}^e$ 利用单元的形函数 $[N]$ 进行内插：

$$\{\Delta\delta\} = \begin{Bmatrix} \Delta u \\ \Delta v \\ \Delta w \end{Bmatrix} = \begin{Bmatrix} u_i - u_j \\ v_i - v_j \\ w_i - w_j \end{Bmatrix} = [N]\{\delta\}^e \qquad (10.6-20)$$

其中 $i=1\sim4$，$j=5\sim8$。

单元内任一点应变为

$$\{\varepsilon\} = \begin{Bmatrix} \gamma_{zx} \\ \gamma_{zy} \\ \sigma_z \end{Bmatrix} = \frac{1}{t} \begin{Bmatrix} \Delta u \\ \Delta v \\ \Delta w \end{Bmatrix} = [B]\{\delta\}^e \tag{10.6-21}$$

$$[B] = \frac{1}{t}[N] \tag{10.6-22}$$

单元内任一点应力为

$$\{\sigma\} = \begin{Bmatrix} \tau_{zx} \\ \tau_{zy} \\ \sigma_z \end{Bmatrix} = [D](\{\varepsilon\} - \{\varepsilon_0\}) = \frac{1}{t}[D]\left[\begin{Bmatrix} \Delta u \\ \Delta v \\ \Delta w \end{Bmatrix} - \begin{Bmatrix} \Delta u_0 \\ \Delta v_0 \\ \Delta w_0 \end{Bmatrix}\right] \tag{10.6-23}$$

式中 Δu_0、Δv_0、Δw_0——初始位移差。

弹性矩阵为

$$[D] = \begin{bmatrix} G_x & 0 & 0 \\ 0 & G_y & 0 \\ 0 & 0 & E_z \end{bmatrix} \tag{10.6-24}$$

式中 G_x、G_y——接缝单元缝面的切向模量；

E_z——法线方向的弹性模量。

单元弹性刚度矩阵为

$$[k]^e = \frac{1}{S}\iint [N]^T[D][N] \mathrm{d}x \mathrm{d}y \tag{10.6-25}$$

如果接缝单元在局部坐标系中沿法向 z 轴方向开裂，裂开后局部坐标系应力分量 σ_z 等于 0 或者等于缝隙水压力 $-p$，因此在局部坐标系中，单元应力应变关系可以表示为

$$[D] = \begin{bmatrix} G_x & 0 & 0 \\ 0 & G_y & 0 \\ 0 & 0 & 0 \end{bmatrix} \tag{10.6-26}$$

式中 $[D_c]$——混凝土开裂矩阵。

接缝单元混凝土开裂将产生释放应力 $\{\sigma_R\}$，在有缝隙水压力的情况下局部坐标系中释放应力的表达式为

$$\{\sigma\} = \begin{Bmatrix} \tau_{zx} \\ \tau_{zy} \\ \sigma_z - p \end{Bmatrix} \tag{10.6-27}$$

释放应力引起的等效结点荷载将重新分布到附近的单元中去，等效结点力的表达式为

$$\{\Delta P_R\} = \int [B]^T \{\sigma_R\} \mathrm{d}V \tag{10.6-28}$$

10.6.4 接触-接缝复合单元格式

考虑到高拱坝的实际施工浇筑过程，在坝体有限元网格划分时，对于封拱灌浆前拱坝的横缝采用前述的接触单元模拟，在相邻坝段单元的一侧定义接触面单元，在另一侧定义目标单元，组成接触对单元，接触对的分离、黏合或者滑动状态通过接触面上的相对位移

和应力状态（包括法向应力和切向应力）来判断，采用基于增强拉格朗日乘子法的二次规划法逐步迭代求解接触单元的实际接触状态。

灌浆后采用有厚度接缝单元来模拟坝体的横缝，在横缝灌浆结束时刻，接缝单元被激活，接触单元同时将被"杀死"，相邻坝段被联结在一起共同受力，接触单元和接缝单元是处于同一物理位置且具有不同模拟能力的两种单元类型，在描述横缝的工作性态方面具有时间上的连贯性以及受力状态上的继承性，即在横缝灌浆时刻，接缝单元必须继承接触单元的受力状态，并将其带入后续的整体拱坝的工作状态中，而接触单元在灌浆时刻各个节点的实际位置（是指变形后的节点坐标）被转换成灌浆后新生成接缝单元的节点坐标。本书称这种特殊的单元形式为接触-接缝复合单元，在灌浆时刻复合单元具体的转化格式如下面所述。

接触单元各节点的初始坐标（局部坐标系）为

$$\{S\}^e = \{x_1, y_1, z_1, x_2, y_2, z_2, \cdots, x_8, y_8, z_8\}^T$$

灌浆时刻接触单元各节点的变位为

$$\{\delta\}^e = [u_1, v_1, w_1, u_2, v_2, w_2, \cdots, u_8, v_8, w_8]^T$$

则灌浆后的接缝单元初始坐标（局部坐标系）为

$$\{S\}^e = \{x_1+u_1, y_1+v_1, z_1+w_1, \cdots, x_8+u_8, y_8+v_8, z_8+w_8\}^T \quad (10.6-29)$$

灌浆后接缝单元各节点的变位为

$$\{\delta\}^e = [0,0,0,0,0,0,0,0,0,0,0,0,0,0,0,0,0,0,0,0,0,0,0,0,]^T \quad (10.6-30)$$

灌浆时刻接触单元各节点的初应力（由接触单元传递过来）为

$$\{\sigma_i^o\} = [0,0,\sigma_z^o,0,\tau_{yz}^o,\tau_{zx}^o]^T (i=1,8) \quad (10.6-31)$$

10.6.5　小结

（1）在已有研究成果的基础上，考虑横缝在施工期的真实工作性态以及影响横缝开合度的各种因素，在高拱坝横缝灌浆以前，采用基于扩展拉格朗日算法的接触单元模拟横缝间的接触状态，以真实反映灌浆前横缝的只传压传剪而不抗拉的工作性态，灌浆后采用有厚度接缝单元来模拟坝体的横缝。

（2）对于横缝灌浆封拱的施工过程，本书提出了一种新的非线性接触-接缝复合单元，该单元可以模拟横缝在灌浆过程中的变形和受力状态上的转化规律：在横缝灌浆后新生产的接缝单元必须继承接触单元的变形和受力状态，并将其带入后续的整体拱坝的工作状态中，并导出了在灌浆时刻复合单元的具体转化格式。

（3）详细介绍了接触-接缝复合单元的数值实施步骤，编制了数值程序并装配进现有的有限元程序，对一个小湾高拱坝的横缝开合度过程进行了数值仿真模拟计算，计算结果证明了该复合单元的可行性和实用性。

参　考　文　献

［1］　刘茜，张晓飞，张昕，等. 基于温度应力仿真的碾压混凝土拱坝诱导缝开裂分析研究［J］. 水资源与水工程学报，2019，30（1）：183-190，196.

[2] 周华，彭成佳，邹军贤，等 . 伦潭碾压混凝土重力拱坝诱导缝研究 [J]. 中国农村水利水电，2007 (4)：114-116.

[3] 万光义，吴银刚 . 某碾压混凝土拱坝诱导缝布置形式研究 [J]. 人民珠江，2017, 38 (4)：82-85.

[4] 陈浩洁，王蔚楠，吴震宇，等 . 某碾压混凝土拱坝诱导缝应力与开裂研究 [J]. 人民黄河，2015, 37 (5)：128-132.

[5] 周伟，常晓林，刘杏红，等 . 基于温度应力仿真分析的碾压混凝土重力坝诱导缝开裂研究 [J]. 岩石力学与工程学报，2006 (1)：122-127.

[6] 张小刚，宋玉普，吴智敏，等 . 碾压混凝土穿透型诱导缝不同扩展阶段的强度指标试验研究 [J]. 水力发电，2005 (6)：21-23.

[7] 李海枫，杨波，张国新，等 . 碾压混凝土拱坝分缝防裂设计关键问题研究 [J]. 水利学报，2018, 49 (3)：343-352.

[8] 黄志强，王学志，沈新普，等 . 碾压混凝土拱坝双向相邻诱导缝断裂试验与分析 [J]. 水利学报，2010, 41 (2)：198-204.

[9] 顾爱军，王向东 . 碾压混凝土拱坝诱导缝断裂特性研究 [J]. 河海大学学报（自然科学版），2006 (4)：418-421.

[10] 周燕红，徐家奇，何蕴龙 . 碾压混凝土拱坝诱导缝设置研究 [J]. 水电能源科学，2012, 30 (11)：57-60.

[11] 王学志，徐宗超，田傲霜，等 . 碾压混凝土诱导缝等效强度试验的有限元分析 [J]. 混凝土，2011 (7)：10-12.

[12] 毕重，王学志，黄志强，等 . 碾压混凝土诱导缝等效强度试验研究 [J]. 武汉理工大学学报，2009, 31 (8)：10-13.

[13] 孔凡辉，黄元，花俊杰 . 下诱导缝上横缝的碾压混凝土拱坝分缝设计 [J]. 人民长江，2018, 49 (20)：55-59.

[14] 李伟强 . 诱导缝布设形式对碾压混凝土拱坝应力变位的影响 [J]. 河南水利与南水北调，2018, 47 (12)：82-84.

[15] 黄淑萍，凌骐 . 诱导缝在碾压混凝土拱坝中的应用 [J]. 水利水电技术，2006 (3)：46-47.

第 11 章

基于 **DTS** 的温度场重构理论
与实时仿真技术研究

11.1　基于分布式光纤测温技术的温度场重构理论研究

　　结合广西百色水利枢纽碾压混凝土重力坝 5 号、6A 号坝段的具体的施工情况，埋设了不锈钢铠装光纤 8000 余 m，构成了两个坝段三维分布式光纤温度传感立体监测网络，从而实现了大坝混凝土结构的三维温度场的实时监测，能够全面地反映大坝温度场的实际分布，获取大量的温度信息，能准确的反映大坝混凝土的热交换以后的温度状态，但是现有的监测仪器以及监测手段的局限会使监测的结果与实际值存在一定的差异，所以需要寻求一种新的方式或手段，能够考虑监测数据的实时性，又能考虑大坝混凝土的温升基本规律。本章主要是探讨将有限元分析与分布式光纤传感技术的结合，并在实际水电工程中应用，解决水电工程温度场这一重大难题。在理论上取得了一些创新性成果，主要有：温度场的重构，温度场测试可视化技术，温度场的实时仿真技术。

11.2　基于分片光滑插值函数重构理论的研究及应用

11.2.1　基于分片光滑插值函数重构理论的研究

　　尽管分布式光纤测温系统能够得到丰富的温度实测值，但它还是离散点上的温度值（测点的精度为 0.25m，0.5m，1.0m），还不能完全反映整个温度场。而描述温度场的函数是复杂的空间函数，用拟合插值的方法难以达到对整个温度场的准确的描述，还需对温度场反演和重构来得到整个温度场。

　　在温度场的测试值丰富，布点空间饱满，坝体有足够数量的温度计，温度计的测值足以描绘坝体的温度场。该方法可以简便而实时得到温度场的结果。但重构的温度场不能光滑处理。

　　一般的温度场函数是一个具有时空特性的四维函数，难以用解析式来表达的。对于复杂的场函数，有限元理论的分片插值光滑函数来描述是一个非常有效的方法。将整个温度场离散为很多个子域，每个子域为一个单元。每个子域用插值函数即形函数来描述。

　　设形函数 $N_{ij}(x, y, z)$，则子域内的温度场表示为

$$T = \sum_{i=1}^{n} N_i(x,y,z) T_i \tag{11.2-1}$$

由于实际工程的复杂性，将整个温度场离散成单元的子域中，不能保证每个单元均为矩形，且单元的矩形边与整体坐标轴平行。一般的温度场函数不能保证在单元边界上协调连续。为了保证温度场在单元的边界协调连续，应采用等参单元变换形式构成温度场的分片光滑函数模式，即有

$$T = \sum_{i=1}^{n} N_i(\xi,\eta,\zeta) T \quad -1 \leqslant \xi,\eta,\zeta \leqslant 1 \tag{11.2-2}$$

位置坐标的变换为

$$\left. \begin{aligned} x &= \sum_{i=1}^{n} N_i(\xi,\eta,\zeta) x_i \\ y &= \sum_{i=1}^{n} N_i(\xi,\eta,\zeta) y_i \\ z &= \sum_{i=1}^{n} N_i(\xi,\eta,\zeta) z_i \end{aligned} \right\} \tag{11.2-3}$$

若温度场测试点在单元的节点上，则可由式（11.2-2）构成测试的整个温度场。但由于实际情况的复杂性，使得测试点的位置与离散的单元网格的节点不重合，因此，需要将测试点的温度值变换到节点上。当测点位置落入单元内部时或单元的节点落入测试点构成的某个子区域时，由式（11.2-2）和式（11.2-3）可见，测点的位置与其单元的自然坐标 (ξ, η, ζ)，并不能写为显式直接从 (x, y, z) 导出 (ξ, η, ζ)，需要用等参逆变换方式进行变换。

等参逆变换的提法：已知 P 点的整体坐标 (x_p, y_p, z_p) 确定所属单元，并求出其相应的局部坐标 (ξ_p, η_p, ζ_p)。

确定 P 点所属的单元，设某一单元 e 的所有节点的整体坐标分量的最大最小值为 x'_{max}、y'_{max}、z'_{max}、x'_{min}、y'_{min}、z'_{min}，若 P 点坐标满足：

$$x'_{min} \leqslant x \leqslant x'_{max}, y'_{min} \leqslant y \leqslant y'_{max}, z'_{min} \leqslant z \leqslant z'_{max} \tag{11.2-4}$$

则可确定 P 点有可能位于该单元内，但满足上述条件的单元并非唯一，还需进一步判断：如果对单元 e，还满足：

$$|V^e - \sum V_i^e| \leqslant \varepsilon \tag{11.2-5}$$

则可完全确定 P 点位于单元 e 中。

式中　V^e——单元 e 的体积；

　　　V_i^e——以 P 点为顶点的组成 V^e 的各个小五面体的体积；

　　　ε——一很小的正数。

八节点三维等参元的任一单元表面是参数曲线为直线的直纹面，从性质上这类直纹面是双曲抛物面。参数面线为直线的直纹面作为特殊情况可完全由上 4 个节点确定，设 4 个节点为 i、j、k、l 其参数为 u、ω 的直纹面方程为

$$\left. \begin{aligned} x &= x_i + (x_j - x_i)u + \omega[x_k + (x_k - x_e)u - x_i - (x_j - x_i)u] \\ y &= y_i + (y_j - y_i)u + \omega[y_k + (y_k - y_e)u - y_i - (y_j - y_i)u] \\ z &= z_i + (z_j - z_i)u + \omega[z_k + (z_k - z_e)u - z_i - (z_j - z_i)u] \end{aligned} \right\} \tag{11.2-6}$$

整体坐标系下的单元棱边与局部坐标系下的单元棱边一一对应，且棱边的等比率亦一一对应。对于直纹面，整体坐标下棱边的等比率点的连线为直线，单元内任一点 $P(x_p, y_p, z_p)$ 是 3 个"正交"的直纹面的交点，如图 11.2-1 所示，等比率点 x_i、y_i、z_i $(i=9, 10, \cdots, 20)$ 可由已知节点 x_j、y_j、z_j $(j=1, 2, \cdots, 8)$ 表示，以 x 坐标为例：

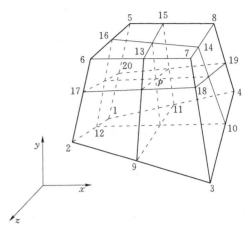

图 11.2-1 空间等参元

$$x_9=x_3-r_1(x_3-x_2), x_{11}=x_4-r_1(x_4-x_1)$$
$$x_{10}=x_3-r_2(x_3-x_4), x_{12}=x_2-r_2(x_2-x_1)$$
$$(11.2-7)$$

等等。

y，z 坐标类似。

(i, j, k, l) 分别取 $(16, 14, 12, 10)$、$(13, 15, 9, 11)$ 和 $(17, 20, 18, 19)$ 得到三组直纹面参数方程。以 $(16, 14, 12, 10)$ 为例，其参数为 u、ω 的直纹面方程为

$$\left.\begin{array}{l}x_p=x_{16}+(x_{14}-x_{16})u+\omega[x_{12}+(x_{10}-x_{12})u-x_{16}-(x_{14}-x_{16})u]\\y_p=y_{16}+(y_{14}-y_{16})u+\omega[y_{12}+(y_{10}-y_{12})u-y_{16}-(y_{14}-y_{16})u]\\z_p=z_{16}+(z_{14}-z_{16})u+\omega[z_{12}+(z_{10}-z_{12})u-z_{16}-(z_{14}-z_{16})u]\end{array}\right\}\quad(11.2-8)$$

将式 $(11.2-8)$ 代入式 $(11.2-7)$ 得

$$\left.\begin{array}{l}A_r+B_xr_2=(C_x+D_xr_2)u+(E_x+F_xr_2)\omega+(G_x+H_xr_2)u\omega\\A_y+B_yr_2=(C_y+D_yr_2)u+(E_y+F_yr_2)\omega+(G_y+H_yr_2)u\omega\\A_z+B_zr_2=(C_z+D_zr_2)u+(E_z+F_zr_2)\omega+(G_z+H_zr_2)u\omega\end{array}\right\}\quad(11.2-9)$$

其中 A_x，B_x，$\cdots$，H_x，A_y，B_y，$\cdots$，H_y，A_z，B_z，$\cdots$，H_z 均为已知值。

$$\left.\begin{array}{l}A_x=x_p-x_6, B_x=x_6-x_5, C_x=x_7-x_6, D_x=x_6-x_5+x_8-x_7\\E_x=x_2-x_6, F_x=x_6-x_5+x_1-x_2, G_x=x_3-x_2+x_6-x_7\\H_x=x_2-x_1+x_5-x_6+x_7-x_8+x_4-x_3\end{array}\right\}\quad(11.2-10)$$

通过式 $(11.2-9)$ 轮换 y、z 得到相应的系数：A_y，B_y，$\cdots$，H_y，A_z，B_z，$\cdots$，H_z。消去参数 u、ω 得到 r_2 的一元 9 次方程为

$$(C_x+D_xr_2)(K_xT_x-R_xM_x)(L_xT_x-M_xS_x)+(E_x+F_xr_2)(R_xL_x-K_xS_x)(L_xT_x-M_xS_x)$$
$$+(G_x+H_xr_2)(R_xL_2-K_xS_x)(K_xT_x-R_xM_x)-(A_x+B_xr_2)(L_xT_x-M_xS_x)^2=0$$
$$(11.2-11)$$

其中：$K_x=(B_xH_y-B_yH_x)r_2^2+(B_xG_y+A_xH_y-B_yG_x-A_yH_x)r_2+A_xG_y-A_yG_x$

$\qquad\quad L_x=(D_xH_y-D_yH_x)r_2^2+(D_xG_y+G_xH_y-D_yG_x-G_yH_x)r_2+C_xG_y-C_yG_x$

$\qquad\quad M_x=(F_xH_y-F_yH_x)r_2^2+(F_xG_y+E_xH_y-F_yG_x-E_yH_x)r_2+E_xG_y-E_yG_x$

$\qquad\quad R_x=(B_xH_z-B_zH_x)r_2^2+(B_xG_z+A_xH_z-B_zG_x-A_zH_x)r_2+A_xG_z-A_zG_x$

$\qquad\quad S_x=(D_xH_z-D_zH_x)r_2^2+(D_xG_z+C_xH_z-D_zG_x-C_zH_x)r_2+C_xG_z-C_zG_x$

$$T_x = (F_x H_z - F_z H_x)r_2^2 + (F_x G_z + E_x H_z - F_z G_x - E_z H_x)r_2 + E_x G_z - E_z G_x$$

用 muller 法求解式 (11.2 - 11),可解出 r_2。

r_2、u、w 须满足 $0 \leqslant r_2 \leqslant 1$、$0 \leqslant u \leqslant 1$、$0 \leqslant \omega \leqslant 1$ 条件,可确定出唯一的实根 r_2,同理可以分别求出 r_1、r_3。

则有

$$\xi_p = 1 - 2r_1, \eta_p = 1 - 2r_2, \zeta_p = 1 - 2r_3 \qquad (11.2 - 12)$$

在 (ξ_p, η_p, ζ_p) 确定之后,可将测点温度值变换到离散的网格节点上。

尽管用等参逆变换的方法可以得到测试区域内的温度场。但是浇筑的混凝土边界的温度场还是得不到,其原因是混凝土边界设置测试点较为困难。而用混凝土内部的测试点外推边界上的温度场,由等参变换原理可知,其误差不可估计。因此,还需要温度场的分布模式来确定边界的温度场。

对式 (11.2 - 1) 所给出的温度场微分方程分析,温度场微分方程是为时间和空间位置的偏微分方程。其中对空间位置的偏微分量,是表现温度场的空间位置的分布,这个分布可通过有限元理论的离散方法获得其分布形式。对边界条件用变分原理,可导出其有限元格式:

$$[C]\{\dot{T}\} + [H]\{T\} = \{Q\} \qquad (11.2 - 13)$$

其中

$$\dot{T} = \frac{dT}{dt}$$

$[C]$——比热矩阵;

$[H] = [H^b] + [H^e]$——热传导矩阵;

$[H^b]$——扩散热传导矩阵;

$[H^e]$——对流面热传导矩阵;

$\{Q\}$——热荷载矢量。

实际上式 (11.2 - 13) 构成了温度场的分布模式。在混凝土内部温度场由测试值获得之后,其边界的温度场可由式 (11.2 - 1) 获得。边界的温度场受环境温度影响较大,当材料的吸热性能及热传导性能较好时,环境温度对材料边界温度场的影响,深入到材料内部的深度较大,反之较小。对于混凝土这种材料,其导热性较差,因此环境温度对材料边界温度影响的区域较小。

由于环境温度对混凝土材料的边界温度场的区域影响较小。这些区域的温度在一个时段内,其温度变化较小,因此 $\{\overline{T}\} = \{0\}$。这样就可以用式 (11.2 - 13) 作为稳定温度场确定边界的温度场分布。其作法为:将混凝土内部测定的温度场做为指定温度代入。以环境温度作为对流边界不考虑 $\{\overline{T}\}$ 的作用,可以近似地得到边界温度场,即

$$[C]\{0\} + \begin{bmatrix} k_{nn} & k_{nb} \\ k_{bn} & k_{bb} \end{bmatrix} \begin{Bmatrix} T_n \\ T_b \end{Bmatrix} = \begin{Bmatrix} Q_n \\ Q_b \end{Bmatrix} \qquad (11.2 - 14)$$

式中　n——内测试区域;

b——边界区域。

$$[k_{bn}]\{T_n\} + [k_{bb}]\{T_b\} = \{Q_b\} \qquad (11.2 - 15)$$

$$[T_b] = [k_{bb}]^{-1}\{Q_b\} - [k_{bb}]^{-1}[k_{bn}]\{T_n\} \qquad (11.2 - 16)$$

$\{T_n\}$ 为测试区域的温度为知的，$\{Q_b\}$ 为边界区域热荷载，对于式（11.2-16），在混凝土浇筑一段时间后，在一定范围内的温度场已经形成了准稳态平衡，因此用式（11.2-16）作边界区域的温度场重构是成立的。

11.2.2 基于分片光滑插值函数重构理论的应用

通过逆变换得到内部温度场，式（11.2-16）对边界温度场的重构可得到整个重构的温度场。从而形成整个温度场的重构。

实测温度场和重构温度场在温度分布上相似，特别是高温区的范围，基本上是一致的。但是实测温度场的等温线有锯齿状，有"孤岛"，说明光纤测温值不能直接应用，需要对该测值进行光滑处理。理想仿真温度场的分布比较有规则，没有考虑到偶然因素的影响，所以理想仿真虽可预测混凝土坝温度场的分布，但还是不能反映混凝土坝温度场的实际分布。

11.3 基于分布式光纤传感技术的实时仿真研究

利用分布式光纤传感技术监测大坝混凝土的实际温度变化规律，掌握混凝土坝的三维温度场，全面了解混凝土坝内温度信息和混凝土的水化热变化规律。利用有限元计算原理对大坝混凝土施工和运行的全过程仿真计算，可以反映碾压混凝土坝分层施工的实际情况，考虑分缝、温度、徐变、自重荷载、水荷载、接缝等各种实际荷载和实际情况，能够计算从开始施工到蓄水运行的坝体温度场、应力场、位移等，反映混凝土坝的各个方面的特性。因为理想仿真的结果与实际的混凝土坝内部的温度的差距较大，所以利用分布式光纤传感技术的监测数据的信息量大和有限元计算的灵活性，探讨将两者结合的一种基于分布式光纤传感技术的实时仿真技术，这项技术可以更加准确的预测混凝土坝内部的温度，为施工期间的温度控制提供依据。

11.3.1 温度场实时仿真理论

由热传导理论，不稳定温度场方程的矩阵形式为

$$[H]\{T\}+[C]\{\dot{T}\}=\{Q\} \tag{11.3-1}$$

式（11.3-1）所描述的温度场反映了温度场是一个具有空间分布的随时间变化的场，每一时刻的温度场与该时刻以前的时间历程有关，将其离散成有限元格式，若假定结构的形式，相应的材料参数及水化热参数是真实反映实际问题的参数。则式（11.3-1）能反映真实的温度场。实际上，真实的温度场受其与外界的热交换影响，将式（11.3-1）右端项的热荷载分解成自身生成热 $\{Q_g\}$，环境温度的交换热 $\{Q_b\}$，混凝土入仓的初始温度带来的热量 $\{Q_i\}$ 和其他不可预测因素的热交换 $\{Q_o\}$，则有

$$\{Q\}=\{Q_g\}+\{Q_b\}+\{Q_i\}+\{Q_o\} \tag{11.3-2}$$

设用式（11.3-1）仿真的温度场为 $\{T'\}$，真实温度场为 $\{T\}$，两个温度场相差的场为 $\{\Delta T\}$。则有

$$[C]\{\dot{T}'\}+[H]\{T'\}=\{Q_g\}+\{\overline{Q_b}\}+\{\overline{Q_i}\} \tag{11.3-3}$$

式中 $\{\overline{Q_b}\}$、$\{\overline{Q_i}\}$ ——统计期望下的热交换。

$$[C]\{\dot{T}\}+[H]\{T\}=\{Q_g\}+\{Q_b\}+\{Q_i\}+\{Q_o\} \tag{11.3-4}$$

在假定物理参数及自生成热与实际情况一致的条件式（11.3-3）与式（11.3-4）的温度场相差值为

$$[C]\{\Delta\dot{T}\}+[H]\{\Delta T\}=\{Q_b\}-\{\overline{Q_b}\}+\{Q_i\}-\{\overline{Q_i}\}+\{Q_o\} \tag{11.3-5}$$

将式（11.3-5）分解为 3 部分 $\{\Delta T_b\}$、$\{\Delta T_i\}$、$\{\Delta T_o\}$，分别有

$$[C]\{\Delta\dot{\overline{T}}_b\}+[H]\{\Delta T_b\}=\{Q_b\}-\{\overline{Q_b}\} \tag{11.3-6}$$

$$[C]\{\Delta\dot{\overline{T}}_i\}+[H]\{\Delta T_i\}=\{Q_i\}-\{\overline{Q_i}\} \tag{11.3-7}$$

$$[C]\{\Delta\dot{\overline{T}}_o\}+[H]\{\Delta T_o\}=\{Q_o\} \tag{11.3-8}$$

对于式（11.3-6），若 $\{\overline{Q_b}\}$ 能反映对环境的热交换，则在统计意义下，ΔT_b 的期望为

$$E([C]\{\Delta\dot{\overline{T}}_b\}+[H]\{\Delta T_b\})=E(\{Q_b\}-\{\overline{Q_b}\}) \tag{11.3-9}$$

$$[C]\{E(\Delta\dot{\overline{T}}_b)\}+[H]\{E(\Delta T_b)\}=E(Q_b)-E\{\overline{Q_b}\}$$
$$=\{\overline{Q_b}\}-\{\overline{Q_b}\}=0 \tag{11.3-10}$$

应有 $E(\Delta T_b)=0$

同样有

$$[C]\{E(\Delta\dot{\overline{T}}_i)\}+[H]\{E(\Delta T_i)\}=0 \tag{11.3-11}$$

$$E(\Delta T_i)=0$$

$$[C]\{E(\Delta\dot{\overline{T}}_o)\}+[H]\{E(\Delta T_o)\}=\{E(Q_o)\} \tag{11.3-12}$$

通过式（11.3-10）～式（11.3-12）分析可见，若温度场没有其他因素的热交换，且对环境温度和混凝土入仓温度的估计在其期望值附近，仿真温度场应在真实温度场附近波动，不会发生较大的偏差，其结果可以用于指导温度控方案。

实际情况并不是十分理想的，存在着其他因素的热交换，如雨水、雪水、对混凝土局部不定期的淋水冷却、排水廊道的排水带走的热量、冷却水不定期的通放带走热量以及度汛期偶然因素造成的过水等，均会产生较大的热交换。而这些热交换一般是带走温度场的热量，因此式（11.3-12）描述的 ΔT_o 将会随着时间单调减小。由此可见，用有限元方法仿真的温度场比实际温度场偏高，且随着时间的变化其偏差增大。

将分布式光纤测温技术与有限元理论相结合，对温度场实时仿真，可以获得准确合理的温度场预测，为温控方案和措施实施提供重要的可靠的依据。式（11.3-12）为真实温度场的有限元方程，但是实际上式（11.3-12）右端项表现的热荷载场均有偶然性和随机性，这些性质是无法通过数学表达式来描述。因此式（11.3-12）并不能在真正意义下描述某个时刻真实温度场的分布规律。某一时刻的温度场都是由此时刻之前各种偶然性和随机性的热交换作用的结果，即某一时刻的真实温度场反映了此前的时间历程上的各种热交换，包括各偶然和随机因素造成的。因此，以某一时刻的温度场作为仿真温度场的起始时刻，仿真结果能反映此前的各种热交换，仿真结果能够接近实际结果。

可由分布式光纤测温度系统对温度场测试，再用所测温度场测值进行整个温度场重

构，重构结果即为初始温度场。代入式（11.3-16）并按施工计划作温度场仿真。

式（11.3-1）对于任意时刻 t 都能成立。用向后差分计算 $\frac{\partial T}{\partial t}$ 和 $\frac{\partial \theta}{\partial t}$ 如下：

$$\left\{\frac{\partial T}{\partial t}\right\}_{n+1}=\frac{\{T_{n+1}\}-\{T_n\}}{\Delta t_n} \tag{11.3-13}$$

$$\left\{\frac{\partial \theta}{\partial t}\right\}_{n+1}=\frac{\{\theta_{n+1}\}-\{\theta_n\}}{\Delta t_n} \tag{11.3-14}$$

将式（11.3-13）、式（11.3-14）代入式（11.3-1），得到：

$$(\Delta t_n[H]+[C])\{T_{n+1}\}=[C]\{T_n\}+\Delta t\{P_{n+1}\} \tag{11.3-15}$$

这样，给定 $t-\Delta t$ 时刻的温度场 $\{T\}_{t-\Delta t}$，解方程组可得 t 时刻的温度场 $\{T\}_t$。已知 t 时刻的温度分布，可依次求得各个时刻的温度分布。

11.3.2　本节小结

结合第 4 章提出的两种温度场重构的方法，本节合理地考虑了光纤测试数据和碾压混凝土坝的温度分布规律，构造了一个比较合理的初始温度场。在这个初始的温度场的基础上，运用有限元分析方法进行实时仿真计算分析，得到了在浇注混凝土 180d 以后，实时仿真的数据和实测数据相差不大的结论，不仅在温度场的分布规律上相近，而且在混凝土的温度数值上也相近。因此可以通过基于分布式光纤传感技术的实时仿真预测混凝土的温度和指导混凝土的温控措施。

11.4　光纤测温数据可视化系统设计

11.4.1　系统概述

OpenGL（open graphics library）是一个跨编程语言、跨平台的编程接口，它具有强大的计算机图形渲染能力。OpenGL 是一个过程性而不是描述性的图形 API，程序员并不需要描述场景和它的外观，而是事先确定一些操作步骤，显示一定的外观或效果，这些步骤调用许多 OpenGL 命令，例如点、直线、多边形等。OpenGL 还支持光照和着色、纹理贴图、混合、透明、动画以及其他许多特殊的效果和功能，更逼真的实现场景重现。由此可见，OpenGL 在三维可视化软件中起着至关重要的作用，图 11.4-1 描述了如何在应用程序中使用 OpenGL 以及 OpenGL 内部数据的管线装载流程。

Qt 是一个跨平台 C++图形用户界面应用程序开发框架，它既可以开发 GUI 程序，也可用于开发非 GUI 程序。Qt 拥有友好丰富的界面库，支持强大的图形用户界面开发，允许用户自定义绚丽、高效的界面组件。

分布式光纤测温技术相比传统热电耦式温度计有着明显的优势，可以方便快捷地掌握整个坝体内部温度场的变化，随着分布式光纤测温技术的迅猛发展，分布式光纤将是一种监测碾压混凝土拱坝内部温度非常有效的手段，万家口子高碾压混凝土拱坝作为在建世界第一高碾压混凝土拱坝成功运用了光纤测温技术监测技术。目前，基于分布式光纤测温成果多采用单一的二维图或曲线，无法给工程人员提供更深层次的信息，未能充分利用监测

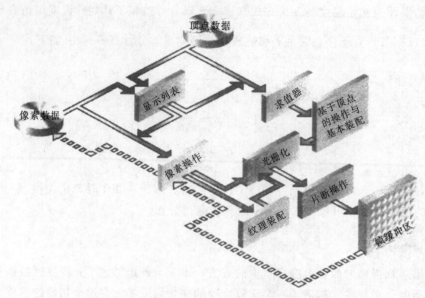

图 11.4 - 1　OpenGL 管线装载流程

数据的价值，造成了一定的浪费。可视化是计算机、图形处理与图像生成技术、系统建模技术等诸多技术的综合应用形成的新技术。可视化可以为用户提供更加高效、灵活的了解、掌握基于分布式光纤所测得的温度场和分布规律。

　　本书基于 OpenGL 强大的可视化技术和 Qt 强大、快捷的图形界面开发技术，采用 vs2010 为开发工具，开发基于光纤测温数据的 DamAna3 光纤测温数据可视化系统，主要包括工程管理、数据输入输出、三维可视化、数据分析、成果输出等模块。系统的能读入大坝轮廓坐标，光纤各层空间坐标，温度值信息，地形数据、数据库文件等输入系统，并能将大坝体单元节点显示、监测点、光纤、温度场数据的显示；三维插值体生成、监测点数据查询分析、报表输出、综合分析评价等。通过系统的管理模块和数据分析模块，对导入到系统的数据进行重组分析，整个过程中，系统支持内部数据的高效三维可视化显示，最终通过成果输出模块能查询输出相关的处理结果文件。

11.4.2　总体架构

1. 数据流程

　　系统由基础数据作为主线，数据的流向决定了整个软件系统的工作流程。首先，大坝轮廓坐标与光纤空间坐标构成三维立体光纤在大坝中的分布图形，之后，光纤空间坐标与温度数据通过数据点号相联系，从而显示出各层的温度信息，这样就将大坝轮廓、光纤坐标、温度信息集于一体，从而能借助软件系统实现数据的查询分析处理等，并利用成果输出模块生成标准的成果文件。DamAna3 光纤测温数据可视化系统数据流程如图 11.4 - 2 所示。

2. 系统模块结构

　　基于 VC＋Qt 开发的光纤测温数据可视化系统主要包含工程管理、数据输入输出、三

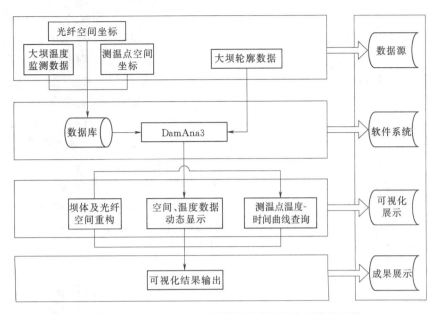

图 11.4-2 DamAna3 光纤测温数据可视化系统流程图

维可视化以及数据分析等模块，可以方便有效的对光纤测温数据进行有的管理、快速录入、可视化显示及光纤数据分析，便于直观实时的了解大坝内部光纤的分布和温度场分布。详细模块结构如图 11.4-3 所示。

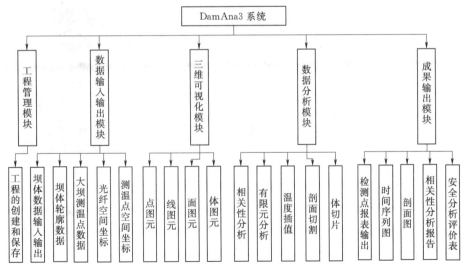

图 11.4-3 DamAna3 光纤测温数据可视化系统模块结构图

11.4.3 功能设计

传统的监测信息是靠人工管理，分散储存，信息分析要经过数据搜集、向上报告、专家讨论、向下传达这样一个复杂过程，分析周期长，难以发挥监测系统的作用。

DamAna3（大坝温度监测三维可视化系统）能使监测信息集中管理，及时分析，并具有测点和对应地时间-温度值可视化功能。工程技术人员可以在屏幕上直观地查询和分析，查看测温点、光纤层（测温点集）或整个坝段（光纤层集）的温度随时间变化情况。

1. 数据库及界面设计

分布式光纤测温数据非常庞大，如果将其全部导入到数据库中，会造成很多的数据冗

图 11.4-4　SQL 数据库登录界面

余，管理困难，降低查询速度。因此，在导入温度监测数据的时候就应进行必要的筛选，系统可以根据用户设定来选择某一时间或某一些时间点数据。系统通过数据预处理将监测数据，按照统一格式录入到 SQL 数据库中。并将初始监测数据和整编数据分类存储，用于用户查询、监测数据分析、绘制流程图。SQL 数据库登录界面如图 11.4-4 所示。

界面设计主要包括数据库登录界面、系统主界面和功能模块界面设计。界面设计均采用 Qt 提供的设计工具可方便快捷实现。界面主要由菜单栏、工具栏、视图窗口、操作面板、状态栏、视图工具栏组成，DamAna3 光纤测温可视化系统软件界面如图 11.4-5 所示。

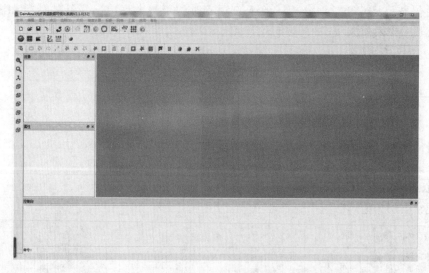

图 11.4-5　DamAna3 光纤测温可视化系统软件界面

2. 原始数据的预处理

万家口子水电站光纤测温系统从国际最先进的英国 York Sensors 公司引进分布式光纤温度测量系统主机一台（已得到国家"948"项目资助）。它是一项崭新的技术，在 DTS 系统中光纤既是传输媒体又是传感媒体。温度处理和图形显示软件是预装在计算机内的，连接与检测是由 DTS Manager 主控程序实现，包括 PC 与 DTS 的连接、系统参数装载、命令发送、图形显示及存储、区域显示、报警显示等。直观性差，无法直接可视化光纤上每个测点的实时数据，所提取的数据为有一定规律的二进制格式数据。

光纤数据（.dat 或 .txt 格式等）：

586.146527 216.636028 1289.5 24.7
583.818669 215.166294 1289.5 24.6
581.411613 213.830092 1289.5 24.5
578.937229 212.623136 1289.5 24.2

共 4 列，前 3 列是 $x\,y\,z$，z 值是固定的几个值，如 3 个值；第 4 列表示温度值。

除了光纤测温所测得的温度值形成的 3 个节点坐标值和温度值外，光纤测温数据可视化还需要读取三维有限元网格数据用于插值显示，一般的三维有限元为节点和单元信息，格式如下：

9615
1 562.747923287   174.754288365   1310.00000000
2 561.306052712   174.774421340   1310.00000000
3 559.864508978   174.810990514   1310.00000000
4 559.861679382   175.588648430   1310.00000000
5 561.299611353   175.561445367   1310.00000000
...
7776
1 418 419 420 421 423 437 444 430
2 423 437 444 430 424 438 445 431
3 424 438 445 431 425 439 446 432
4 425 439 446 432 426 440 447 433

前半部分为点号和点坐标，第一行指点数，有点前三行是说明，第四行开始为点数；前半部分每一行，第一列是点序号，后面为 $x\,y\,z$ 坐标；后半部分为大坝单元体数据，开始一排为大坝单元体个数，后面每一排为一个坝体，第一列序号，后面 8 个为单元体的点序号，对应前半部分；有的数据，后面为 10 列，第 10 列为材料值。

3. 坝体、光纤显示及监测点温度插值

通过前面原始数据的预处理后，可以方便的读取大坝格式数据，生成大坝体。大坝以立体模型的方式出现；为了便于操作，可通过右键菜单控制显示、隐藏、删除、属性几种操作；通过选中指定的坝体对象，能指定坝体对象的渲染方式，即显示成点、网格或者体。大坝体边界显示可从大坝体数据中提取出边界数据，仅显示体积外表面；大坝按照材料多颜色显示，大坝每一块坝体单元根据材料值分色显示，每一个值显示成一个不同的颜色，如图 11.4－6、图 11.4－7 所示为坝体网格和填充渲染图。

光纤显示可以对多层光纤线进行显示。根据光纤数据，对光纤数据分层显示，根据高度，有几个值，分离成几条线；根据光纤数据，显示出相关节点数据；可通过右键菜单控制显示、隐藏、删除、属性几种操作。显示效果如图 11.4－8 所示。

分布式光纤测温为平面的线温度值，能较好的反应每层的随时间变化的温度场。数据点较为丰富，为快速地了解整个温度场的分布，可以采用三维插值的方法快速的得到整个浇筑块的温度场分布。现如今的插值算法较多，如距离加权反比插值法、克里格插值法、

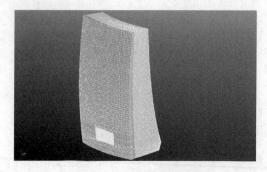

图 11.4-6　坝体网格模型

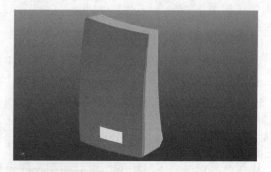

图 11.4-7　填充渲染显示

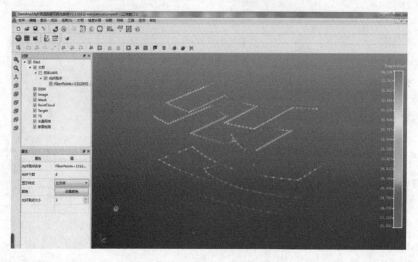

图 11.4-8　光纤测点显示及温度值

样条函数插值法等。杜磊等人采用距离反比例、径向基函数和基于指数模型的克里格插值算法，对同一时刻温度场的等值线、等值面和对应的云图、体透视图进行了对比，结果表明各类插值误差曲线走向区域一致，指数模型克里格法对温度场采样数据的插值逼近效果最好，本书就是采用基于指数模型的克里格插值算法，该算法普遍应用地质的统计插值，具有较好的收敛性好，插值精度高等优点。为了简化操作，可直接在导入光纤测点温度值后，右键坝体进行克里格插值，如图 10.4-9 所示，插值后效果如图 11.4-10。

图 11.4-9　坝体节点右键菜单设计

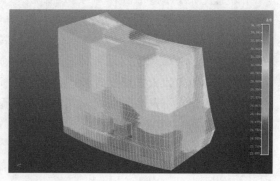

图 11.4-10　三维插值坝体温度场

4. 监测点查询分析

DamAna3（大坝温度监测三维可视化系统）能通过查询系统数据库或文件，实现监测数据的显示功能，以多种方式实时直观的向用户显示监测数据，主要包括以下两种显示方式：柱状图显示和过程线显示。并在数据库数据查询时提供交互界面，用户可选择数据库名称、时间范围、温度值范围、排序条件等进行查询。针对测点的数据查询，可选择查询条件、查询项目，得到图表（过程线、柱状图）、数据列表等的数据信息，鼠标可在图表上交互移动，得到精确的数据查询结果，支持多点查询，如图 11.4－11～图 11.4－14。

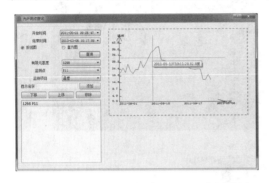

图 11.4－11　某一测点时间历程温度折线图

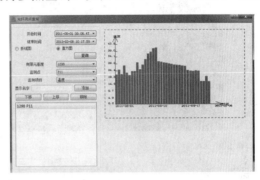

图 11.4－12　某一测点时间历程温度直方图

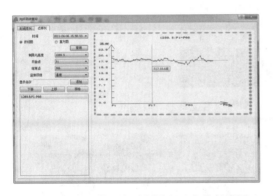

图 11.4－13　某一个时刻沿程温度线折线图

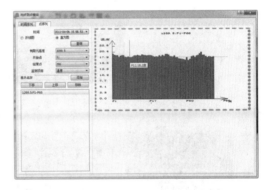

图 11.4－14　某一个时刻沿程温度线直方图

11.4.4　可视化功能系统在万家口子工程中的应用

DamAna3（大坝温度监测三维可视化系统）能将监测光纤测温数据集中管理，及时分析，实现了在屏幕上直观实时地查询和分析，通过查看测温点、光纤层（测温点集）或整个坝段（光纤层集）的温度随时间变化情况。该可视化系统可直观高效地处理万家口子工程大坝温度监测信息，分析大坝温度变化情况，掌握了解坝体内部光纤实时温度场，为业主及时准确了解施工期坝体内部温度以及制定调整温控措施提供了可靠的依据和有效的手段。图 11.4－15 为 1289.5m、1298m、1315m 高程光纤测点展布图，从图中可以清楚直观的了解每层光纤路径及光纤测点的位置。图 11.4－16～图 11.4－21 为 1289.5m 高程开始浇筑第 7d、14d、33d、90d、169d、330d 温度场可视化云图。图 11.4－22～图 11.4－27 为 1289.5m 高程 A、B、C、D、E、F 点温度历时曲线。图 11.4－28～图 11.4－31

为 1289.5m 高程光纤开始浇筑第 7d、14d、33d、90d 温度沿程曲线。图 11.4 - 32～图 11.4 - 35 为 1315m 高程开始浇筑第 33d、90d、188d、303d 温度场可视化云图，从图中可以掌握了解该高程温度随层变化规律，特别对于现场人员快速准确了解坝体内部实时温度场意义非凡。图 11.4 - 36～图 11.4 - 43 为 1315m 高程 A、B、C、D、E、F、G、H 点温度历时曲线。图 11.4 - 44～图 11.4 - 47 为 1315m 高程光纤开始浇筑第 13d、31d、188d、303d 温度沿程曲线。

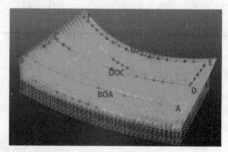

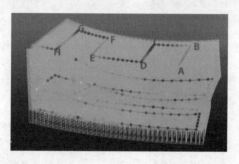

图 11.4 - 15　1289.5m、1298m、1315m 高程光纤测点展布图

图 11.4 - 16　1289.5m 高程 2011 年 4 月 11 日　　图 11.4 - 17　1289.5m 高程 2011 年 4 月 18 日
温度场云图（开始浇注的第 7 天）　　　　　　　温度场云图（开始浇注的第 14 天）

图 11.4 - 18　1289.5m 高程 2011 年 5 月 7 日　　图 11.4 - 19　1289.5m 高程 2011 年 7 月 3 日
温度场云图（开始浇注的第 33 天）　　　　　　温度场云图（开始浇注的第 90 天）

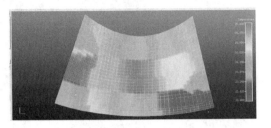

图 11.4 - 20　1289.5m 高程 2011 年 9 月 20 日
温度场云图（开始浇注的第 169 天）

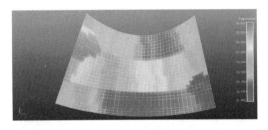

图 11.4 - 21　1289.5m 高程 2012 年 2 月 28 日
温度场云图（开始浇注的第 330 天）

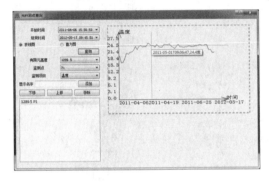

图 11.4 - 22　1289.5m 高程 A 点温度历时曲线

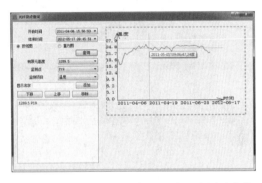

图 11.4 - 23　1289.5m 高程 B 点温度历时曲线

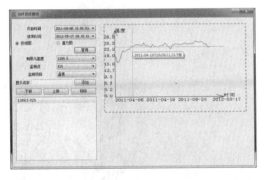

图 11.4 - 24　1289.5m 高程 C 点温度历时曲线

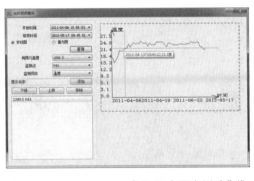

图 11.4 - 25　1289.5m 高程 D 点温度历时曲线

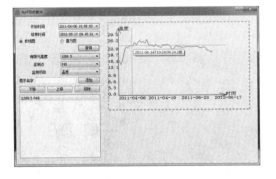

图 11.4 - 26　1289.5m 高程 E 点温度历时曲线

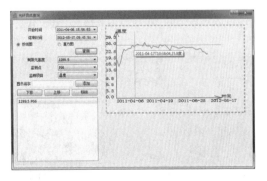

图 11.4 - 27　1289.5m 高程 F 点温度历时曲线

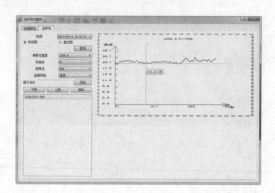

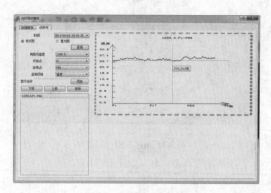

图 11.4 - 28　1289.5m 高程光纤测温沿程曲线
（2011 年 4 月 11 日浇筑第 7 天）

图 11.4 - 29　1289.5m 高程光纤测温沿程曲线
（2011 年 4 月 18 日浇筑第 14 天）

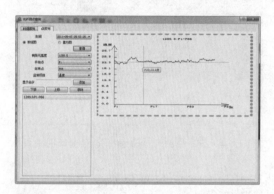

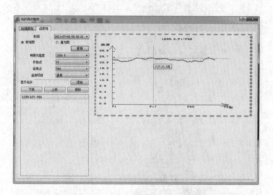

图 11.4 - 30　1289.5m 高程光纤测温沿程曲线
（2011 年 5 月 7 日浇筑第 33 天）

图 11.4 - 31　1289.5m 高程光纤测温沿程曲线
（2011 年 7 月 3 日浇筑第 90 天）

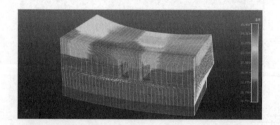

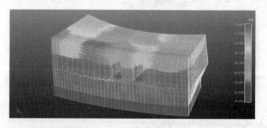

图 11.4 - 32　1315m 高程 2012 年 5 月 20 日
温度场云图（开始浇注的第 13 天）

图 11.4 - 33　1315m 高程 2012 年 6 月 7 日
温度场云图（开始浇注的第 31 天）

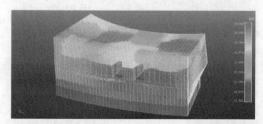

图 11.4 - 34　1315m 高程 2012 年 11 月 11 日
温度场云图（开始浇注的第 188 天）

图 11.4 - 35　1315m 高程 2013 年 3 月 6 日
温度场云图（开始浇注的第 303 天）

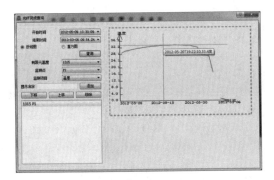

图 11.4 - 36　1315m 高程 *A* 点温度历时曲线

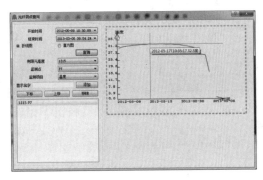

图 11.4 - 37　1315m 高程 *B* 点温度历时曲线

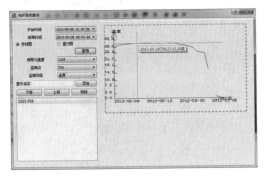

图 11.4 - 38　1315m 高程 *C* 点温度历时曲线

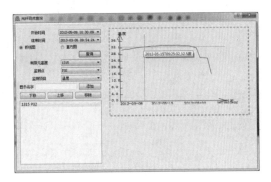

图 11.4 - 39　1315m 高程 *D* 点温度历时曲线

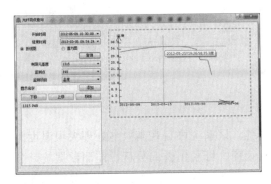

图 11.4 - 40　1315m 高程 *E* 点温度历时曲线

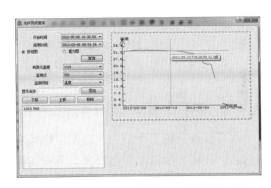

图 11.4 - 41　1315m 高程 *F* 点温度历时曲线

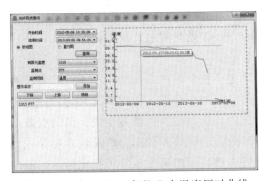

图 11.4 - 42　1315m 高程 *G* 点温度历时曲线

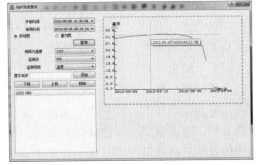

图 11.4 - 43　1315m 高程 *H* 点温度历时曲线

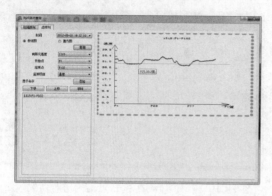

图 11.4 - 44　1315m 高程光纤测温沿程曲线
（2012 年 5 月 20 日浇筑第 13 天）

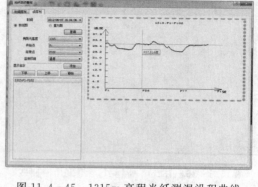

图 11.4 - 45　1315m 高程光纤测温沿程曲线
（2012 年 6 月 7 日浇筑第 31 天）

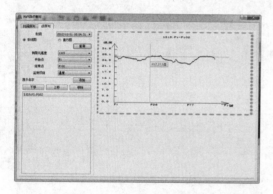

图 11.4 - 46　1315m 高程光纤测温沿程曲线
（2012 年 11 月 11 日浇筑第 188 天）

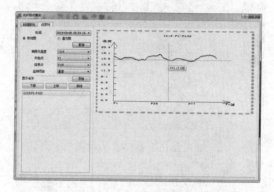

图 11.4 - 47　1315m 高程光纤测温沿程曲线
（2012 年 11 月 11 日浇筑第 303 天）

11.4.5　本节小结

本节重点介绍了大坝温度监测三维可视化系统，该系统可直观高效地处理大坝温度监测信息，分析大坝温度变化状况，具有监测信息管理、可视化查询分析、监测数据统计分析等功能。可视化系统具有面向对象风格和可视化特征，具有对监测信息进行分析处理的特点。

（1）基于 OpenGL 强大的可视化技术和 Qt 强大、快捷的图形界面开发技术，采用 vs2010 为开发工具，开发基于光纤测温数据的 DamAna3 光纤测温数据可视化系统，系统界面良好，功能强大。

（2）系统由基础数据作为主线，数据的流向决定了整个软件系统的工作流程。系统能读入大坝轮廓坐标，光纤各层空间坐标，温度值信息，地形数据、数据库文件等，并能将大坝体单元节点显示、监测点、光纤、温度场数据的显示，三维插值体生成、监测点数据查询分析、报表输出、综合分析评价等。通过系统的管理模块和数据分析模块，对导入到系统的数据进行重组分析，整个过程中，系统支持内部数据的高效三维可视化显示，最终通过成果输出模块能查询输出相关的处理结果文件。

（3）系统采用 SQL 数据库将光纤测温数据录入，光纤测温点数据采用基于指数模型的克里格插值算法插值。系统运行由坐标数据作为桥梁，大坝轮廓坐标与光纤空间坐标构成三维立体光纤在大坝中的分布图形，光纤空间坐标与温度数据通过数据点号相联系，从而显示出各层的温度信息，这样就将大坝轮廓、传感光缆各层布置图、光纤坐标、温度信息集于一体，按要求输出各种图形，并能实时查询。

（4）系统应用于万家口子水电站 4 号坝监测，可视化效果良好，可直观、方便、及时了解坝体内部温度分布规律，制定和调整温控措施。尤其对大坝的安全运行提供了强大的技术支撑，意义重大。

参 考 文 献

［1］ 谭飞帆，蔡德所，李会峰. DTS 在万家口子水电站大坝温度场监测中的应用 ［J］. 水利建设与管理，2018，38 (11)：1-4，62.

［2］ 李会锋，蔡德所. DTS 在 RCC 薄拱坝温度场监测中的应用 ［J］. 甘肃水利水电技术，2015，51 (10)：8-10.

［3］ 曹锐，刘兴. DTS 在某碾压混凝土重力坝温度场监测中的应用 ［J］. 大坝与安全，2010 (4)：32-35.

［4］ 蔡德所，鲍华，蔡元奇. 基于 DTS 的百色 RCC 大坝温度场实时仿真技术研究 ［J］. 广西大学学报（自然科学版），2008 (3)：216-219.

［5］ 蔡顺德，望燕慧，蔡德所. DTS 在三峡工程混凝土温度场监测中的应用 ［J］. 水利水电科技进展，2005 (4)：30-32，35.

［6］ 周鹏程，赵春菊，周宜红，等. 基于分布式光纤测温的高拱坝蓄水初期实测温度场分析 ［J］. 水电能源科学，2016，34 (3)：74-76，73.

［7］ 金峰，周宜红. 分布式光纤测温系统在特高拱坝真实温度场监测中的应用 ［J］. 武汉大学学报（工学版），2015，48 (4)：451-458.

［8］ 黄达海，陈彦玉，王祥峰，等. 基于分布式光纤测温的特高拱坝温控预报研究 ［J］. 水利水电技术，2010，41 (9)：42-46.

［9］ 李笃权，赵保军，张莉. 拉西瓦拱坝混凝土温度监测中的分布式光纤技术应用研究 ［J］. 西北水电，2009 (3)：56-60.

［10］ 汤荣平. 分布式光纤测温系统在小湾拱坝温度监测中的运用 ［J］. 大坝与安全，2007 (6)：43-46，49.

［11］ 吴永红，徐洪钟，高培伟，等. 混凝土高拱坝裂缝光纤监测网络构型的优化 ［J］. 水利水电科技进展，2006，26 (6)：37-39，84.

［12］ 蔡德所，何薪基，张林. 拱坝小比尺石膏模型裂缝定位的分布式光纤传感技术 ［J］. 水利学报，2001，32 (2)：50-53，58.

［13］ 秦华康，赵春菊，周宜红. 基于分布式光纤测温的拱坝施工期温度突变识别 ［J］. 人民长江，2017，48 (9)：61-64.

第 3 部分

超高混凝土拱坝坝体-坝肩系统整体安全理论及评价

第 12 章

拱坝坝体-坝基系统整体安全度研究

12.1 基本理论、研究方法和计算软件

12.1.1 弹塑性有限元计算原理

由塑性力学可得，一般材料的弹塑性本构关系可写成

$$\{\varepsilon\} = [D_{ep}]^{-1}\{\sigma\} \tag{12.1-1}$$

或

$$\{\sigma\} = [D_{ep}]\{\varepsilon\} \tag{12.1-2}$$

式中　$\{\sigma\}$、$\{\varepsilon\}$——材料的应力、应变列阵；

　　　$[D_{ep}]$——弹塑性矩阵。

有限元平衡方程的迭代公式为

$$\left.\begin{aligned}
&[K_0]\{\delta_1\} = \{F\} + \{R\} \quad (i=1)\\
&[K_0]\{\Delta\delta_i\} = \{F\} - \sum_e \int_{ve} [B]^{\mathrm{T}}[D_{ep\ i-1}](\{\varepsilon_i\} - \{\varepsilon_0\})\\
&[\delta_i] = \{\delta_{i-1}\} + \{\Delta\delta_i\} \quad (i=2,3,4,\cdots)
\end{aligned}\right\} \tag{12.1-3}$$

式中　$\{R\}$——不平衡力。

在弹塑性非线性分析中，要求解非线性等式（12.1-3），以便得出某一荷载条件下的位移、应变值以及应力值等，一般采用增量法、迭代法以及综合上面两种方法的混合法等。对于规模比较大的非线性问题，必须适当采用效率较高的求解方法，比如波前法、稀疏矩阵法以及预处理共轭梯度法（PCG 法）等。

本书采用岩土工程中广泛使用的 Mohr-Coulomb 准则作为屈服准则，如图 12.1-1 和图 12.1-2 所示。

$$F(\sigma_1, \sigma_2, \sigma_3) = \frac{1}{2}(\sigma_1 - \sigma_3) + \frac{1}{2}(\sigma_1 + \sigma_3)\sin\varphi - c\cos\varphi = 0 \tag{12.1-4}$$

对于坝基岩体中有厚度的软弱夹层，因为这些地质结构的屈服或者破坏均带有明显的方向性，本书采用带拉断的各向异性的 Mohr-Coulomb 准则判别其屈服或者破坏，具体仿真过程如下：

（1）在仿真计算过程中，首先判断软弱结构面的法向应力是否为拉应力，如果是则软弱结构面将沿法向方向开裂，即模拟软弱结构面的法向不抗拉性质。

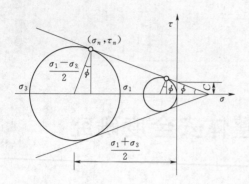

图 12.1-1 Mohr-Coulomb 屈服准则

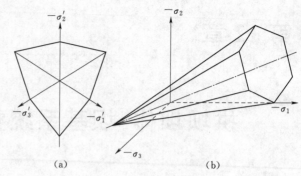

图 12.1-2 Mohr-Coulomb 屈服准则在 π 平面和应力空间中的形状

（2）如果软弱结构面的法向应力为压应力，然后判断顺层向的剪应力大小按照 Mohr-Coulomb 准则是否达到屈服状态，如果没有，软弱结构面可以承担顺层向的剪切荷载。

（3）如果顺层向的剪应力按照 Mohr-Coulomb 准则已经达到屈服状态，则可根据不同的本构模型（理想弹塑性、理想软化、理想线性软化）调整其允许抗剪强度，对于软化本构模型，则需将屈服时的峰值抗剪强度软化至残余强度。

（4）对于已经开裂后的软弱结构面，如果在后续的荷载步内法向应力又变化为压应力状态时，则软弱结构面仍然可以承担顺层向的剪切荷载，但此时的 Mohr-Coulomb 准则规定的抗剪强度参数应该为残余强度参数。

12.1.2 渐进破坏过程模拟方法

本书中渐进破坏过程模拟方法采用超载法。超载法主要考虑作用荷载的不确定性，以此研究结构承受超载作用的能力。该方法较直观，便于在结构物理模型试验中采用，从而使数值模拟与物理模拟结果相互印证，且积累了较多的工程经验。这种方法求得的超载系数只是结构安全度的一个表征指标，本书采用超水容重法来探讨万家口子大坝的渐进破坏过程和稳定安全度。

用逐渐增加超载系数研究坝从局部到整体破坏的渐进破坏过程的方法，称为超载法。超载法认为，作用在坝上的外荷载由于某些特殊原因有可能超过设计荷载，超过的总荷载与设计总荷载之比称为超载系数。超载方式分为超水容重 K_r（三角形超载）和超水位 K_H（矩形超载）两种，如图 12.1-3 所示。

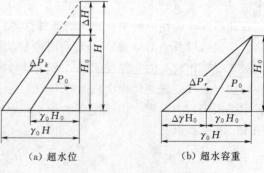

图 12.1-3 超载方式示意图

$$K_\gamma = \frac{\Delta P_\gamma + P_0}{P_0} = \frac{\Delta\gamma + \gamma_0}{\gamma_0} = \frac{\gamma}{\gamma_0} \qquad (12.1-5)$$

$$K_H = \frac{\gamma H_0 \Delta H + \dfrac{1}{2}\gamma H_0^2}{\dfrac{1}{2}\gamma H_0^2} = \frac{2\Delta H + H_0}{H_0} = \frac{2(H - H_0) + H_0}{H_0} = 2\frac{H}{H_0} - 1 \quad (12.1-6)$$

12.1.3 基于有限元方法的整体稳定安全度判据

对于如何判别拱坝地基处于临界失稳状态，潘家铮院士曾提出以下判据：

（1）坝体或坝基的变位（以某些典型点上的值来代表）急剧增长，进入质变阶段。通常称之为位移突变法。

（2）坝基内出现一个连续的失稳通道，其上各点都达到极限平衡。称之为屈服区贯通法。

（3）刚度矩阵奇异或违反能量原理，无法求解。称之为计算不收敛法。

从结构整体安全角度来看，如果坝体坝基系统在一定的荷载条件下其破坏区域渐进发展以致使其形成某种滑动模式，即此时系统已达到其极限承载力。因此在非线性有限元计算中，可通过考察坝基系统的塑性屈服区（破坏区域）是否贯通来判别系统是否达到其极限承载力，此时的超载系数也可以用来表征系统的最终安全度。

塑性屈服区贯通判别法是一种比较直观的失稳判断方法，也具有一定的理论基础，即坝基坝体系统在满足平衡方程和内力极限条件的情况下，如果坝基系统再满足破坏机构条件（即塑性区贯通，形成滑动模式），则认为系统失稳，并且得到的超载系数是系统的某一个下限解。

对于有些深层滑动破坏模式，在非线性有限元超载或者降强度的计算过程中，某一荷载步的某些特征点位移会发生突变，位移突变可以从一个角度表明坝基系统的接近其极限承载力，因此此时的强度储备系数或者超载系数可以作为坝基系统的一个失稳判别指标。

当然这里指的位移突变不是由于计算程序的不收敛而导致的，本书指的位移突变是在满足结构平衡方程条件下的位移速率增大。由于计算程序的不收敛而导致的"位移突变"不具有表征坝基系统失稳的实际物理意义。

以往计算经验表明，在应用有限元成果确定坝基系统的极限承载力时，分别按屈服区连通和关键点位移突变两种失稳准则得出的极限承载力并不一致。位移突变不仅与渐进破坏模拟方法（超载法、强度储备系数法）有关，而且与坝基失稳的破坏模式有关，另外位移突变的表征点也不容易找到，因此应用位移突变法判断坝基系统是否失稳时，必须考虑各种影响因素，结合其他判据进行综合分析判断。

如果在非线性有限元计算过程中某一荷载步出现不收敛，从有限元平衡方程来看，即在某一定的荷载条件下，结构的变位趋于无穷，所以也有学者建议通过有限元计算中迭代出现不收敛来判断坝基系统是否达到其极限承载力。

在非线性有限元计算过程中不收敛的影响因素非常多，不仅与坝基材料所采用的本构模型、破坏准则、流动法则有关，而且与非线性有限元平衡方程的求解方法、收敛控制标准有密切的关系。

在坝基材料所采用的模型方面，一般采用刚塑性模型比弹塑性模型难于收敛，软化模型比理想弹塑性模型难于收敛，采用 M－C 准则一般比 DP 准则难于收敛，在静水压力轴的拉端进行修圆后的 DP 准则比不修圆的 DP 准则易于收敛。

在非线性有限元方程的求解技术方面，增量迭代的切线刚度法适用于稳定材料，而对应变软化材料则无能为力，有时会给出虚假的不收敛信息，这时必须得采用弧长法等其他非线性求解技术。另外，不同的有限元程序所定义的收敛控制标准并不相同，比如 ANSYS 程序以求解域内所有单元的不平衡力或者位移的二范数作为收敛控制标准，而 ABAQUS 程序则以求解域内单个单元的节点不平衡力或者位移的二范数作为收敛控制标准，因此不同程序计算得到的不收敛时刻的极限承载力（超载系数或者强度储备系数）也不尽相同。另外由于不收敛控制指标的精度不同，根据不收敛得到的极限承载力也相差较大。

总的来说，虽然从非线性有限元平衡方程的求解理论上看，有限元迭代不收敛判据具有直观的理论基础，但是由于影响有限元平衡方程不收敛的因素很多，在实际的有限元分析中，计算人员很难辨别"真正的不收敛解"，因此本书建议把有限元不收敛判据得到的超载系数作为坝基极限承载力的一个参考，不宜单独以有限元不收敛判据得到的结果作为最终的拱坝和坝基系统的极限承载力。

综上所述，对于万家口子碾压混凝土拱坝整体稳定性分析，本书的非线性有限元计算分析以采用屈服区贯通法为主。

12.1.4 分析软件

以大型有限元软件 ABAQUS 为主，辅以二次开发子程序。

12.2 基本资料

12.2.1 材料参数

1. 基岩材料

坝基、坝肩岩体由中厚层、厚层状结构的灰岩、灰质白云岩、白云岩组成，根据岩石的坚硬、风化程度，岩体结构面及岩溶的发育程度，岩体的纵波速，岩石的单轴饱和极限抗压强度试验成果等工程地质特性，对坝基、坝肩岩体进行工程地质分类，其物理力学参数见表 12.2－1，结构面抗剪断（抗剪）强度建议采用表 12.2－2 值。

2. 混凝土材料

模型概化时，坝体按高程 1370.00m 进行分区，1370.00m 高程以上坝体采用 C20 混凝土，1370.00m 高程以下采用 C25 混凝土，相应物理力学参数如下：

（1）C20 混凝土。

密度：2400kg/m³ 　　　　弹性模量：18.6GPa 　　　　泊松比：0.167

抗剪断强度：$f'=1.05$，$c'=1.40$MPa

线胀系数：$6.8\times10^{-6}/℃$　导温系数：0.0036m²/h

表 12.2-1　　　　　　　　　　　坝基、坝肩岩体及物理力学参数

类别	风 化 带	密度	饱和抗压强度	弹性模量	变形模量	泊松比	抗剪断强度 岩体		承载力	抗拉强度
		ρ	R_b	E	E_0	μ	f'	c'	R	R_t
		kg/m³	MPa	GPa	GPa	—	—	MPa	MPa	MPa
II$_A$	裂隙性溶蚀风化下带	2750	80	19	14	0.22	1.20	1.30	6.0	1.5
III$_{1A}$	裂隙性溶蚀风化下带	2700	65	15	10	0.25	1.10	1.00	4.5	1.2
III$_{2B}$	裂隙性溶蚀风化上带	2680	55	11	7	0.27	0.90	0.75	3.5	1.0
IV	强烈溶蚀风化带	2600	48	8	5	0.30	0.65	0.45	2.5	0.5

表 12.2-2　　　　　　　　　　　主要结构面物理力学参数

结 构 面 编 号	结 构 面 类 型	f'	c'/MPa
f200、f200-1、f200-2	方解石胶结 70%，岩屑夹泥 30%	0.55	0.10
f302、f301、f698、f695、f691、f698-1	胶结 60%，无充填 30%，夹泥 10%		
fc201、fc729、fc682、fc704、fc712、fc303、fc700	泥夹岩屑	0.35	0.05
f201、f202	泥夹岩屑 50%，泥型 50%	0.25	0.01
F101、f203、f206	岩屑夹泥	0.45	0.08

注　1. 不整合面及节理的物理力学参数按所属岩体类别分别取值。

　　2. 灌浆区域岩体的物理参数按所属岩体类别分别取值，力学参数分别放大 1.1 倍。

　　3. 各结构面密度取 2200kg/m³，变形模量取 1GPa。

　　4. 结构面 F101 影响带上、下盘的物理参数按 F101 取相同值，力学参数按所属岩体类别取值。

（2）C25 混凝土。

密度：2400kg/m³　　　　弹性模量：23.4GPa　　　　泊松比：0.167

抗剪断强度：$f'=1.05$，$c'=1.40$MPa

线胀系数：$6.0\times10^{-6}/℃$　导温系数：0.00279m²/h

12.2.2　计算工况及荷载参数

本书计算的工况为：①自重＋正常蓄水位＋设计温降；②自重＋正常蓄水位＋设计温升。

（1）自重：大坝混凝土密度取 2400kg/m³。

（2）正常蓄水位：上游 1450.0m，下游 1300.4m；水重度取 9.80kN/m³。

（3）温度荷载：根据 SL 282—2003《混凝土拱坝设计规范》确定，封拱温度方案的温度荷载见表 12.2-3。

12.2.3　大坝体形

万家口子拱圈平面图如图 12.2-1 所示。

表 12.2-3   设计温降工况下的温度荷载

高程/m		1285	1305	1325	1345	1365	1385	1405	1425.00	1452.50
封拱温度/℃		15.5	16.5	16.5	16.5	16.5	17.5	17.5	17.5	18.5
温降	T_m/℃	−2.39	−1.07	−2.88	−2.91	−2.94	−4.05	−4.13	−3.36	−5.79
	T_d/℃	2.42	5.59	1.92	1.73	1.51	0.82	0.31	−2.16	0.00
温升	T_m/℃	−2.03	−0.14	−2.06	−2.02	−1.98	−2.84	−2.74	−1.54	1.69
	T_d/℃	3.55	10.87	7.07	7.26	7.49	8.18	8.69	7.13	0.00

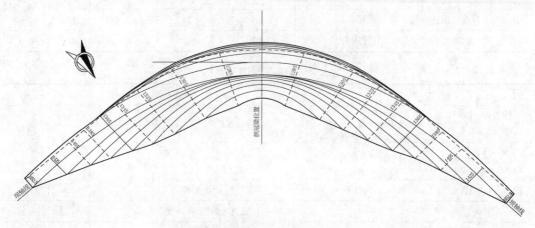

图 12.2-1　万家口子拱圈平面图

12.3　有限元计算模型

12.3.1　软弱夹层、传力洞及固结灌浆的模拟

地基软弱夹层的模拟主要基于各平切图，以及相关的地质报告中有关地质构造的描述和要求。主要考虑的软弱夹层，左岸为 F101、f200、f201、f202、f203，右岸为 f101、f201、f203、f301、f302、fc700、f691、f695。

固结灌浆的模拟是将固结灌浆区域的岩体按初始的设计参数进行相应的提高。岩体的变形模量提高 10%，抗剪断强度提高 15%。

坝肩混凝土传力洞、置换洞、抗剪洞及固结灌浆的模拟是基于相关的平切图及布置图。

12.3.2　计算范围选取

计算模型范围：横河向左右岸宽度约 1 倍坝宽，顺河向上游范围约为 1 倍坝高，顺河向下游范围约为 1.5 倍坝高，铅直向由坝基以下以 1.5 倍坝高延伸至地底，如图 12.3-1、图 12.3-2 所示。模型中较为精确地模拟了岩体分类，包括混凝土置换块、混凝土传力洞、基础内主要结构面。模型以坝轴线（即横河向）为 X 轴，从左岸指向右岸为正；以顺河向为 Y 轴，指向下游为正；以高度方向为 Z 轴，以向上为正。

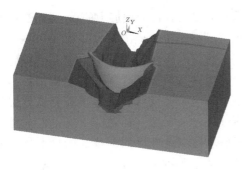

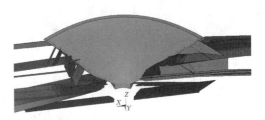

图 12.3-1 万家口子三维地质模型　　　　图 12.3-2 万家口子拱坝及地基结构面模型

12.3.3 网格划分

模型网格采用八结点六面体单元，辅之以四结点的四面体单元。整体模型的单元总数为 356088 个，结点总数为 186049 个，其中坝体单元数为 16049 个，结点数为 11993 个。地基计算域外上下游边界及左右边界采用法向约束，底部边界采用全约束。有限元网格模型如图 12.3-3～图 12.3-6 所示。

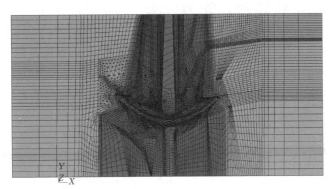

图 12.3-3 万家口子三维网格俯视图

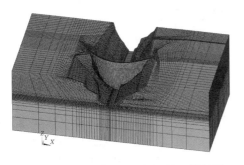

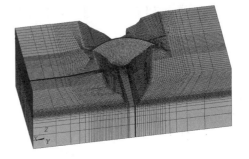

图 12.3-4 万家口子三维网格上游视图　　　图 12.3-5 万家口子三维网格下游视图

12.3.4 计算加载方法

对于坝基而言，在建坝前基岩中已存在初始地应力，它主要是由构造地应力和岩石自

图 12.3-6　万家口子拱坝、混凝土置换块
及传力洞网格图

重应力组成。构造地应力的模拟比较复杂，坝基浅层的初始应力主要是由于岩体自重产生的。由于坝址实测地应力资料较少，故需通过反演分析求解初始地应力场。严格地讲，应模拟河谷长期不断剥蚀下切的演进过程来求解初始地应力场，但这样与考虑后期坝体修建的网格在衔接上过于复杂，考虑到初始地应力状态下，基岩基本上处于弹性状态。为简化起见，本书直接采用现有河谷形状的基岩在自重作用下产生的应力作为初始地应力。

在计算处理时：第一步激活地基单元，采用地基的自重模拟地应力，并进行地应力平衡；第二步激活坝体单元并施加坝体自重，不考虑施工过程，自重一次全部施加；第三步施加水荷载、温度荷载以及渗透体积力。

12.4　大坝及坝基整体超载能力分析

为了解拱坝-坝基系统的渐进破坏全过程，并对拱坝-坝基系统整体稳定安全评价，本书利用超水容重法对万家口子拱坝-坝基系统的渐进破坏过程进行计算分析。

对于拱坝坝体-坝基系统，基础的持力部位较深，岩体的侧向约束较强，受力情况十分复杂，对基础的全面掌握与具体处理难度都较大，同时由于我国现行的混凝土拱坝设计规范未对深层抗滑稳定安全系数作出规定，在工程实际参照规范中，鉴于该问题的复杂性，设计者只能根据自身经验和工程类比进行判断。本书所采用的超水容重系数法，不再用滑动力和抗滑力的概念来建立定量地评价建筑物的安全储备的判据。由于重力、库水压力既具备滑动力又具备抗滑力的功能，在这个基础上建立起来的判据不可能和建筑物的安全储备存在一个单调的函数关系，因此利用超载法使滑动面上的法向力和剪切力可以通过材料的破坏准则（如本书所用的 M-C 准则）有机地联系起来。

12.4.1　正常温降工况下大坝及坝基整体超载能力分析

整体超载能力分析采用基于非线性有限元的超水容重方法进行计算，从超载系数为1开始，增量计算步长为 0.1 倍超载系数。

图 12.4-1～图 12.4-6 为温降工况不同超载系数下的拱冠梁剖面等效塑性应变图，图 12.4-7～图 12.4-12 为温降工况不同超载系数下的建基面等效塑性应变图，图 12.4-13～图 12.4-18 为温降工况不同超载系数下的上游坝面等效塑性应变图，图 12.4-19～图 12.4-24 为温降工况不同超载系数下的下游坝面等效塑性应变图，图 12.4-24～图 12.4-54 为温降工况不同超载系数下的典型高程（1295m、1325m、1365m、1405m、1425m）平切面的等效塑性应变图。图 12.4-55 为温降工况不同超载系数下的拱冠梁顶点顺河向位移曲线。

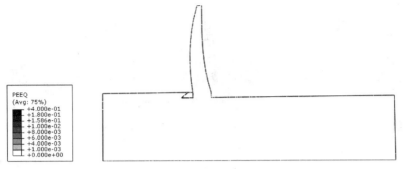

图 12.4-1 超载系数为 1.0 时拱冠梁剖面等效塑性应变图（温降工况）

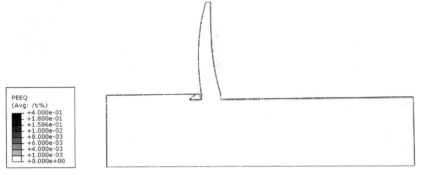

图 12.4-2 超载系数为 2.0 时拱冠梁剖面等效塑性应变图（温降工况）

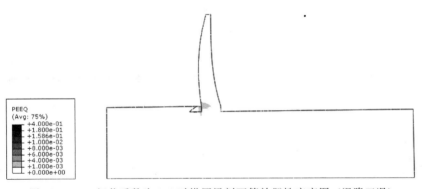

图 12.4-3 超载系数为 3.0 时拱冠梁剖面等效塑性应变图（温降工况）

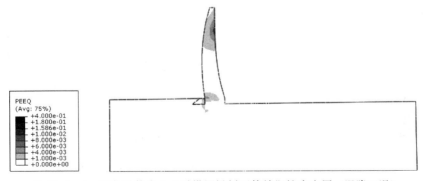

图 12.4-4 超载系数为 3.6 时拱冠梁剖面等效塑性应变图（温降工况）

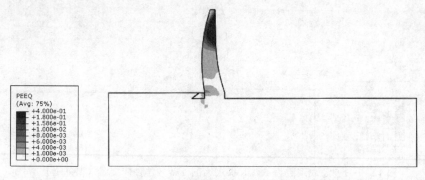

图 12.4-5　超载系数为 3.8 时拱冠梁剖面等效塑性应变图（温降工况）

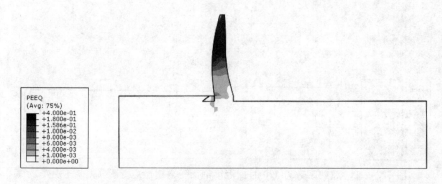

图 12.4-6　超载系数为 4.0 时拱冠梁剖面等效塑性应变图（温降工况）

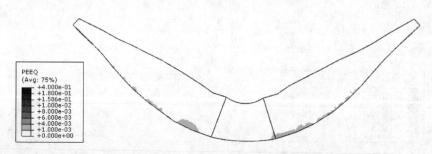

图 12.4-7　超载系数为 1.0 时建基面等效塑性应变图（温降工况）

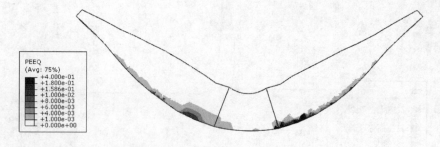

图 12.4-8　超载系数为 2.0 时建基面等效塑性应变图（温降工况）

图 12.4 - 9　超载系数为 3.0 时建基面等效塑性应变图（温降工况）

图 12.4 - 10　超载系数为 3.6 时建基面等效塑性应变图（温降工况）

图 12.4 - 11　超载系数为 3.8 时建基面等效塑性应变图（温降工况）

图 12.4 - 12　超载系数为 4.0 时建基面等效塑性应变图（温降工况）

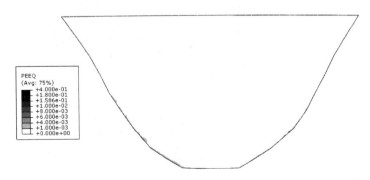

图 12.4 - 13　超载系数为 1.0 时上游坝面等效塑性应变图（温降工况）

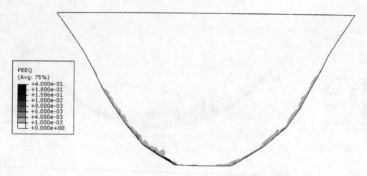

图 12.4 - 14　超载系数为 2.0 时上游坝面等效塑性应变图（温降工况）

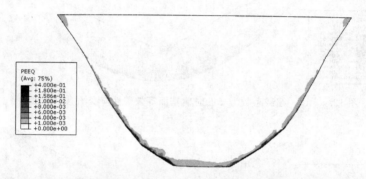

图 12.4 - 15　超载系数为 3.0 时上游坝面等效塑性应变图（温降工况）

图 12.4 - 16　超载系数为 3.6 时上游坝面等效塑性应变图（温降工况）

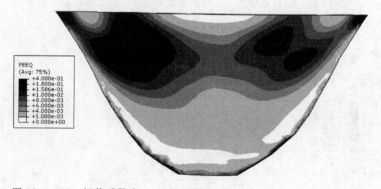

图 12.4 - 17　超载系数为 3.8 时上游坝面等效塑性应变图（温降工况）

图 12.4 - 18　超载系数为 4.0 时上游坝面等效塑性应变图 （温降工况）

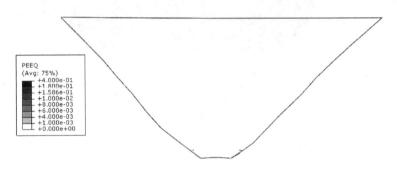

图 12.4 - 19　超载系数为 1.0 时下游坝面等效塑性应变图 （温降工况）

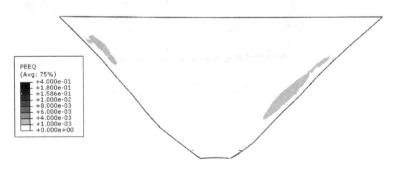

图 12.4 - 20　超载系数为 2.0 时下游坝面等效塑性应变图 （温降工况）

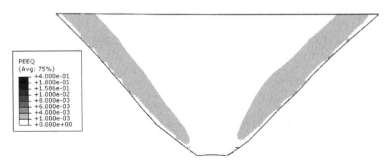

图 12.4 - 21　超载系数为 3.0 时下游坝面等效塑性应变图 （温降工况）

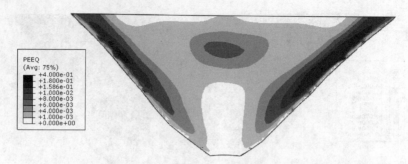

图 12.4-22 超载系数为 3.6 时下游坝面等效塑性应变图（温降工况）

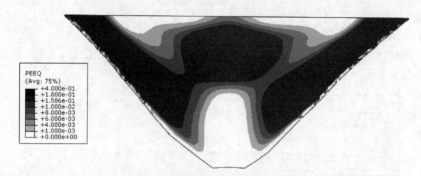

图 12.4-23 超载系数为 3.8 时下游坝面等效塑性应变图（温降工况）

图 12.4-24 超载系数为 4.0 时下游坝面等效塑性应变图（温降工况）

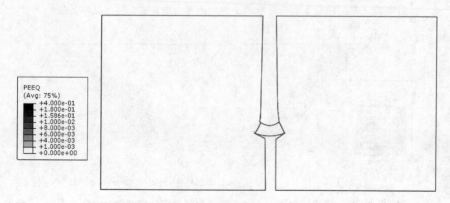

图 12.4-25 超载系数为 1.0 时 1295.00m 高程平切面等效塑性应变图（温降工况）

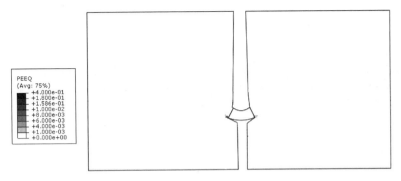

图 12.4-26　超载系数为 2.0 时 1295m 高程平切面等效塑性应变图（温降工况）

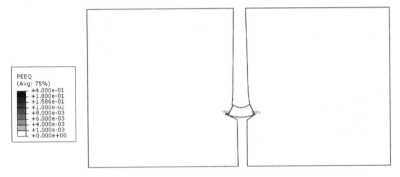

图 12.4-27　超载系数为 3.0 时 1295m 高程平切面等效塑性应变图（温降工况）

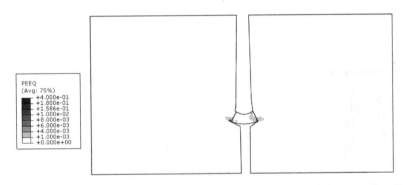

图 12.4-28　超载系数为 3.6 时 1295m 高程平切面等效塑性应变图（温降工况）

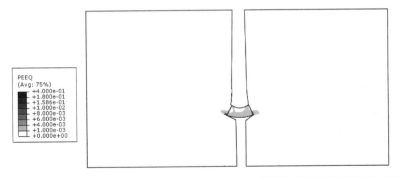

图 12.4-29　超载系数为 3.8 时 1295m 高程平切面等效塑性应变图（温降工况）

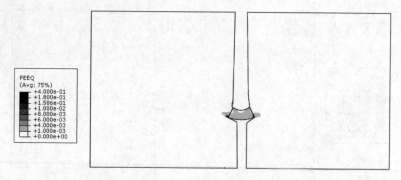

图 12.4-30　超载系数为 4.0 时 1295m 高程平切面等效塑性应变图（温降工况）

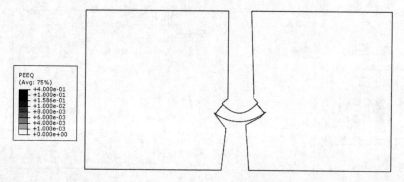

图 12.4-31　超载系数为 1.0 时 1325m 高程平切面等效塑性应变图（温降工况）

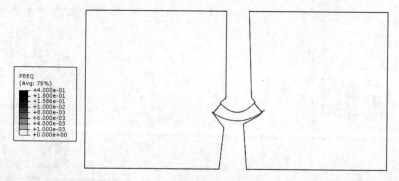

图 12.4-32　超载系数为 2.0 时 1325m 高程平切面等效塑性应变图（温降工况）

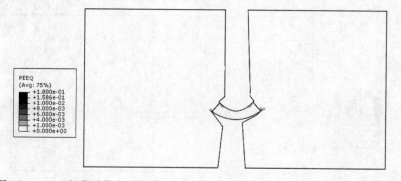

图 12.4-33　超载系数为 3.0 时 1325m 高程平切面等效塑性应变图（温降工况）

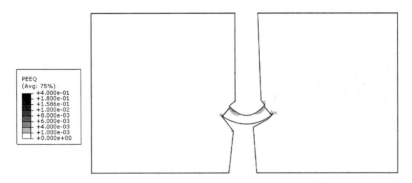

图 12.4-34　超载系数为 3.6 时 1325m 高程平切面等效塑性应变图（温降工况）

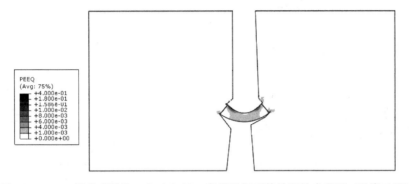

图 12.4-35　超载系数为 3.8 时 1325m 高程平切面等效塑性应变图（温降工况）

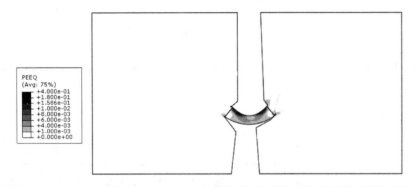

图 12.4-36　超载系数为 4.0 时 1325m 高程平切面等效塑性应变图（温降工况）

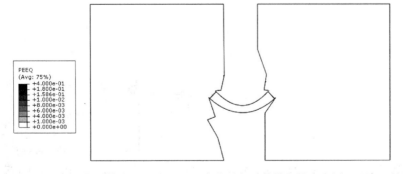

图 12.4-37　超载系数为 1.0 时 1365m 高程平切面等效塑性应变图（温降工况）

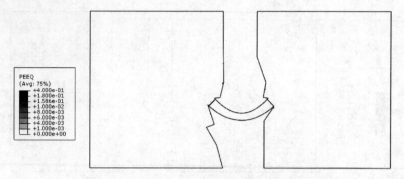

图 12.4-38　超载系数为 2.0 时 1365m 高程平切面等效塑性应变图（温降工况）

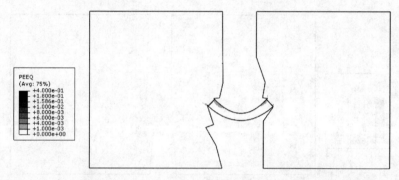

图 12.4-39　超载系数为 3.0 时 1365m 高程平切面等效塑性应变图（温降工况）

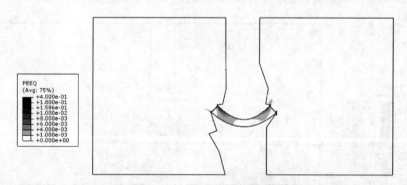

图 12.4-40　超载系数为 3.6 时 1365m 高程平切面等效塑性应变图（温降工况）

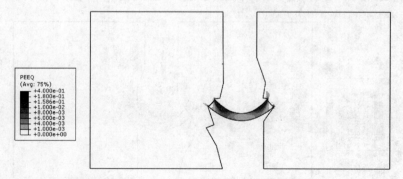

图 12.4-41　超载系数为 3.8 时 1365m 高程平切面等效塑性应变图（温降工况）

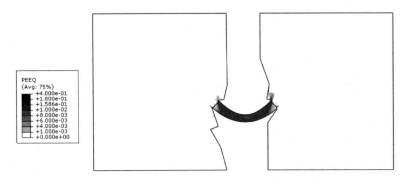

图 12.4-42　超载系数为 4.0 时 1365m 高程平切面等效塑性应变图（温降工况）

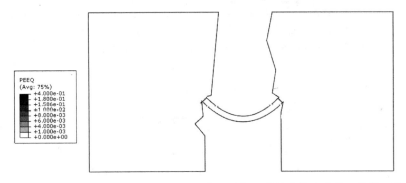

图 12.4-43　超载系数为 1.0 时 1405m 高程平切面等效塑性应变图（温降工况）

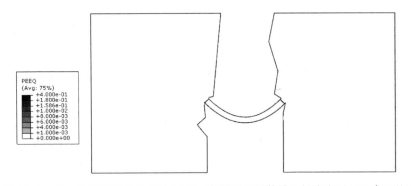

图 12.4-44　超载系数为 2.0 时 1405m 高程平切面等效塑性应变图（温降工况）

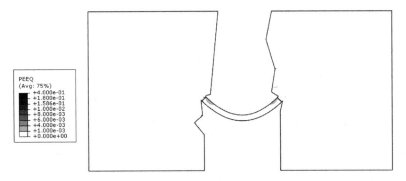

图 12.4-45　超载系数为 3.0 时 1405m 高程平切面等效塑性应变图（温降工况）

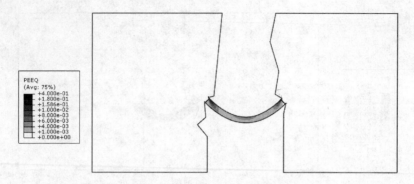

图 12.4-46 超载系数为 3.6 时 1405m 高程平切面等效塑性应变图（温降工况）

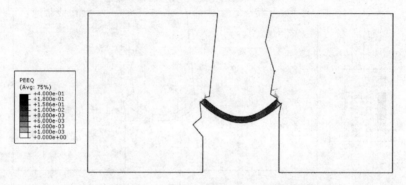

图 12.4-47 超载系数为 3.8 时 1405m 高程平切面等效塑性应变图（温降工况）

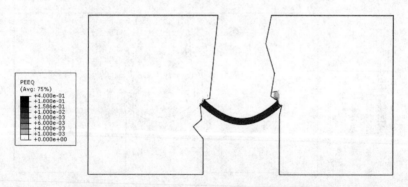

图 12.4-48 超载系数为 4.0 时 1405m 高程平切面等效塑性应变图（温降工况）

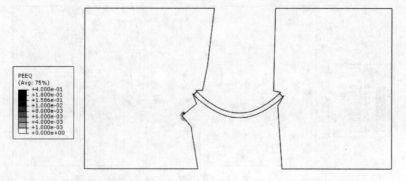

图 12.4-49 超载系数为 1.0 时 1425m 高程平切面等效塑性应变图（温降工况）

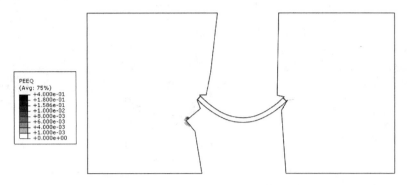

图 12.4-50　超载系数为 2.0 时 1425m 高程平切面等效塑性应变图（温降工况）

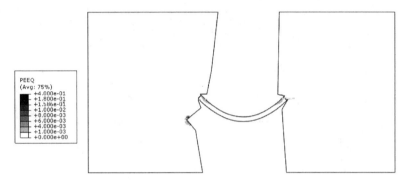

图 12.4-51　超载系数为 3.0 时 1425m 高程平切面等效塑性应变图（温降工况）

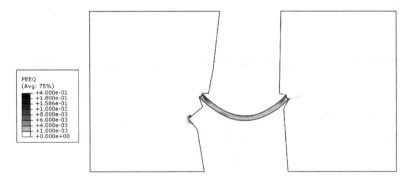

图 12.4-52　超载系数为 3.6 时 1425m 高程平切面等效塑性应变图（温降工况）

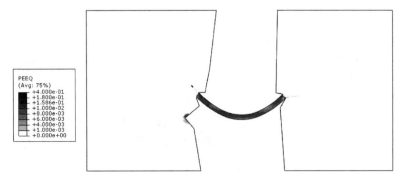

图 12.4-53　超载系数为 3.8 时 1425m 高程平切面等效塑性应变图（温降工况）

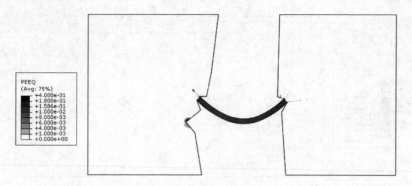

图 12.4-54　超载系数为 4.0 时 1425m 高程平切面等效塑性应变图（温降工况）

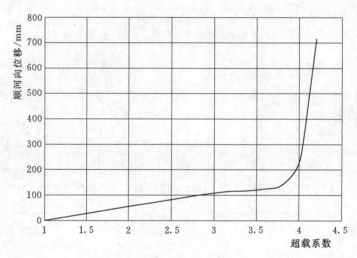

图 12.4-55　温降工况不同超载系数下的拱冠梁顶部顺河向位移曲线

由图可知，当超载系数为 1.0 时，拱坝-坝基系统基本处于弹性。当超载系数为 2.0 时，坝踵处出现拉伸破坏，建基面岸上游侧转折部位拉裂破坏和压剪塑性屈服。然而，破坏区仍属于局部范围内的屈服破坏，对拱坝整体影响很小。在超载系数为 1.0～1.5 时，拱冠梁顶部顺河向位移处于线性段。当超载系数大于 2.0 后，拱冠梁顶部顺河向位移开始出现非线性增长。因此，起裂超载系数 K_1 为 1.5～2.0。随着超载系数的不断增大，部分结构面的屈服区向深部扩展；左右坝肩的岩体产生塑性屈服区，并由上游侧向下游侧发展；坝体的下游侧产生塑性屈服区，并进一步扩展。当超载系数达到 3.0 时，坝体整体开始出现大范围的屈服区，此时，由于屈服区仍未贯通，拱坝通过进一步的变形协调，仍具有一定抗力。当超载系数大于 3.0 后，拱冠梁顶部顺河向位移非线性增长更加明显。因此，坝体非线性超载系数 K_2 为 3.0。随着水荷载的进一步增加，坝体的屈服区进一步扩展，当超载系数大于 4.0 时，在 3/4 坝高处屈服区沿上下游方向大部分贯通，坝体下游面大部分屈服，从而使大坝-坝基系统达到整体失稳的极限状态。此时，拱冠梁顺河向位移发生突变，并开始急剧增长。综上，大坝-坝基系统在温降工况超水容重条件下的超载系数 K_3 为 4.0。

12.4.2 正常温升工况下大坝及坝基整体超载能力分析

整体超载能力分析采用基于非线性有限元的超水容重方法进行计算，从超载系数为 1 开始，增量计算步长为 0.1 倍超载系数。

图 12.4-56～图 12.4-61 为两种工况不同超载系数下的拱冠梁剖面等效塑性应变图，图 12.4-62～图 12.4-67 为两种工况不同超载系数下的建基面等效塑性应变图，图 12.4-68～图 12.4-73 为两种工况不同超载系数下的上游坝面等效塑性应变图，图 12.4-74～

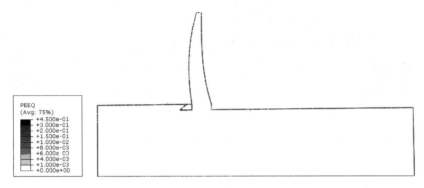

图 12.4-56　超载系数为 1.0 时拱冠梁剖面等效塑性应变图（温升工况）

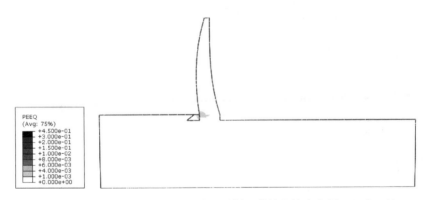

图 12.4-57　超载系数为 2.0 时拱冠梁剖面等效塑性应变图（温升工况）

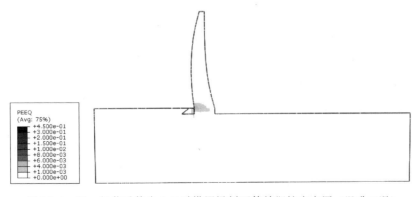

图 12.4-58　超载系数为 3.0 时拱冠梁剖面等效塑性应变图（温升工况）

图 12.4-79 为两种工况不同超载系数下的下游坝面等效塑性应变图，图 12.4-80～图 12.4-109 为两种工况不同超载系数下的典型高程（1295m、1325m、1365m、1405m、1425m）平切面的等效塑性应变图。图 12.4-110 为两种工况不同超载系数下的拱冠梁顶点顺河向位移曲线。

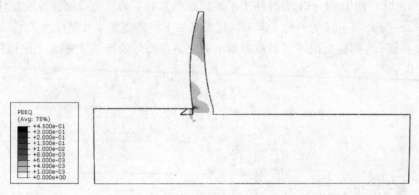

图 12.4-59 超载系数为 3.8 时拱冠梁剖面等效塑性应变图（温升工况）

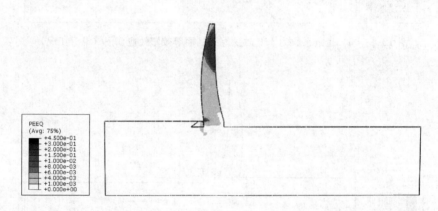

图 12.4-60 超载系数为 4.0 时拱冠梁剖面等效塑性应变图（温升工况）

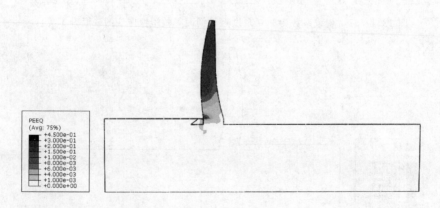

图 12.4-61 超载系数为 4.1 时拱冠梁剖面等效塑性应变图（温升工况）

图 12.4-62　超载系数为 1.0 时建基面等效塑性应变图（温升工况）

图 12.4-63　超载系数为 2.0 时建基面等效塑性应变图（温升工况）

图 12.4-64　超载系数为 3.0 时建基面等效塑性应变图（温升工况）

图 12.4-65　超载系数为 3.8 时建基面等效塑性应变图（温升工况）

图 12.4-66　超载系数为 4.0 时建基面等效塑性应变图（温升工况）

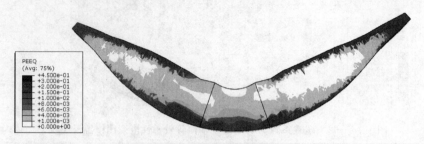

图 12.4 - 67　超载系数为 4.1 时建基面等效塑性应变图（温升工况）

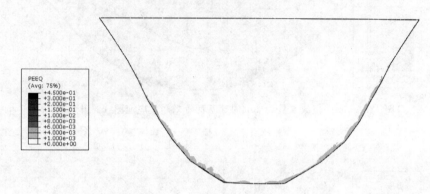

图 12.4 - 68　超载系数为 1.0 上游坝面等效塑性应变图（温升工况）

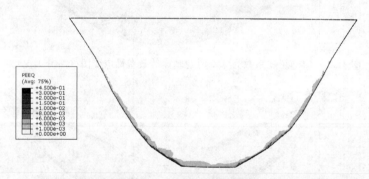

图 12.4 - 69　超载系数为 2.0 上游坝面等效塑性应变图（温升工况）

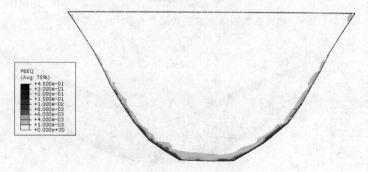

图 12.4 - 70　超载系数为 3.0 上游坝面等效塑性应变图（温升工况）

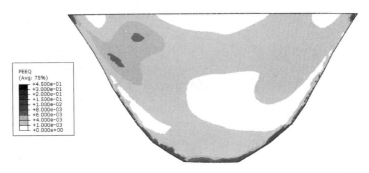

图 12.4-71　超载系数为 3.8 上游坝面等效塑性应变图（温升工况）

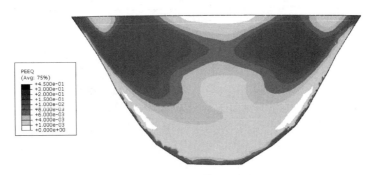

图 12.4-72　超载系数为 4.0 上游坝面等效塑性应变图（温升工况）

图 12.4-73　超载系数为 4.1 上游坝面等效塑性应变图（温升工况）

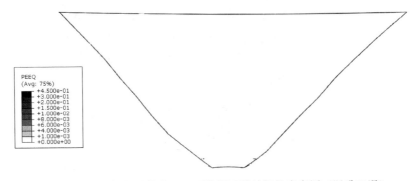

图 12.4-74　超载系数为 1.0 下游坝面等效塑性应变图（温升工况）

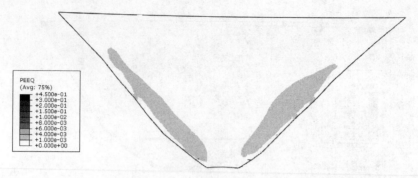

图 12.4-75 超载系数为 2.0 下游坝面等效塑性应变图（温升工况）

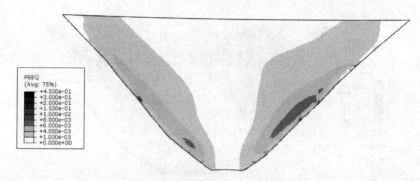

图 12.4-76 超载系数为 3.0 下游坝面等效塑性应变图（温升工况）

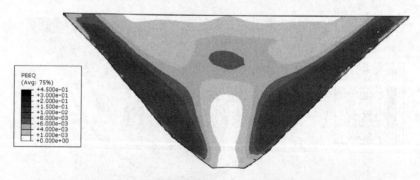

图 12.4-77 超载系数为 3.8 下游坝面等效塑性应变图（温升工况）

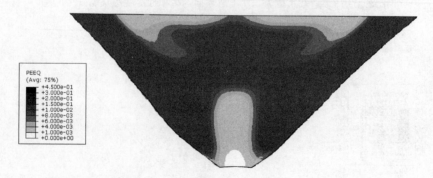

图 12.4-78 超载系数为 4.0 下游坝面等效塑性应变图（温升工况）

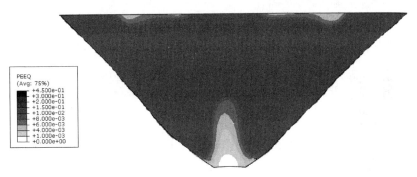

图 12.4-79　超载系数为 4.1 下游坝面等效塑性应变图（温升工况）

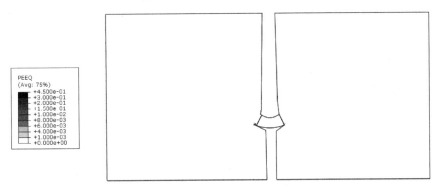

图 12.4-80　超载系数为 1.0 时 1295m 高程平切面等效塑性应变图（温升工况）

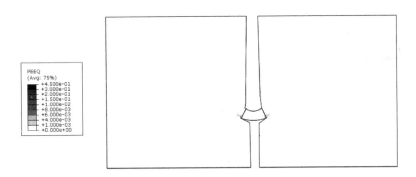

图 12.4-81　超载系数为 2.0 时 1295m 高程平切面等效塑性应变图（温升工况）

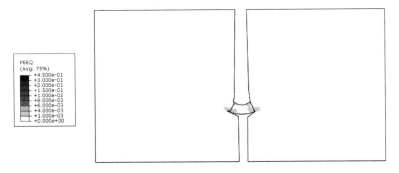

图 12.4-82　超载系数为 3.0 时 1295m 高程平切面等效塑性应变图（温升工况）

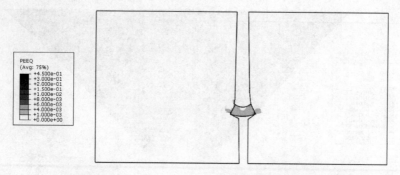

图 12.4-83　超载系数为 3.8 时 1295m 高程平切面等效塑性应变图（温升工况）

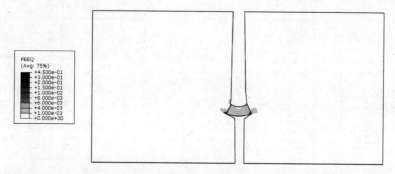

图 12.4-84　超载系数为 4.0 时 1295m 高程平切面等效塑性应变图（温升工况）

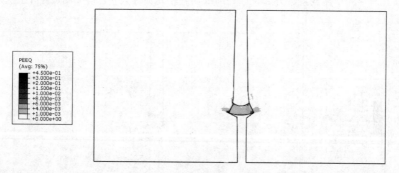

图 12.4-85　超载系数为 4.1 时 1295m 高程平切面等效塑性应变图（温升工况）

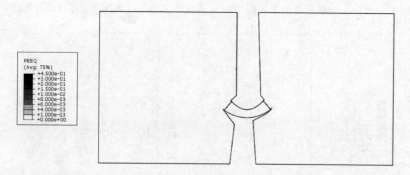

图 12.4-86　超载系数为 1.0 时 1325m 高程平切面等效塑性应变图（温升工况）

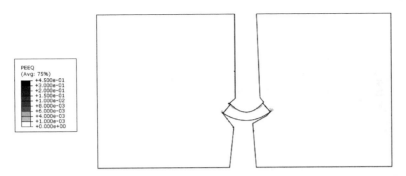

图 12.4-87　超载系数为 2.0 时 1325m 高程平切面等效塑性应变图（温升工况）

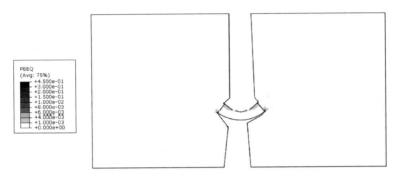

图 12.4-88　超载系数为 3.0 时 1325m 高程平切面等效塑性应变图（温升工况）

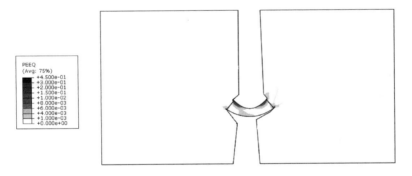

图 12.4-89　超载系数为 3.8 时 1325m 高程平切面等效塑性应变图（温升工况）

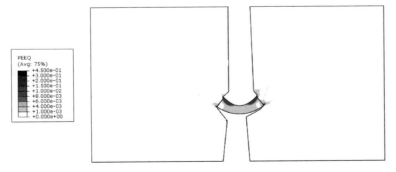

图 12.4-90　超载系数为 4.0 时 1325m 高程平切面等效塑性应变图（温升工况）

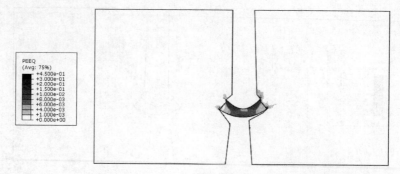

图 12.4 - 91　超载系数为 4.1 时 1325m 高程平切面等效塑性应变图（温升工况）

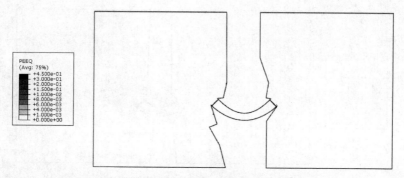

图 12.4 - 92　超载系数为 1.0 时 1365m 高程平切面等效塑性应变图（温升工况）

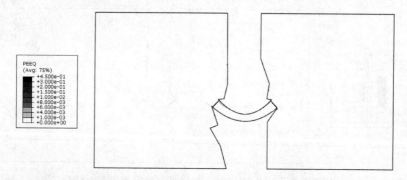

图 12.4 - 93　超载系数为 2.0 时 1365m 高程平切面等效塑性应变图（温升工况）

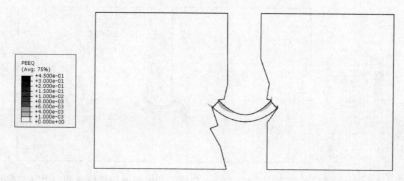

图 12.4 - 94　超载系数为 3.0 时 1365m 高程平切面等效塑性应变图（温升工况）

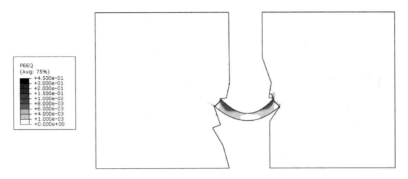

图 12.4-95　超载系数为 3.8 时 1365m 高程平切面等效塑性应变图（温升工况）

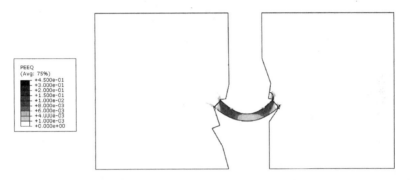

图 12.4-96　超载系数为 4.0 时 1365m 高程平切面等效塑性应变图（温升工况）

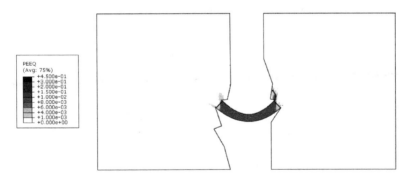

图 12.4-97　超载系数为 4.1 时 1365m 高程平切面等效塑性应变图（温升工况）

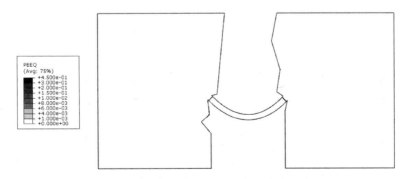

图 12.4-98　超载系数为 1.0 时 1405m 高程平切面等效塑性应变图（温升工况）

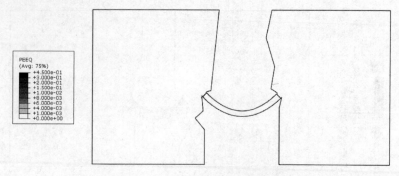

图 12.4-99 超载系数为 2.0 时 1405m 高程平切面等效塑性应变图（温升工况）

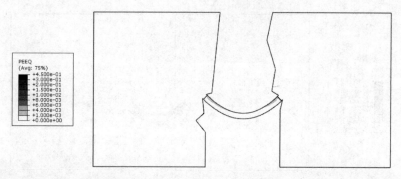

图 12.4-100 超载系数为 3.0 时 1405m 高程平切面等效塑性应变图（温升工况）

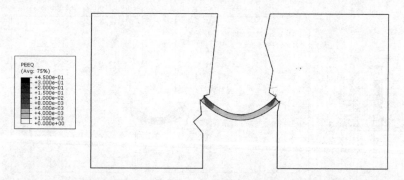

图 12.4-101 超载系数为 3.8 时 1405m 高程平切面等效塑性应变图（温升工况）

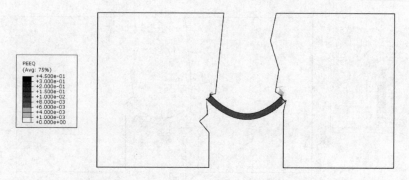

图 12.4-102 超载系数为 4.0 时 1405m 高程平切面等效塑性应变图（温升工况）

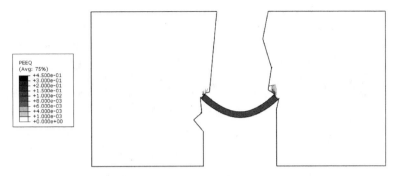

图 12.4-103　超载系数为 4.1 时 1405m 高程平切面等效塑性应变图（温升工况）

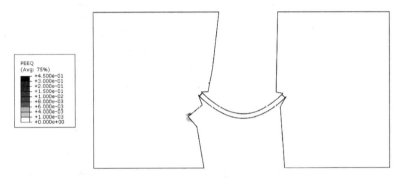

图 12.4-104　超载系数为 1.0 时 1425m 高程平切面等效塑性应变图（温升工况）

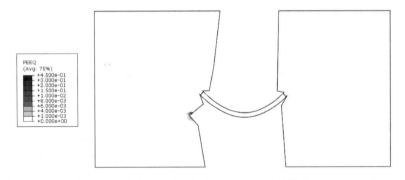

图 12.4-105　超载系数为 2.0 时 1425m 高程平切面等效塑性应变图（温升工况）

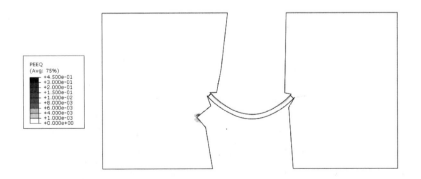

图 12.4-106　超载系数为 3.0 时 1425m 高程平切面等效塑性应变图（温升工况）

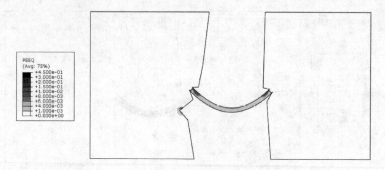

图 12.4-107 超载系数为 3.8 时 1425m 高程平切面等效塑性应变图（温升工况）

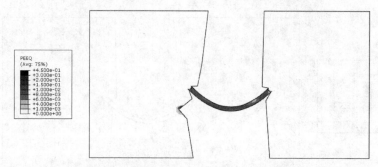

图 12.4-108 超载系数为 4.0 时 1425m 高程平切面等效塑性应变图（温升工况）

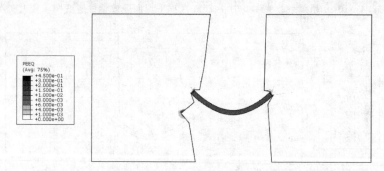

图 12.4-109 超载系数为 4.1 时 1425m 高程平切面等效塑性应变图（温升工况）

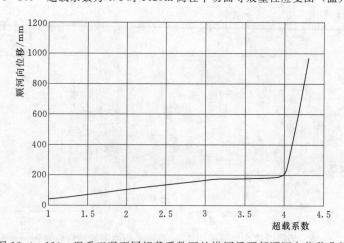

图 12.4-110 温升工况不同超载系数下的拱冠梁顶部顺河向位移曲线

12.5 坝肩稳定分析

12.5.1 计算分析原理及要求

1. 计算分析原理

岩体的破坏，往往是一部分不稳定的结构体，沿着某些结构面拉开，并沿着一些结构面向一定的自由空间滑移的结果。刚体极限平衡法是假定不稳定的结构体为刚体，不考虑作用于结构岩体上的转动作用，在极限状态先建立平衡方程进行分析。因此，在建立三维抗滑稳定模型时需要作以下假定：

（1）作用于滑移体上所有的力，可以合成为一个合力。

（2）在外力作用下，滑移体不发生变形，即为刚性块体。

（3）沿两个面的滑移，只能沿着它们的交线并且该交线指向临空面才能发生。

（4）在垂直于滑移方向的平面上，不存在剪切。

根据工程实际，结合前期结果，拱坝坝肩稳定分析的步骤是：

（1）结合地质条件，对可能滑动的边界条件进行分析。

（2）对已确定的边界面逐一确定其力学性能参数，找出临空面和滑动面。

（3）确定危险滑块组合。

（4）用刚体极限平衡的条件计算抗滑稳定的作用效应值与结构抗力值。

2. 计算要求

根据 DL/T 5346—2006《混凝土拱坝设计规范》用刚体极限平衡法分析坝肩稳定时，应满足承载能力极限状态设计表达式：

$$\gamma_0 \psi \sum T \leqslant \frac{1}{\gamma_{d1}} \left(\frac{\sum f_1 N}{\gamma_{m1f}} + \frac{\sum c_1 A}{\gamma_{m1c}} \right) \qquad (12.5-1)$$

式中： γ_0 ——结构重要性系数，本工程建筑物的安全级别为 Ⅱ 级，结构重要性系数取 1.0；

ψ ——设计状况系数，对应于持久状况、短暂状况、偶然状况，分别取 1.00、0.95、0.85；

T ——沿滑动方向的滑动力，10^3kN；

f_1 ——抗剪断摩擦系数；

N ——垂直于滑动方向的法向力，10^3kN；

c_1 ——抗剪断黏聚力，MPa；

A ——滑裂面的面积，m^2；

γ_{d1} ——结构系数，$\gamma_{d1}=1.2$；

γ_{m1f}、γ_{m1c} ——材料性能分项系数，分别取 2.4、3.0。

12.5.2 分析计算

坝址河谷地形狭窄，坝线短，岩体为块状灰岩、白云岩，均为中—硬质岩，岩体风化不深，微风化岩体完整性较好，强度较高。根据坝址的地形地质条件特征，初步确定了左、右岸岩体可能滑动块体。

在有限元应力分析基础上，通过应力积分的方法计算出坝体拱端传递至坝肩的推力，并从有限元渗流场中提取渗透力，应用三维刚体极限平衡法，遵循现行规范的原则确定，按抗剪断强度公式进行坝肩岩体稳定计算分析，评价其静力抗滑稳定安全。

12.5.3　坝肩稳定分析的块体组合

根据地形图中的水电站工程坝质构造分布情况，判断影响左岸坝肩稳定的地质构造主要为断层 F101、f200、f200－1、f200－2。影响右岸坝肩稳定的地质构造主要为断层 fc700。结合有限元分析结果，确定左右岸坝肩部位可能的滑动模型主要有 4 个：①由断层 F101、f200 和切层裂隙组成的左岸 1 号楔形体；②由断层 F101、f200－2 和切层裂隙组成的左岸 2 号楔形体；③由断层 fc700 和卸荷裂隙组成的右岸 3 号楔形体；④由断层 fc700、卸荷裂隙和切层裂隙组成的右岸 4 号楔形体。

（1）在左岸 1 号楔形体的 3 个滑裂面中，断层 F101 为底滑面，走向 285°～300°/SW，倾角 25°～42°，破碎宽 30～150cm，充填泥屑、铁质，近地表风化明显；断层 f200 为侧裂面，走向 345°～10°/NE～SE，倾角 68°～78°，破碎宽 10～50cm，裂隙夹方解石，溶蚀破碎；切层裂隙为 NE 向张性裂隙，走向 35°～60°/NW 或 SE，倾角 50°～85°，一般张开 0.5～2cm，方解石以充填为主。楔形体在拱肩部位出露，位于大坝下游，滑动方向沿结构面 F101 与 f200 交线方向。

（2）在左岸 2 号楔形体的 3 个滑裂面中，断层 F101 为底滑面，走向 285°～300°/SW，倾角 25°～42°，破碎宽 30～150cm，充填泥屑、铁质，近地表风化明显；断层 f200－2 为侧裂面，走向 350°～0°/NE～SE，倾角 35°～43°，破碎宽 5～10cm，方解石及钙、泥混合物充填；切层裂隙为 NE 向张性裂隙，走向 35°～60°/NW 或 SE，倾角 50°～85°，一般张开 0.5～2cm，方解石充填为主。楔形体在拱肩部位出露，位于大坝下游，滑动方向沿结构面 F101 与 f200－2 交线方向。

（3）在右岸 3 号楔形体的两个滑裂面中，断层 fc700 为底滑面，走向 35°～45°/SE，倾角 65°～78°，破碎宽 2～8cm，充填方解石、混黏土，局部无充填；卸荷裂隙为 NE 裂隙，走向 10°～40°/NW 或 SE，倾角 60°～80°，一般延伸长 10～20m，泥质充填。楔形体在拱肩部位出露，位于大坝下游，滑动方向沿结构面 fc700 与卸荷裂隙交线方向。

（4）在右岸 4 号楔形体的 3 个滑裂面中，断层 fc700 为底滑面，走向 35°～45°/SE，倾角 65°～78°，破碎宽 2～8cm，充填方解石、混黏土，局部无充填。切层裂隙为 NW 向张性裂隙，走向 300°～330°/NE，倾角 60°～85°，发育密度一般 0.2～0.5 条/m。卸荷裂隙为 NE 裂隙，走向 10°～40°/NW 或 SE，倾角 60°～80°，一般延伸长 10～20m，泥质充填。楔形体在拱肩部位出露，位于大坝下游，滑动方向沿结构面 fc700 与卸荷裂隙交线方向。

左右岸坝肩各楔形体体形态如图 12.5－1～图 12.5－4 所示，楔形体组合及结构面参数见表 12.5－1。

表 12.5 - 1 左、右岸坝肩各楔形体组合及结构面参数

楔形体部位		滑裂面	结构面	滑裂面产状	重量/MN	面积/m²	强度参数	
							f	c/MPa
左岸	1号	底滑面	F101	290°/SW∠30°	8956.4	6959	0.35	0.08
		侧裂面	f200	350°/NE∠70°		3252	0.45	0.10
		侧裂面	切层裂隙	60°/SE∠50°		9487	0.75	0.15
	2号	底滑面	F101	290°/SW∠30°	3093.1	991.4	0.35	0.08
		侧裂面	f200-2	350°/NE∠35°		464.9	0.45	0.10
		侧裂面	切层裂隙	60°/SE∠50°		5640.4	0.75	0.15
右岸	3号	底滑面	fc700	290°/SW∠30°	310.0	984	0.28	0.05
		侧裂面	卸荷裂隙	10°/NW∠60°		2486	0.75	0.15
	4号	底滑面	fc700	290°/SW∠30°	1366.1	3731.9	0.28	0.05
		侧裂面	切层裂隙	330°/NE∠60°		1486.5	0.75	0.15
		侧裂面	卸荷裂隙	40°/NW∠60°		3098.0	0.75	0.15

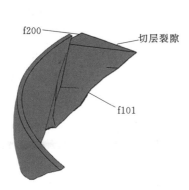

图 12.5 - 1 1号滑块示意图

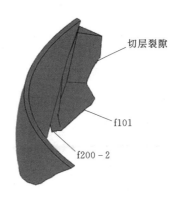

图 12.5 - 2 2号滑块示意图

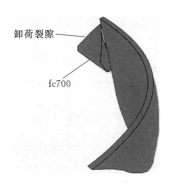

图 12.5 - 3 3号滑块示意图

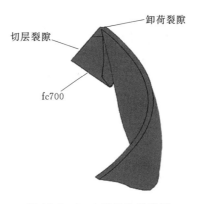

图 12.5 - 4 4号滑块示意图

12.5.4 坝肩稳定计算

根据 DL/T 5346—2006《混凝土拱坝设计规范》推荐的刚体极限平衡法计算抗滑稳定安全系数：

$$K = \frac{1}{\psi \gamma_{d1} \gamma_0}\left(\frac{\sum f_1 N}{\gamma_{m1f}} + \frac{\sum c_1 A}{\gamma_{m1c}}\right)\frac{1}{\sum T} \qquad (12.5-2)$$

在计算安全系数时，坝肩推力以横河向为 x 轴，指向右岸为正，以顺河向为 y 轴，指向下游为正，以铅直向为 z 轴，向上为正，渗透压力以沿滑面向上为正，下滑力以沿滑动方向为正。计算工况为正常蓄水位工况，考虑温降荷载作用。正常蓄水位下坝肩稳定计算见表 12.5-2。

表 12.5-2　　　　　　　　　正常蓄水位工况下坝肩稳定计算

楔形体部位		滑裂面	结构面	计算推力/×10^3kN								
				渗透压力	自重 W	拱肩推力			$\sum f_1 N$	$\sum c_1 A$	$\sum T$
						x	y	z			
左岸	1 号	底滑面	F101	342.9	8956.4	71.9	152.8	492.8	6739.7	2413.3	2392.6
		侧裂面	f200	148.9							
		侧裂面	切层裂隙	280.3							
	2 号	底滑面	F101	337.6	3093.1	16.0	37.4	175.1	3212.7	971.9	982.5
		侧裂面	f200-2	148.6							
		侧裂面	切层裂隙	285.5							
右岸	3 号	底滑面	fc700	88.3	310.0	34.8	70.1	7.1	82.6	422.1	96.6
		侧裂面	卸荷裂隙	166.5							
	4 号	底滑面	fc700	191.9	1366.1	23.9	42.8	140.6	919.1	873.2	456.2
		侧裂面	切层裂隙	138.5							
		侧裂面	卸荷裂隙	164.2							

12.5.5 结果分析

根据规范 DL/T 5346—2006《混凝土拱坝设计规范》的要求进行等效安全系数评价，正常蓄水位工况下坝肩稳定计算成果见表 12.5-3。

表 12.5-3　　　　　　　　　正常蓄水位工况下坝肩稳定计算成果表

项　目	左　岸		右　岸		允许安全系数 $[K_C]$
	1 号楔形体	2 号楔形体	3 号楔形体	4 号楔形体	
安全系数 K_C（电口）	1.26	1.41	1.51	1.23	1.0
安全系数 K_C（水口）	3.83	4.85	5.22	3.93	3.5

根据规范要求，按照刚体极限平衡分析方法，所有滑块组合在正常蓄水位温降工况下，计算得到的安全系数最小值为 1.23，大于规范允许的等效安全系数 1.0。

计算选取的所有滑动块体按 DL/T 5346—2006《混凝土拱坝设计规范》计算，结果均满足抗滑稳定要求。

12.5.6 结论

坝肩稳定分析采用刚体极限平衡法。根据现有的地质条件，结合非线性有限元计算结果，确定可能的滑块组合。在有限元应力分析基础上，通过应力积分的方法计算出坝体拱端传递至坝肩的推力。由计算可知，所有的可能滑块组合在正常蓄水位温降工况下，按照刚体极限平衡分析方法计算所得的等效安全系数均大于允许的安全系数。

按 DL/T 5346—2006《混凝土拱坝设计规范》计算，左岸最小等效安全系数为 1.26，右岸滑块组合的最小等效安全系数为 1.23，所有可能滑动块体均满足抗滑稳定要求。

12.6 结论与建议

利用超水容重法对万家口子拱坝－坝基系统的渐进破坏过程失稳模式进行计算分析；利用刚体极限平衡法进行坝肩稳定分析。主要结论如下：

1. 大坝及坝基的渐进破坏过程及失稳模式

对于正常温降、温升两种工况，大坝-坝基系统的渐进破坏过程基本相同。当超载系数为 1.0 时，拱坝-坝基系统基本处于弹性。当超载系数为 2.0 时，坝踵处出现拉伸破坏，建基面岸上游侧转折部位发生拉裂破坏和压剪塑性屈服。然而，破坏区仍属于局部范围内的屈服破坏，对拱坝整体影响很小。在超载系数为 1.0~1.5 时，拱冠梁顶部顺河向位移处于线性段。当超载系数大于 2.0 后，拱冠梁顶部顺河向位移开始出现非线性增长。因此，起裂超载系数 K_1 为 1.5~2.0。随着超载系数的不断增大，部分结构面的屈服区向深部扩展；左右坝肩的岩体产生塑性屈服区，并由上游侧向下游侧发展；坝体的下游侧产生塑性屈服区，并进一步扩展。当超载系数达到 3.0 时，坝体整体开始出现大范围的屈服区，此时，由于屈服区仍未贯通，拱坝通过进一步的变形协调，仍具有一定抗力。当超载系数大于 3.0 后，拱冠梁顶部顺河向位移非线性增长更加明显。因此，坝体非线性超载系数 K_2 为 3.0。随着水荷载的进一步增加，坝体的屈服区进一步扩展。

对于正常温降工况，当超载系数大于 4.0 时，在 3/4 坝高处屈服区沿上下游方向大部分贯通，坝体下游面大部分屈服，从而使大坝-坝基系统达到整体失稳的极限状态。此时，拱冠梁顺河向位移发生突变，并开始急剧增长。因此，大坝-坝基系统在温降工况超水容重条件下的超载系数 K_3 为 4.0。对于正常温升工况，当超载系数大于 4.1 时，在 3/4 坝高处屈服区沿上下游方向大部分贯通，坝体下游面大部分屈服，从而使大坝-坝基系统达到整体失稳的极限状态。此时，拱冠梁顺河向位移发生突变，并开始急剧增长。因此，大坝-坝基系统在温升工况超水容重条件下的超载系数 K_3 为 4.1。综上所述，万家口子的超水容重系数为 4.0。

表 12.6-1 列出了国内部分已建和在建拱坝及本书计算的应力稳定成果，从类似工程的稳定计算成果看，万家口子的超水容重系数为 4.0，由工程经验知其具有足够的稳定安全度。

表 12.6-1 国内部分已建和在建拱坝应力稳定成果

工 程 名 称	坝高/m	地质模型试验超载系数			数值分析整体安全度			完成单位
		K_1	K_2	K_3	K_1	K_2	K_3	
锦屏双曲拱坝	305	2.0	4.0～5.0	6.0～7.0	1.5～2.5	3.0～4.0	5.0	清华大学
小湾双曲拱坝	285	1.8	3.0	6.5	1.5	3.0	7.0	清华大学
溪洛渡双曲拱坝	278	1.8	5.0	8.0	1.5～2.0	3.0～4.0	7.5	武汉大学
东风双曲拱坝	166	2.0	3.8	8.0	1.3		6.5	清华大学
石门坎双曲拱坝	111						4.5	武汉大学
龙羊峡重力拱坝	102	1.2	1.8	3.25	1.5		4.0	清华大学
铜头双曲拱坝	75	1.5	1.5	4.0	1.5		4.5	清华大学
万家口子拱坝（本次计算）	167.5				1.5～2.0	3.0	4.0	武汉大学

2. 坝肩稳定计算分析

坝肩稳定分析采用刚体极限平衡法。根据现有的地质条件，结合非线性有限元计算结果，确定可能的滑块组合。在有限元应力分析基础上，通过应力积分的方法计算出坝体拱端传递至坝肩的推力。由计算可知，所有的可能滑块组合在正常蓄水位温降工况下，按照刚体极限平衡分析方法计算所得的等效安全系数均大于允许的安全系数。

按 DL/T 5346—2006《混凝土拱坝设计规范》计算，左岸最小等效安全系数为 1.26 右岸滑块组合的最小等效安全系数为 1.23，所有可能滑动块体均满足抗滑稳定要求。

参 考 文 献

［1］ 张伯艳，陈厚群，杜修力，等. 拱坝坝肩抗震稳定分析 [J]. 水利学报，2000 (11)：56-60.

［2］ 张楚汉. 论岩石、混凝土离散-接触-断裂分析 [J]. 岩石力学与工程学报，2008 (2)：6-24.

［3］ 朱伯芳，张超然. 高拱坝结构安全关键技术研究 [M]. 北京：中国水利水电出版社，2010.

［4］ 宋冬仿，林皓羽，苏涛，等. 有限元超载法在坝基抗滑稳定分析中的应用 [J]. 人民长江，2012 (1)：15-17，35.

［5］ 潘家铮. 论坝体深层抗滑稳定问题非线性分析中安全度的确定 [J]. 岩石力学与工程学报，1985 (1)：4-12.

［6］ 周伟，常晓林，唐忠敏，等. 溪洛渡高拱坝渐进破坏过程仿真分析与稳定安全度研究 [J]. 四川大学学报（工程科学版），2002 (4)：46-50.

［7］ 侯艳丽. 混凝土坝-地基破坏的离散元方法与断裂力学的耦合模型研究 [D]. 北京：清华大学，2005.

［8］ 熊堃，何蕴龙，肖伟. 桑郎拱坝整体稳定安全度数值分析 [J]. 武汉大学学报（工学版），2007 (4)：22-25，30.

［9］ 邹立春. 高拱坝设计理论与工程实践 [M]. 北京：中国水利水电出版社，2017

［10］ 李斌，陈祖煜，王玉杰，等. 拱座抗滑稳定可靠指标和分项系数取值标准研究 [J]. 水力发电学报，2014，33 (6)：192-201.

第 13 章

岩 溶 区 域 勘 察 研 究

13.1　勘察工作概述

　　云南省万家口子水电站工程坝址位于北盘江干流上游革香河上，为云贵两省交汇地界，距云南省宣威市约 70km，距离贵州省六盘水市 110km，是北盘江干流的第四个梯级电站。

　　万家口子水电站的规划工作始于 20 世纪 80 年代中期，1985 年贵州省院提出了《北盘江流域综合利用规划报告提要》并经珠江水利委员会审查通过，纳入 1986 年编制的《珠江流域综合利用规划报告》和 1989 年编制的《珠江流域综合利用规划报告纲要》。国务院 1993 年以国函〔1993〕70 号文对《珠江流域综合利用规划报告》作了批复。

　　工程开工建设后，依据国家、行业等相关规程、规范要求，结合施工期间揭露地质情况，对万家口水电站岩溶渗漏问题进行专门勘察，并提出合理、可行的防渗处理意见，为帷幕防渗处理设计提供科学、合理、准确、有效的依据，确保帷幕截水可靠性。

　　针对坝址区地质条件特点，勘测外业工作采用地质测绘、钻探、物探、现场试验等综合勘探手段进行。

13.2　坝址区岩溶及水文地质条件

13.2.1　坝址区基本地质条件

　　坝址区河道流向为 25°～30°，两岸岩层走向与河流交角大于 70°，为横向谷。河道顺直，河水面宽 20～30m，河底高程 1295～1300m；在坝轴线附近，河谷形态略呈向上游张开的喇叭形。

　　坝址两岸山顶高程在 1900m 以上，岸坡相对高差约 600～750m，为峡谷型河流。河谷呈基本对称的 V 字形，两岸地形陡峭，地形坡度为 30°～53°，并有连续分布的陡崖。右岸分布有不连续的一级阶地，阶面高程为 1330m 左右，宽 20～50m。阶地堆积物为崩积和冲积混合层。

13.2.1.1　地层岩性

　　坝区主要分布石炭系、泥盆系和第四系地层第四系崩积层、冲积层及残坡积层，分述如下。

1. 石炭系下统摆佐组（C_1b）

浅灰或灰色、薄-中厚层结晶灰岩，顶部间夹白云质灰岩；主要出露在坝轴线左岸上游 500m 外，厚约 100～250m。

2. 石炭系下统大塘组（C_1d）

页岩、泥灰岩、砂岩互层或互为夹层，其中页岩呈土黄色，泥质结构，微层至薄层状构造，表部已风化成碎块状及土状；砂岩呈土黄色-黄褐色，碎屑结构，薄层-中厚层状构造，组成矿物成分以石英为主，长石为次。主要出露在坝轴线左岸上游 300～500m、左岸 1700m 高程和右岸 1400m 高程地段，厚 15～25m，为近坝区隔水层。

3. 石炭系下统岩关组（C_1y）

C_1y^{3-3} 层：灰岩，灰色，细晶结构，中厚层状，夹少量燧石结核及条带，主要分布在坝轴线上游 80～270m 以上地段，层厚约 180～200m。

C_1y^{3-2} 层：灰岩，灰色，细晶结构，中厚层状，夹少量薄层状泥灰岩、微薄层状泥岩。泥灰岩、泥岩含量约为总层厚的 5%～20%。主要分布在坝轴线上游 35～220m 以上地段，层厚约 20～30m。

C_1y^{3-1} 层：灰岩，灰色，细晶结构，中厚层状。中段局部夹厚 12～16m 的白云岩夹灰岩透镜状岩体。主要分布在河床坝轴线上游 20m、左岸 1390m 高程以上和右岸 1300m 高程以上地段，层厚约 150～170m。

4. 石炭系地层与下伏泥盆系地层呈平行不整合带宰格群（$D_{2-3}zg^{2-2}$）

浅灰色或灰色、中厚层状灰质白云岩夹灰岩，同一岩层常见由白云岩变为灰岩、灰岩变为白云岩的现象，岩性相变较大。其下界面主要沿 f_{202} 断层延伸，上界面为深灰色灰岩，并与灰白色白云岩接触。主要分布在河床坝轴线—上游 20m、左岸 1360～1390m 高程以上、右岸 1285～1300m 高程以上地段。河床开挖揭露层厚 10～30m。

5. 泥盆系中、上统宰格群（$D_{2-3}zg^{2-1}$）

白云岩，浅灰色，细晶结构，中厚层-厚层、少量巨厚层构造，顶部夹白云质灰岩、灰岩。主要矿物成分为白云石，含少量方解石及炭质、金属矿物。主要分布在河床坝轴线附近、左岸 1390m 高程以下、右岸 1300m 高程以下及水垫塘、厂房建筑地段，总厚度约 420～500m。

13.2.1.2　地质构造

坝址位于宝山东西向构造带内，左岸约 1700m 高程、右岸约 1500m 高程以下，为单斜构造，岩层产状为 280°～300°/SW∠30°～40°。

1. 断层

坝址区断层相对不发育，前期工作及施工期间揭露的断层有 35 条，断层特征见表 13.2-1。坝址区分布的断层，按其产状可分为 5 组：

NWW 组：产状 285°～305°/SW∠28°～42°的层间断层或错动带。共有 10 条，主要分布在左坝肩 1340m 高程以及河床坝基地段。

NE 组：产状 30°～60°/SE 或 NW∠65°～85°，共有 8 条，主要分布在右坝肩 1340m 以上高程。

SN 组：产状 350°～20°/NE 或 SE∠43°～85°有 4 条，主要分布在左坝肩 1340m 以上

高程。

NW 组：产状 320°～330°/NE 或 SW∠43°～85°有 3 条，主要分布在两坝肩 1325m 以上高程。

EW 组：产状 80°～88°/SE∠48°～55°有 1 条，分布在左坝肩以及河槽坝基。

表 13.2-1　　　　　　　　　　　　坝 址 区 断 层 一 览 表

编号	产状	力学性质	宽度/m	长度/m	性　状	分布位置
F₁	60°～70°/NW∠65°～75°	压性	3～10	>1000	平行挤压面发育透镜体状碎裂岩，右岸夹泥厚 1m。河边距坝约 600m，1302m 高程出露 S1 泉	左、右岸下游冲沟
F₃	320°/SW∠52°	压性	0.5～3.0	200	方解石胶结角砾岩厚 15cm，上盘岩体较破碎，且产状零乱，并具有牵引褶皱，下盘岩体较完整	右岸上游冲沟出露
F₄	329°/SW∠63°～67°	压性	4.2～4.8	200	断层内岩体糜棱岩化，两侧剪切带较发育	
F₅	280°～315°/SW∠21°～30°	压性	0.3～0.5	25	断层带内碎裂岩发育	左岸上游冲沟
F₆	6°/90°	压性	3～7	340	断层泥，宽 15～20cm，两侧为挤压破碎带，宽 2～3m，有重胶结现象	右岸 0408 孔附近
F₈	310°/SW∠55°	压性	0.2～0.25	60	断层内充填棕黄色黏土含角砾，具压性性质	左岸 PD2 洞口附近
F₉	84°/90°			70	F6 断层被错断 6m，故分析为断层	右岸 0408 孔附近
F₁₂	70°～80°/NW∠70°～75°	压性	0.5～1.0	200	断层角砾岩充填，方解石胶结良好	右岸上游冲沟
F₁₃	13°/SE∠80°	张性	0.05～0.3	90	方解石胶结的角砾岩及黄色黏土	左岸下 0+300 山坡出露

2. 节理裂隙

坝址区裂隙发育，主要有 NWW 向层面溶蚀裂隙；NW、NE 向切层张性裂隙及 NNW、NNE 向卸荷裂隙。依其走向各组裂隙的发育程度见图 13.2-1。

NWW 组（层面裂隙），产状 280°～305°/SW∠28°～35°，发育密度一般 2～3 条/m，张开 0.2cm，闭合状为主；少量由于层间错动或溶蚀改造后张开并被泥混钙质物充填。层间错动或经溶蚀改造的层面裂隙发育密度平均 0.15 条/m。

NW 组（横河张性裂隙），产状 300°～330°/NE∠60°～85°，发育密度一般 0.2～0.5 条/m，一般受层面限制，以延伸短，闭合状多见，但少量规模较大者溶蚀严重，如 J14、J11 等，它们与层间裂隙及断层组合，控制左岸坝基上游岩溶发育方向。

NE 组：产状 35°～60°/NW 或 SE∠50°～85°，一般延伸长 8～20m，发育密度一般 0.1～0.3 条/m，一般张开 0.5～2cm，以方解石充填为主。与层间裂隙及断层组合，控制右岸岩溶发育方向。

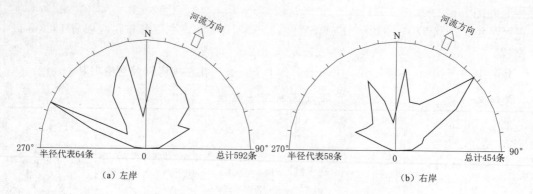

图 13.2-1　坝址区裂隙走向玫瑰花图

NNW 组卸荷裂隙：$345° \sim 10°/NE - SW \angle 45° \sim 85°$，发育密度一般 $0.1 \sim 2$ 条/m，一般延伸长 $8 \sim 15m$，垂直发育深度 $22.3 \sim 46m$，少量达 $70m$，泥质充填。控制左岸开挖边坡稳定。

NNE 组卸荷裂隙：产状 $10° \sim 40°/NW - SE \angle 60° \sim 80°$ 为主；一般延伸长 $10 \sim 20m$，垂直发育深度 $19 \sim 50m$，少量达 $70m$，泥质充填。发育密度一般 $0.1 \sim 3$ 条/m，控制右岸开挖边坡稳定。

卸荷裂隙在不同类别岩体中的连通率见表 13.2-2。

表 13.2-2　　　　　　　　　卸荷裂隙在不同类别岩体中的连通率

岩体基本质量类别	ⅡA	Ⅲ1A	Ⅲ2B	Ⅳ
裂隙连通率/%	30	50	70	80

13.2.2　岩溶发育基本特征

坝址区岩溶形态主要有溶蚀裂隙、溶蚀沟槽和极少量溶穴。远离河谷的两岸上部台地有溶蚀洼地、落水洞发育，洼地直径一般 $50 \sim 200m$，深度一般 $10 \sim 50m$。

坝址区岩溶发育，地表见有溶蚀裂隙、溶蚀沟槽和极少量溶穴，溶蚀裂隙多见于两岸悬崖陡壁上，沿层面发育为主，一般张开宽度 $5 \sim 20cm$，发育间距 $0.5 \sim 1m$，表面呈 V 形张开，泥夹岩屑充填；溶蚀沟槽出露于地形相对平缓地段或陡崖底，一般张开 $20 \sim 50cm$，发育间距 $3 \sim 10m$，泥混碎石充填，多数溶蚀沟槽已被土层覆盖；溶穴多沿溶蚀结构面交汇部位发育，可见直径 $1 \sim 3m$，泥混碎石充填。平洞揭露的地下岩溶现象有溶穴、槽状溶洞等，坝址区岩溶发育有以下主要特征：

坝址岩溶发育方向明显受地质构造的控制。左岸岩溶主要沿 NW 向发育；河槽主要沿 NWW 向（层面）发育；右岸主要沿 NE 向发育。

坝址地下岩溶较地表发育，与地表相比，地下岩溶形态的规模要大得多。

岩溶洞穴的充填情况：对平洞揭露的 55 个溶穴、槽状溶洞、溶隙进行统计，充填率为 74.5%。

坝址溶蚀夹泥裂隙在 1306m 左右高程以上地段，其发育方向以走向 NWW 组（层面）

为主，以 NE、NW、NNW 组为次，溶蚀裂隙张开度一般在 1~10cm，出现频率为 0.195 条/m。在 1306m 左右高程以下地段，溶蚀夹泥裂隙以 NWW 组为主。特别是右岸坝肩往右侧 160~250m 处分布一平缓倾伏向斜轴，在右岸 1452.5m 廊道 0+220 及 0+310（F6）处为小褶皱核部，岩层走向 340°~20°倾角近直立（大致平行河流，成顺向坡），层面溶蚀夹泥裂隙发育。

总体上岩溶洞穴在平面上的分布特征为：左岸已揭露的溶穴、槽状溶洞在 1340m 高程以上，在拱肩槽上游主要分布在 J_{11} 和 J_{14} 之间，在拱肩槽下游已主要分布在 F_{101} 和 f_{206} 之间；河床地段已揭露的溶穴、槽状溶洞主要分布在 F_{101} 和 f_{201}、f_{202} 之间；右岸已揭露的溶穴、槽状溶洞大致范围为从革香河边沿 fc_{700}、f_{301} 向下游山体延伸至 F_6（包括右端头向斜），F_6 大致沿等高线延伸至 ZK502 钻孔构成的地段。近岸附近发育成坡降较缓的近水平状管道，帷幕线一带山体地表水沿铅直向岩溶通道入渗后，推测至近岸附近汇流到近水平状管道或联通性较好的断层破碎带向革香河排泄，坝轴线上下游存在水力联系。

在垂直纵深上方向分布特征为：河床和左岸分布的溶穴、槽状溶洞发育带、层间溶蚀，按其延伸趋势是相互连通的；右岸分布的溶穴、槽状溶洞发育带，按其延伸走向为 35°~55°，其延伸趋势由下游山里向人坝上游河边延伸；深部强溶蚀带往往沿岩层走向呈带状出现，这主要与岩层的岩石成分差异及构造引起的层间挤压破碎带有关，与压水试验及钻探揭露的情况大至对应，有断层发育的地方，强溶蚀也沿断层，左岸揭露深岩溶最低溶洞高程 1180m，河床揭露最低溶洞高程 1080m，右岸揭露最低溶洞高程 1138.44m，基本低于河床枯水位 100m 左右。

深岩溶发育的主要层位是石炭系下统岩关组（C_1y）、石炭系地层与下伏泥盆系地层呈平行不整合带宰格群、中、上统宰格群（$D_{2-3}zg^{2-1}$）。坝基河床下深岩溶发育，在枯水位以下 40~50m，高程 1251.35~1285.99m 范围，溶洞或溶蚀裂隙较为发育，溶洞规模 0.1~1.0m，多为黄泥充填；左岸深岩溶发育微弱，1292.46~1231.92m 高程段发育有溶洞、溶蚀裂隙；右岸深岩溶发育，1138.44~1300m 高程段发育有溶洞、溶蚀裂隙，溶洞规模 0.25~0.9m，多为黄泥充填。

左岸在高程 1180~1250m 之间存在透镜状透水带，自岸边往山体内延伸约 250m，岩溶发育带呈条带状，近水平，该透水带孔内电视反映岩体连续完整，为层间小裂隙涌水，岩体透水率一般 8~96Lu，最大处达 217Lu；河床帷幕一线 1180~1260m 高程段顺层溶蚀强透水带，岩体透水率 9~324Lu，连通左右岸，分布稳定，连续性好，大部分充填黄泥，透水性强；右岸帷幕一线高程 1170~1260m 段存在顺层强透水带，低于河床枯水位 40~130m，顺走向自岸边往山内延伸约 450m，岩体透水率 5~75.12Lu，部分试段不起压，从发育规模及充填物性质分析，是地下水深部循环通道。

13.2.3　水文地质特征

根据地质测绘，按隔水地层岩性石炭系下统大塘组（C_1d）页岩、泥灰岩、砂岩互层或互为夹层的分布，将近坝区按河流方向划分为两个水文单元，即：坝区水文地质单元 Ⅰ，上游水文地质单元 Ⅱ。

坝区水文地质单元 Ⅰ 按岩溶管道、隔水层、地表分水岭划分为 3 个小的水文单元：右岸Ⅰ-3，由坝上游约 500m 隔水岩层往东至罗科—大麻窝—大寨—大水塘—革香河，集雨面积约 8km²；左岸Ⅰ-2，由坝下游约 600m 处 F_1 断层往西至隔水岩层—对门村—摩布大山—小抱姑—革香河，集雨面积约 10 多 km²；左岸Ⅰ-1，由坝上游约 500m 隔水岩层往西至 F_1 断层—革香河组成的三角区域，集雨面积约 0.7km²。

1. 地下水

按地下水在含水岩组中的赋存条件、含水介质特征，将坝区地段地下水划分为碳酸盐岩岩溶水和松散岩孔隙水两种类型。

（1）孔隙水：赋存于松散堆积层内。由于覆盖层厚度不大，卵（砾）石层和崩积层多为钙泥质胶结，因此松散岩类孔隙水不丰富，泉水多以季节性间歇泉形式出现。

（2）岩溶裂隙管道水：赋存于碳酸盐岩中，含水量较丰富，受河流深切及岩性、岩溶发育程度、构造等影响，地下水多以泉水、暗河形式出露。

1）浑水塘暗河：位于坝址上游左岸，距坝址约 3km，出露高程 1320m，流量达 1000L/s。

2）S_1 号泉水（管道）：位于坝址下游左岸约 600m 处 F_1 断层与革香河交汇处，崩积层中分 3~4 点涌出，高出干河底 1~1.5m，出露高程 1300m，流量 200~500L/s。

3）S_2 号泉水（季节性流水）：位于坝址下游右岸约 700m F_1 断层与革香河交汇处下游，右岸阶地钙泥质胶结卵砾石层涌出，出露高程 1308m，清水，流量 10~20L/s。

4）S_3 号泉水（管道）：位于坝址上游左岸约 540m 石炭系岩关组泥页岩层顶面与革香河交汇处河边，崩积块石层中涌出，出露高程 1302m，流量 10~20L/s（施工单位早期生活用水点）。

5）S_4 号泉水（管道）：位于坝址上游右岸约 460m 石炭系岩关组泥页岩层底面与革香河交汇处河边，崩积块石层中涌出，出露高程 1302m，流量 20~30L/s。

6）S_5 号泉水（管道）：位于坝址上游右岸约 490m 石炭系岩关组泥页岩层顶面与革香河交汇处河边，崩积块石层中涌出，出露高程 1302m，流量 5~10L/s。

7）S_6 号泉水：位于坝址下游左岸约 2100m 石炭系黄龙组灰岩与革香河交汇处河岸边，冲积砂层中涌出，出露高程 1290m，流量 5~8L/s。

8）S_7 号泉水（管道）：位于坝址下游右岸约 2500m 石炭系黄龙组白云岩层面与革香河交汇处河边，从岩层面涌出，出露高程 1288m，流量 200~400L/s。

9）S_8 号泉水（管道）：位于坝址下游右岸约 4900m 石炭系黄龙组白云岩层面与革香河交汇处，出露高程 1281m，流量 120L/s。

基坑开挖过程中，揭露断层后，共出露有 6 个泉点，总流量 $Q=62L/s$ 左右，水质清澈，沿 F_{101}、f_{201}、f_{202}、f_{203} 断层及其溶蚀破碎带流出，各泉点出水口随基坑开挖深度变化，高程逐步下降。

2. 钻孔地下水位

坝址两岸地下水位较低，枯水期与河水面基本持平或略高河水面，钻孔地下水渗流场变化趋势见图 13.2-2。

左岸水边线往山侧 150m 地段，钻孔地下水位高程范围值为 1297.71~1300.59m，平均值为 1298.97m。相应河水位高程范围值为 1297.5~1300m，平均值为 1298.17m，钻

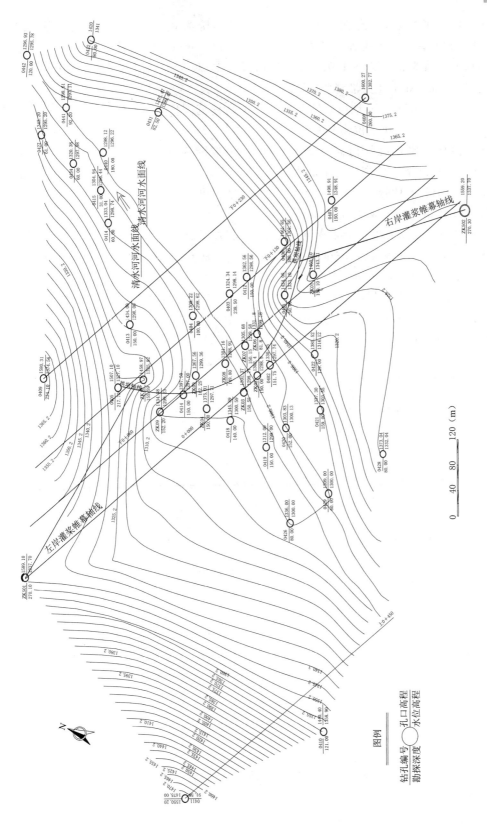

图 13.2-2 坝址区钻孔地下水位等值线图

图例

钻孔编号 ○ 孔口高程
勘探深度 ○ 水位高程

孔水位统计值比河水位统计值高 0.80m，相应水力坡降为 0.0053。水边线往山侧 150～490m 地段，钻孔地下水位高程范围值为 1327.1～1374.56m，平均值为 1341.32m。相应河水位高程范围值为 1297.3～1302.2m，平均值为 1298.6m，钻孔水位统计值比河水位统计值高 42.72m。相应水力坡降为 0.1256。

右岸水边线往山侧 90m 地段，钻孔地下水位高程范围值为 1297.74～1303.55m，平均值为 1299.5m。相应河水位高程范围值为 1297.6～1304.4m，平均值为 1298.9m，钻孔水位统计值比河水位统计值高 0.6m，相应水力坡降为 0.0067。水边线往山侧 90～460m 地段，钻孔地下水位高程范围值为 1316.12～1382.77m，平均值为 1349.5m。相应河水位高程范围值为 1297.3～1302.2m，平均值为 1299.5m，钻孔水位统计值比河水位统计值高 50m，相应水力坡降为 0.1351。

坝址两岸的地下水具有阶梯状补给河谷的水动力特征，按水边线往山侧 150～490m 地段的水力坡降 0.1256 顺延，左岸地下水位高程与正常蓄水位线高程（1450m）重合点，位于距河边平距 1140.6m 处；按水边线往山侧 90～460m 地段的水力坡降 0.135 顺延，右岸地下水位高程与正常蓄水位线高程（1450m）重合点，位于距河边平距约 1113.7m 处。河谷横剖面钻孔地下水面形态类型主要有三种：Ⅰ 为上凸型，Ⅱ 为直线型，Ⅲ 为低平型。详见表 13.2-3。

表 13.2-3　　　　　　　　　　　　　河谷横剖面地下水面形态类型

剖面编号	左　岸			右　岸		
	距水边距离/m	类型	岩溶发育程度	距水边距离/m	类型	岩溶发育程度
上 0+238	<110	Ⅲ	较强	<45	Ⅲ	较强
	110～220	Ⅱ	中等	45～75	Ⅱ	中等
	>220	Ⅰ	弱	>75	Ⅰ	弱
0+000	<220	Ⅲ	较强	<70	Ⅲ	较强
	220～400	Ⅱ	中等	70～450	Ⅱ	中等
	>400	Ⅰ	弱	>450	Ⅰ	弱
下 0+060	<170	Ⅲ	较强	<65	Ⅲ	较强
	170～330	Ⅱ	中等	65～400	Ⅱ	中等
	>330	Ⅰ	弱	>400	Ⅰ	弱
下 0+130	<85	Ⅲ	较强	<180	Ⅲ	较强
	85～115	Ⅱ	中等	180～200	Ⅱ	中等
	>115	Ⅰ	弱	>200	Ⅰ	弱
下 0+230	<105	Ⅲ	较强	<165	Ⅲ	较强
	105～130	Ⅱ	中等	165～192	Ⅱ	中等
	>130	Ⅰ	弱	>192	Ⅰ	弱

钻孔地下水位长期观测分析：

左岸距河边约 490m 的 ZK501 钻孔，右岸距河边约 460m 的 ZK502 钻孔，进行了地下水位长期观测工作，观测成果如图 13.2-3 所示。

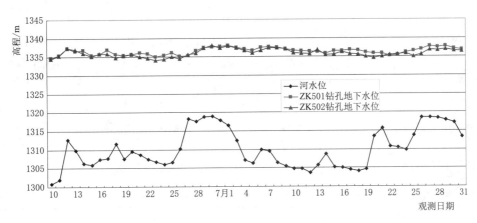

图 13.2-3 钻孔地下水位及河水位长期观测初步成果

河水位最低点出现在 2010 年 6 月 10 日，水位高程 1300.88m；最高点出现在 2010 年 6 月 30 日，水位高程 1318.91m；水位变幅值为 18.03m。出现峰值的持续时间为 2010 年 6 月 27 日至 7 月 2 日。

左岸 ZK501 钻孔水位最低点出现在 2010 年 6 月 10 日，水位高程 1334.81m；最高点出现在 2010 年 7 月 2 日，水位高程 1338.11m，水位变幅值为 3.3m；出现峰值的持续时间为 2010 年 6 月 29 日至 7 月 4 日，峰值出现前水位高程 1336.67m，峰值出现后水位高程 1336.71m，相对最大变幅值为 1.44～1.4m。

右岸 ZK502 钻孔水位最低点出现在 2010 年 6 月 23 日，水位高程 1334.13m；最高点出现在 2010 年 7 月 2 日，水位高程 1337.93m，水位变幅值为 3.8m。出现峰值的持续时间为 2010 年 6 月 29 日至 7 月 4 日，峰值出现前后水位高程均为 1336.03m，相对最大变幅值为 1.9m。

左岸 ZK501、右岸 ZK502 钻孔水位与革香河一次涨水过程错峰时间为 2 天左右，水位涨幅分别为河水位的 18.3%、21.1%，相互关系不敏感。坝址一次降雨过程，左岸 ZK501、右岸 ZK502 钻孔水位相对变幅较小，相对滞后时间大于 3 天，岩体属弱透水型。

左岸 ZK501、右岸 ZK502 钻孔地下水位，在洪水期近 2 个月历时曲线，呈波状起伏型，说明该区段岩体岩溶发育较低弱，地下水补排均较缓慢。

3．岩体的渗透性

坝址岩体垂向在 1200～1485m 高程以中等透水性为主，1080～1200m 高程具弱透水性，水文地质试验成果分层统计成果见表 13.2-4。

表 13.2-4 坝址水文地质试验成果分层统计表

按高程垂向分区 /m	钻孔数 /个	基岩进尺 /m	水文地质试验/段		透水率/Lu	
			压水试验	注水试验	范围值	平均值
1485～1345	8～22	2157.53	133	11	0.2～349	17.12
1345～1200	18～44	3952.3	380	32	0.2～752	19.77
1200～1080	1～13	746.88	42	0	0.5～9.7	4.28

左岸共进行了 137 段水文地质试验，其中 $q \geqslant 100Lu$ 的有 14 段，占 10.22%。$q = 10 \sim 100Lu$ 的有 77 段，占 56.20%。$q = 1 \sim 10Lu$ 的有 38 段，占 27.74%。$q \leqslant 1Lu$ 的有 8 段，占 5.84%。左岸岩体以中等透水-强透水为主，夹弱透水、仅 5.84% 的压水段为微透水段。

右岸共进行了 92 段水文地质试验，其中 $q \geqslant 100Lu$ 的有 8 段，占 8.70%。$q = 10 \sim 100Lu$ 的有 18 段，占 19.57%。$q = 1 \sim 10Lu$ 的有 39 段，占 42.39%。$q \leqslant 1Lu$ 的有 27 段，占 29.35%。右岸岩体以弱透水为主，微透水为次，28.27% 压水段为中等透水～强透水段。沿帷幕线岩体透水率 $q \leqslant 1Lu$ 及 $q \leqslant 3Lu$ 线顶板高程下表 13.2 - 5。

表 13.2 - 5 　　　　帷幕线钻孔压水试验透水率 $q \leqslant 1Lu$ 及 $q \leqslant 3Lu$ 线顶板高程

位　置	左岸			河床	右岸	
钻孔编号	ZK501	ZK04	ZK03	ZK02	ZK402	ZK502
与河水边距离/m	490	85	7.4	8.5	37.7	460
$q \leqslant 3Lu$ 上限高程/m	1500	<1225	1168.1	1197.3	1193.1	1335.5
$q \leqslant 1Lu$ 上限高程/m	1390.6	<1225	<1150.9	1156.9	<1178.4	1303

采用岩体透水率 $q \leqslant 1Lu$ 为相对不透水层，设计帷幕线左、右岸末端不能与透水率 $q \leqslant 1Lu$ 线上限衔接，帷幕不封闭。采用岩体透水率 $q \leqslant 3Lu$ 为相对不透水层，设计帷幕线左岸末端能与透水率 $q \leqslant 3Lu$ 线上限衔接，帷幕基本封闭；设计帷幕线右岸末端不能与透水率 $q \leqslant 3Lu$ 线上限衔接，帷幕不封闭。

13.3　岩溶渗漏问题研究

13.3.1　岩溶渗漏分析

1. 左坝基

在水边线—水边线左延 400m 范围内，不存在贯穿坝肩岩体的断层。但在坝前分布的 J11、J14 溶蚀带产状 $320° \sim 330°/NE \angle 60° \sim 80°$，分布在拱间槽建基面上的 f_{200}、f_{200-2} 产状 $345° \sim 13°/SW - NW \angle 60° \sim 80°$，分布在拱间槽建基面上的 F_{101}、f_{201} 层间断层产状 $280° \sim 305°/SW \angle 35° \sim 42°$，三组结构面组合，在该地段构成了以溶隙、溶蚀沟槽为主，间隔分布溶井、溶穴、溶洞的网络状渗流带，有构成贯穿坝基岩体，形成岩溶通道的可能性。预测可能形成的岩溶通道进口为分布在岩关沟的 J11、J14 溶蚀带，出口为分布在坝下的 F_{101}、f_{201} 断层沿线及水垫塘左边坡层面和裂隙。

渗漏形式：由于坝区溶穴、槽状溶洞、溶隙充填率较高，初期为溶隙型或沟槽型为主，局部在长期地下水冲刷作用下，逐步出现管涌，最终形成管道渗漏，威胁水库运行安全和坝下边坡稳定。

岩溶通道发育底界：F_{101}、f_{201} 断层在坝基上段最大埋深为 $1263 \sim 1257$m。距水边线 66m 的 ZK09 孔，在高程 1205.3m 以上，岩体透水率较大。该地带在高程 $1200 \sim 1080$m 基岩钻进 746.88m/13 孔，遇溶洞 1 个，洞高 0.4m，溶洞发育线密度为 0.0013/m。据此认为各结构面组合可能形成的岩溶管道，从水边线—水边线左延至 150m 地段，埋深在高程 1200m 左右。150～400m 地段埋深在高程 1200～1330m。

2. 右坝基

在水边线—水边线右延 450m 范围内，存在贯穿坝基及坝肩岩体的断层结构面 F_{12} 断层，断层产状 $60°/NW\angle86°$。在 1452.5m 灌浆平洞揭露断层带为厚 50～130cm 的压碎岩；在高程 1396m 发电洞揭露为直径约 6m 的空洞；在高程 1390m 灌浆平洞揭露为宽 3m×5m、高 5m 无充填槽状溶洞，产状 $49°/NW\angle80°$；1340m 灌浆平洞揭露为宽 1.8～6.2m，泥混碎石全充填溶槽，溶槽产状 $50°/NW\angle85°$。其与 f_{301}、f_{302} 等 NE 组结构面及 F_{101}、f_{201}、f_{700} 等断层及层面组合，在该地段构成了以溶隙、溶蚀沟槽为主，间隔分布溶井、溶穴、溶洞的网络状渗流带，有构成贯穿坝基岩体，形成岩溶通道的可能性。预测可能形成的岩溶通道进口为分布在岩关沟的 F_{12}、F_6 断层。原始地形岩溶通道出口在坝址上游岩关沟沟口（前期调查该地段 1330m 高程附近有季节性间歇泉分布）。施工时岩溶通道出口转移至大坝基坑。蓄水后岩溶通道出口为分布在坝下的 F_{101}、f_{201} 断层沿线。

渗漏形式：由于顺河向存在沟通帷幕上下游的导水地质构造（F_{12}、F_6 断层），横河向有不整合带、强透水层等地下水排泄通道，具有构成库水集中渗漏的水文地质构造，其中 1180～1260m 区域存在顺层强透水带，是较通畅的横河向地下水排泄通道，F_{12}、F_{39}、F_6 等断层以陡倾角贯穿防渗帷幕线上下游，向下切割至顺层强透水带，是库水入渗主要通道，断层与地下水深排泄通道构成纵横交错渗透网络结构，易产生管道性渗漏，右岸岩体溶穴、槽状溶洞、溶隙充填率较高，初期为溶隙型或沟槽型为主，局部在长期地下水冲刷作用下，逐步出现管涌，最终形成管道渗漏，威胁水库运行安全。

岩溶通道发育底界：F_{101}、f_{201} 断层在坝基上段最大埋深为 1263～1257m。该地带在高程 1200～1080m 基岩钻进 746.88m/13 孔，遇溶洞 1 个，洞高 0.4m，溶洞发育线密度为 0.0013/m。距水边线 100m 以外的三个钻孔，孔底高程 1274.05～1309.91m，$q=1～10Lu$ 线上限高程 1375.9～1391.6m，据此认为各结构面组合可能形成的岩溶管道，从水边线左延至 180m 地段，埋深高程为 1200～1290m、180～450m 地段，埋深高程 >1290m。

3. 河床坝基

河流中心线左 90m 至右 90m 范围，不存在贯穿坝基岩体的断层。岩溶主要沿层间断层发育，建基面见到的岩溶形态主要有：

沿 F_{101} 走向断续发育溶蚀沟槽，沟槽宽度约 0.5m。沿断层有地下水出露。

沿 f_{201} 断层走向发育溶蚀沟槽，沟槽宽度约 0.5～2.2m。沿断层有地下水出露。

综上所述认为：河槽坝基存在溶隙型或沟槽型渗漏问题，渗漏形式：初期为溶隙型或沟槽型为主，局部在长期地下水冲刷作用下，逐步出现管涌，最终形成管道渗漏，威胁水库运行安全。

岩溶通道发育底界：F_{101}、f_{201} 断层在坝基上段最大埋深为 1263～1257m，ZK02 钻孔孔底高程 1152m，揭露的溶蚀破碎带最大埋深 1207.3m。该地带在高程 1200～1080m 基岩钻进 746.88m/13 孔，遇溶洞 1 个，洞高 0.4m，溶洞发育线密度为 0.0013/m。据此认为：坝基岩溶发育底界高程为 1200m。

13.3.2 坝址岩体的岩溶化程度及渗漏类型

坝址区岩体线岩溶率、钻孔遇洞率、透水率等岩溶化程度指标见表 13.3 - 1，拟定岩溶化程度评定标准见表 13.3 - 2。

表 13.3 - 1 坝址岩体的岩溶化程度指标表

位置	线岩溶率统计点/%				钻孔遇洞率/%	透水率/Lu				统计段次
	灌浆平洞及开挖面		钻孔			≥100	10~100	1~10	≤1	
	范围值	平均值	范围值	平均值		统计段次占有率/%				
左岸	1.8~8.26	4.64	0.2~2.95	0.97	66.7	9.86	9.28	68.69	12.17	301
右岸	2.45~21	10.16	0.30~2.0	0.62	52.6	7.75	8.45	61.27	22.54	142
坝基	2.55~9.5	6.3	0.2~3.60	1.76	81.8	10.96	38.21	48.84	1.99	464

注 1. 将灌浆平洞及开挖面线岩溶作为水平线测量成果，钻孔线岩溶作为垂直线测量成果，两者的平均值作为评定时的岩体的线岩溶率。

2. 地表左岸约1370m 高程地形线至右岸约 1370m 高程地形线之间为河槽。相应河槽宽约180m。

表 13.3 - 2 坝址区岩体的岩溶化程度评定标准

划分等级		遇洞率/%	线岩溶率/%	透水率 q≥10Lu 占有率
较强	Ⅰ	>60	>8.00	>60
中等	Ⅱ	30~60	4~8	30~60
较弱	Ⅲ	<30	<4	<30

综合评定结果为：左、右岸岩体的岩溶发育程度为中等，河床岩体的岩溶发育程度为中等-较强。

防渗帷幕布置地段岩溶较发育、地下水位低平。帷幕底界已接近 $q \leq 1Lu$ 顶板线；左岸端点，未接地下水位线与正常蓄水位等高处，仅与 $q \leq 3Lu$ 线相接；右岸端点，未接地下水位线与正常蓄水位等高处，也未与 $q \leq 3Lu$ 线相接，所以存在绕坝渗漏风险。

13.3.3 坝基及绕坝渗漏计算

1. 坝基

从坝基岩体水文地质结构分析，地下水渗漏按不均质体岩溶渗透公式计算，即采用克接斯诺波里斯基公式：

$$Q_{基} = BKT\sqrt{\frac{H}{L+T}}$$

式中 $Q_{基}$——计算涌水量，m^3/s；

B——基底长度，m；

K——渗透系数，m/d；

H——上、下游水位差，m；

T——含水层厚度，m；

L——大坝基础宽度，m。

根据勘探 ZK02 钻孔水文地质试验资料，坝基 $q \leqslant 1L$ 相对不透水层底板约在 1125m 高程，河槽坝块建基面高程为 1285m，坝基底部含水层厚度 $T = 1285 - 1157\mathrm{m} = 128\mathrm{m}$；相应含水层的岩体透水率最大平均值为 235Lu，换算成渗透系数 $K \approx 4.6\mathrm{m/d}$。1285m 高程实际开挖坝底长度 $B \approx 120\mathrm{m}$；上游水位取正常蓄水位 1450m，下游水位取 1300m，$H = 150\mathrm{m}$；大坝基础宽度 $L = 40\mathrm{m}$。

计算得坝基渗漏量为：$Q_{基} = 66345.98\mathrm{m^3/d} = 0.768\mathrm{m^3/s}$。

2. 绕坝渗漏

水库蓄水后产生的绕坝渗漏量计算，可采用裘布依公式为基础的 H. H. 维里金公式：

$$Q_{绕} = 0.366 KH(H_1 + H_2) \lg \frac{B}{\gamma_0}$$

其中

$$B = L/\pi; \quad \gamma_0 = P/\pi$$

式中　$Q_{绕}$——绕坝渗漏总量，$\mathrm{m^3/s}$；

　　　H——抬高的水头，m；

　　　H_1——河流水边线的含水层厚度，m；

　　　H_2——蓄水位超过相对不透水层的高度，m；

　　　B——绕渗带边缘至坝肩的长度，m；

　　　L——库岸至原地下水位等于库水位处的距离，m；

　　　γ_0——坝肩嵌入岸坡的引用半径，m；

　　　P——坝肩接头轮廓周长，m；

　　　K——渗透系数，m/s。

抬高的水头（H）：正常蓄水位高程 1450m，尾水位高程 1300m，$H = 150\mathrm{m}$。

相对隔水层按 $q \leqslant 1\mathrm{Lu}$ 界定，河流水边线的含水层厚度（H_1）和蓄水位超过相对不透水层的高度（H_2）分别为：$H_1 = 1450 - 1157 = 293(\mathrm{m})$；$H_2 = 1450 - 1157 - 150 = 143(\mathrm{m})$。

库岸至原地下水位等于库水位处的距离（L）和绕渗带边缘至坝肩的长度：左岸 ZK501—河床 ZK02—右岸 ZK502 两孔之间距离分别为 510m、476m，各钻孔压水试验透水率 $q \leqslant 1\mathrm{Lu}$ 线顶板高程：ZK501/1390.5m，ZK02/1156.9m，ZK502/1306.9m，按两孔之间 $q \leqslant 1\mathrm{Lu}$ 线相连，左岸 $q \leqslant 1\mathrm{Lu}$ 线至 1450m 高程点，距河边最近距离为 645m，右岸 $q \leqslant 1\mathrm{Lu}$ 线至 1450m 高程点，距河边最近距离为 773m。

采用吕荣封闭计算，两岸绕渗带边缘至坝肩的长度：左岸 $B = 645/3.1416 = 205.31(\mathrm{m})$；右岸 $B = 773/3.1416 = 246.05(\mathrm{m})$。

坝肩嵌入岸坡的引用半径（γ_0）和坝肩接头轮廓周长（P）：坝肩接头轮廓周长按拱间槽内的坝体周长计算，结果为：

左岸 $P = (215 \times 2) + 36 + 9 = 475$　　　$\gamma_0 = 475/3.1416 = 151.2$

右岸 $P = (198.5 \times 2) + 36 + 9 = 442$　　　$\gamma_0 = 442/3.1416 = 140.7$

左、右两坝肩岩体渗透系数（K）：

左坝肩岩体透水率：平均值 $q = 29.10\mathrm{Lu}$，最大值 $q = 240.4\mathrm{Lu}$，取最大平均值作为计算值则有：$q = 134.75\mathrm{Lu}$，相应岩体渗透系数 $K = 2.7\mathrm{m/d}$。

右坝肩岩体透水率：平均值 $q=19.38$Lu，最大值 $q=200$Lu，取最大平均值作为计算值则有：$q=109.69$Lu，相应岩体渗透系数 $K=2.2$m/d。

计算结果为：

左岸绕坝渗漏 $Q_绕=8586.40$m³/d$=0.1$m³/s；

右岸绕坝渗漏 $Q_绕=12823.9$m³/d$=0.15$m³/s。

13.3.4 坝基帷幕设计原则

（1）左岸帷幕线末端以与岩体透水率 $q\leqslant3$Lu 相接为原则，1292.5m 高程灌浆洞帷幕线以穿越 NW 组、近 SN 组、NWW 组结构面组合构成的网络状渗流带为原则。

（2）右岸帷幕线末端以跨越 F_6 断层及基本穿越该地段发育的倾伏向斜为原则，1340m 高程帷幕线灌浆末端，刚穿越沿 F_{12} 断层发育的溶槽 5m，而溶槽宽 5m，按溶槽宽度的 5 倍考虑，宜延长 20m。

（3）鉴于岩溶水文地质条件的复杂性，下阶段应根据两岸排水洞、钻孔地下水位长期观测及帷幕灌浆孔揭露情况，采取有效措施补充完善防渗帷幕。

（4）对 F_{12}、F_6 断层专门重点处理，彻底截断管道性渗漏通道，合理控制绕坝渗漏量。

13.4 帷幕布置

坝基及两岸布置 4 层灌浆及排水平洞，高程分别为 1293m、1340m、1390m 和 1452.5m。

帷幕线沿坝轴线向两岸延伸后折向上游。各层平洞帷幕线长度：左岸高程 1293m 平洞长 110m，高程 1340m 平洞长 150m，高程 1390m 平洞长 350m，高程 11452.5m 平洞长 325m；右岸高程 1293m 平洞长 162.5m，高程 1340m 平洞长 192.5m，高程 1390m 平洞长 392.5m，高程 1452.5m 平洞长 350m。

左岸 3Lu 线与 1Lu 线较为接近，第一排帷幕底线能够伸入 1Lu 线，左端接 3Lu 线，但无法与正常蓄水位等高地下水位相接；右岸部分地段 1Lu 较低，帷幕底线穿过 3Lu 线，右段无法与 3Lu 线和正常蓄水位等高地下水位相接，无法形成封闭帷幕。

左岸各层平洞深部已进入微弱溶蚀带，无大的溶孔、溶隙等岩溶形态，岩体的质量类别为ⅡA类或Ⅲ1A类；右岸各层平洞末段已处于微弱溶蚀带，基本无大的溶孔、溶隙等岩溶形态，岩体的质量类别主要为Ⅲ1A类；因此，以各层平洞底端作为帷幕的左、右边界基本合适。

参 考 文 献

［1］ 王洪波，张庆松，刘人太，等. 基于压水试验的地层渗流场反分析 ［J］. 岩土力学，2018，39（3）：985-992.

［2］ 刘明明，胡少华，陈益峰，等. 基于高压压水试验的裂隙岩体非线性渗流参数解析模型 ［J］. 水

利学报，2016，47（6）：752-762.

[3] 周程. 高压水工隧道渗透稳定性研究 [D]. 长沙：长沙理工大学，2008.

[4] 王红斌. 碾压混凝土现场压水试验与渗透性研究 [A]. 中国大坝委员会：贵州省科学技术协会，2007：5.

[5] 蒉波. 裂隙岩体高压压水试验研究 [A]. 湖南省水力发电工程学会、中南勘测设计研究院. 2007年湖南水电科普论坛论文集 [C]. 湖南省水力发电工程学会、中南勘测设计研究院：中国水力发电工程学会，2007：7.

[6] 魏宁，李金都，傅旭东. 钻孔高压压水试验的数值模拟 [J]. 岩石力学与工程学报，2006（5）：1037-1042.

[7] 朱岳明. 碾压混凝土坝压水试验理论与结果分析方法研究 [A]. 中国水国发电工程学会碾压混凝土坝专业委员会：中国水力发电工程学会，2004：6.

[8] 张祯武，陈官权，徐光祥. 利用吕荣试验资料计算水文地质参数的新法压水试验方法 [J]. 工程勘察，2003（4）：19-22，44.

[9] 杜延龄，许国安. 反求水文地质参数的方法 [J]. 水利水电技术，1994（2）：30-34.

[10] 杜延龄，许国安，韩连兵. 复杂岩基三维渗流分析方法及其工程应用研究 [J]. 水利水电技术，1991（1）：2-9.

第 14 章

拱坝坝基渗流场及渗流控制措施研究

14.1　工程概况

14.1.1　工程地质概况

坝址区从上游至下游主要分布石炭系下统大塘组页岩、泥灰岩、砂岩互层，石炭系下统岩关组灰岩，泥盆系中、上统宰格群白云岩，岩层倾向上游，大坝主要位于岩关组灰岩和泥盆系中、上统宰格群白云岩上。岩层发育有 NW、NE 和近 EW 向断层，规模较大的有 NE 向 F_6、F_{12} 断层，近顺河方向，其中 F_{12} 断层在 1340m、1390m 灌浆廊道揭露，F_6 断层在 1390m、1452m 灌浆廊道揭露。NW 向主要有 F_{101}、F_{201} 断层，主要出露在坝基上、下部分之间的斜坡上和坝基上半部分左侧建基面上，并以 35°～40°倾角，插入上半部分右侧建基面底部；发育有 NWW 向的层节理和层面溶蚀裂隙，NW、NE 向切层张性裂隙及 NNW、NNE 向卸荷裂隙。

坝址区主要岩溶形态有溶隙、溶槽、溶洞，溶蚀裂隙出现频率为 0.195 条/m，其发育方向以走向 270°～317°（层面）为主，岩关组（C_1y）灰岩与宰格群（$D_{2-3}zg$）白云岩假整合面处岩溶现象较发育，坝址岩溶以层间溶蚀为主，表现为溶孔、溶蚀及少量溶洞，直径 3～10cm，一般无充填，部分充填钙质物及方解石。

河床钻孔统计遇洞率为 100%，线岩溶率 0.67%～3.6%，平均 1.75%；左岸钻孔统计遇洞率为 29%，线岩溶率 0.18%～8.2%，平均 1.16%；右岸钻孔统计遇洞率为 37%，线岩溶率 0.43%～4.0%，平均 1.36%，坝址区岩层为中等岩溶层。

坝址两岸地下水位低平，枯水期与河水基本持平或略高，平均水力坡降左岸为 0.1256，右岸为 0.1351，岩体 1200～1485m 高程段以中等透水性为主。

14.1.2　水文地质条件

坝址地下水主要有碳酸盐岩类岩溶水和松散岩类孔隙水两种类型，以接受大气降水和邻近地下水含水层补给为主，以泉、暗河及沟水等形式向革香河排泄，为补给型河谷。

碳酸盐岩类岩溶水主要分布在泥盆、石炭系碳酸盐岩中，含水量较丰富，受河流深切及岩性特性、岩溶发育程度、构造等影响，地下水多以泉水、暗河形式出露。如坝址下游左岸 F1 断层与革香河交汇处 S1 号泉水出露高程 1302m，流量 10～20L/s。

松散岩类孔隙水主要分布在松散堆积层内。由于覆盖层厚度不大，卵（砾）石层和崩积层多为钙质弱胶结，透水性较差，因此松散岩类孔隙水不丰富，泉水多以季节性间歇泉形式出现。

坝址两岸地下水位较低，枯水期与河水面基本持平或略高于河水面，据坝址区钻孔压水试验成果，受岩溶发育程度影响，岩体透水率有一定规律性，上部岩关组（C_1y）灰岩透水率相对较小，下部宰格群（$D_{2\text{-}3}zg$）白云岩透水率相对较大。岩体透水率 $q \leqslant 3$Lu 顶板埋深 $80 \sim 160$m，相应高程 $1150 \sim 1410$m，$q \leqslant 1$Lu 顶板埋深为 $100 \sim 200$m，相应高程 $1140 \sim 1350$m。

据前期勘察资料，坝区地下水及地表水对混凝土均无腐蚀性。

14.2 渗流场的基本理论与求解方法

14.2.1 概述

渗流控制分析的理论研究，主要是对带有复杂防渗和排水系统的复杂渗流场求解方法进行研究。对于实际工程渗流问题，如水电站枢纽工程的渗流控制，为达到防渗和排水的目的，坝基、坝头以及地下厂房周围，常布置有防渗帷幕，以减少渗透流量；同时，为了降低坝基扬压力和坝体及地下厂房区、坝头地下水位及渗透压力，亦常配合防渗帷幕布置有大量的排水孔幕。从而导致地下渗流场变得极其复杂，在这种带有复杂渗控系统的渗流域内，所形成的渗流场，将具有以下最显著的特点：①地下水渗流场具有强烈三维流动特点；②地下水渗流具有形态复杂的零压力自由面，它既是求解问题中必不可少的一个边界，又是一个未知的要求解的边界；③降雨入渗对地下水渗流场影响较大，降雨入渗下渗流场求解问题极其困难。④排水孔附近渗流场变化往往极为急剧，精细模拟分析密集排水孔作用下的渗流场，其工作量十分巨大。对于这种复杂渗控条件下具有复杂形态自由面的渗流场问题求解变得极其困难，鉴于上述特点，关键在于解决两大问题：①具有自由面渗流场的模拟求解方法；②渗流控制分析中密集排水孔模拟及快速求解问题。前一问题研究学者较多，方法各异，以下仅作一般性讨论；对于后一问题的研究，尽管已有部分成果，但均未解决精细模拟和快速求解问题，严重阻碍了渗控布置优化方案的比较与选择。本章将分别针对上述问题开展研究分析。

14.2.2 基本原理

非均质各向同性多孔隙介质稳定饱和渗流连续性微分控制方程为

$$-\frac{\partial}{\partial x_i}\left(k_i\frac{\partial h}{\partial x_i}\right) + Q = 0 \qquad (14.2-1)$$

式中　x_i——坐标，$i = 1, 2, 3$；

　　　k_i——达西渗透系数；

　　　h——总水头，$h = x_3 + p/r$；

　　　x_3——位置水头；

　　　p/r——压力水头；

Q——源汇项。

边界条件为

$$h\mid_{\Gamma_1}=h_1 \tag{14.2-2}$$

$$-k_i\frac{\partial h}{\partial x_i}n_i\mid_{\Gamma_2} \tag{14.2-3}$$

$$-k_i\frac{\partial h}{\partial x_i}\bigg|_{\Gamma_3}=0 \text{ 且 } h=x_3 \tag{14.2-4}$$

$$-k_i\frac{\partial h}{\partial x_i}\bigg|_{\Gamma_4}\geqslant 0 \text{ 且 } h=x_3 \tag{14.2-5}$$

式中　　　　　h_1——边界已知水头；

n_2——渗流边界面外法线方向余弦，$i=1,2,3$；

Γ_1、Γ_2、Γ_3 和 Γ_4——第一类和第二类渗流边界，以及渗流自由面和渗流逸出面；

q_n——边界单位面积上的法向流量，流出为正。

14.2.3　渗流场求解的有限元法

应用 Galerkin 加权余量法，以形函数 $N_m(x_i)$ 为权函数，即权函数 $W_m(x_i)=N_m(x_i)$，则使试函数 $h_c(x_i,t)$ 逼近偏微分方程的精确解，要求在整个计算域 G 内满足：

$$\iiint_G RW\mathrm{d}G=\iiint_G\left\{\sum_{i=1}^3\sum_{j=1}^3\frac{\partial}{\partial x_j}\left[k_{ij}\frac{\partial}{\partial x_j}(N_mh_m+x_3)\right]-[C+\beta S_s]\frac{\partial}{\partial t}(N_mh_m)-Q\right\}N_n\mathrm{d}G=0 \tag{14.2-6}$$

应用格林第一公式，由上式可得

$$\iiint_G\sum_{i=1}^3\sum_{j=1}^3 k_{ij}\frac{\partial N_m}{\partial x_i}\frac{\partial}{\partial x_i}(N_mh_m)\mathrm{d}G+\iiint_G\sum_{i=1}^3\sum_{j=1}^3 k_{i3}\frac{\partial N_n}{\partial x_i}\mathrm{d}G$$

$$=\oiint_S N_n\sum_{i=1}^3\left[\sum_{i=1}^3 k_{ij}\frac{\partial}{\partial x_i}(N_mh_m)+k_{i3}\right]n_i\mathrm{d}S-\iiint_G[C+\beta S_s]N_n\frac{\partial}{\partial t}(N_mh_m)\mathrm{d}G-\iiint_G SN_n\mathrm{d}G \tag{14.2-7}$$

式中　S——计算域边界。

对于离散的整个计算域有

$$\sum_{e=1}^{NE}\left[\iiint_{G_e}\sum_{i=1}^3\sum_{j=1}^3 k_{ij}^e\frac{\partial N_n^e}{\partial x_j}(N_m^e h_m)\mathrm{d}G+\iiint_{G_e}[C^e+\beta S_s^e]N_m^e\frac{\partial}{\partial t}(N_m^e h_m)\mathrm{d}G\right]$$

$$=\sum_{e=1}^{NE}\left\{\oiint_{S_e}N_m^e\sum_{i=1}^3\left[\sum_{j=1}^3 k_{ij}^e\frac{\partial}{\partial x_j}(N_m^e h_m)+k_{i3}^e\right]n_i\mathrm{d}S-\iiint_{G_e}\sum_{i=3}^3 k_{i3}^e\frac{\partial N_n^e}{\partial x_j}\mathrm{d}G-\iiint_{G_e}SN_n^e\mathrm{d}G\right\} \tag{14.2-8}$$

式中带"e"的符号表示相应于单元的量。单元采用六面体八节点单元。单元支配方程为

$$[K]^e \{h\}^e + ([S]^e) \left\{ \frac{\partial h}{\partial t} \right\}^e = \{F\}^e \tag{14.2-9}$$

其中

$$K_{ab}^e = \int_{\Omega^e} (N_{a,i} K_{ij}^s N_{b,j}) \, d\Omega \tag{14.2-10}$$

$$S_{ab}^e = \int_{\Omega^e} [C + \beta S_s] N_a N_b \, d\Omega \tag{14.2-11}$$

$$F_{(a)}^e = -\int_{\Omega^e} (N_{a,j} K_{ij}^s Z_{,j}) \, d\Omega + \int_{\Gamma_2} q N_a \, d\Gamma \tag{14.2-12}$$

式（14.2-10）～式（14.2-12）中：a，$b=1\sim8$，i，$j=1\sim3$；N_a，N_b 为单元形函数。

将单元支配方程进行集成，即可得到整体的有限元支配方程：

$$[K]\{h\} + [S]\left\{ \frac{\partial h}{\partial t} \right\} = \{F\} \tag{14.2-13}$$

对时间采用隐式有限差分格式，即 $\dfrac{\partial h}{\partial t} = \dfrac{1}{\Delta t}[\{h\}_{t+\Delta t} - \{h\}_t]$，将其代入式（14.2-13）可得

$$\left([K] + \frac{1}{\Delta t}[S] \right) \{h\}_{t+\Delta t} = \{F\} + \frac{1}{\Delta t}[S]\{h\}_t \tag{14.2-14}$$

但是在实际工程的渗流场中，自由面的位置、逸出面的大小及实际渗流域的大小事先均是不知道的，是一个边界非线性问题，需通过式（14.2-15）的迭代计算才能求得渗流场的解。

$$[K]\{h\} + [S]\left\{ \frac{\partial h}{\partial t} \right\} = \{Q\} - \{Q_2\} + \{\Delta Q\} \tag{14.2-15}$$

式中　　$[K]$、$\{h\}$、$\{Q\}$——计算域 $\Omega = \Omega_1 \bigcup \Omega_2$ 的总传导矩阵、结点水头列阵和结点等效流量列阵；

$\{Q_2\}$——渗流虚域的结点等效流量列阵；

$\{\Delta Q\} = [K_2]\{h\}$——渗流虚域中虚单元和过渡单元所贡献的结点虚流量列阵。

14.2.4　虚单元及过渡单元的处理

为了消除虚单元和过渡单元的虚流量贡献，才有了式（14.2-15）右端 $\{Q_2\}$ 和 $\{\Delta Q\}$ 的结点虚流量单元项。实践表明，由于岩土体呈强非均匀性和渗透各向异性，渗流虚域 $\{Q_2\}$ 过大时会影响式（14.2-15）迭代求解的收敛性，此时在解题过程中应尽可能多地丢弃虚单元，但又要确保自由面处处都留有一点虚区，以保证式（14.2-4）中的水头条件时时得到满足。过渡单元只是一部分位于渗流虚域 $\{Q_2\}$ 内，在计算这些单元的传导矩阵时需进行修正，以达到消除单元虚区部分的结点虚流量贡献。目前最简单也最实用的办法是适当增加过渡单元在高度方向（$3x$ 方向）上的高斯积分点，在计算单元传

导矩阵时，当积分点的压力水头为负时不对该点进行积分，而将过渡单元作为实单元看待。

14.2.5 可能渗流逸出面的处理

对计算域 Ω，堤防下游面至下游水位均为渗流场的可能渗流逸出面，因为事先同样不知道渗流逸出面的具体位置，解题时，对式（14.2-5）表示的可能渗流逸出面的处理方法有两种：一种是先利用式（14.2-5）中的第二式将整个可能渗流逸出面视为已知水头的第一类边界条件，求得中间解后再算出逸出面上各个结点的渗流量，将流量大小符合式（14.2-5）中的第一式要求的结点在下一步的迭代求解中仍视为已知水头结点，对那些有入渗流量的结点，在下一步迭代求解时将它们划为位于渗流虚域中的结点，并将原先的第一类边界条件转为不透水的第二类流量边界条件或自然边界条件，以符合实际情况；另一种处理方法则相反，先是利用式（14.2-5）中的第一式流量边界条件，而第二式水头条件为后验条件，即先将整个可能的渗流逸出面视为不透水边界条件，根据中间解的结果，在进行下一次计算时将结点水头和大于等于位置水头的结点转化为已知水头边界点，直至逐步将位于渗流逸出面上的结点全部找到并转化为已知水头的点。这两种处理方法在理论上是严密的，没有任何人为的近似处理，完全满足了式（14.2-5）中两式的要求，是确保取得渗流场正确解的关键步骤之一。本书采用前一种方法确定渗流逸出面。

14.2.6 渗流量的计算

为了提高渗流量的计算精度，采用参考文献［6］所介绍的等效结点流量法，其算式为式（14.2-16），它避开了对渗流场水头函数有限单元法离散解的进一步微分运算，把通过某一过流断面 s 的渗流量 Q_s 直接表达成相关单元结点水头与单元传导矩阵传导系数的乘积的代数和，进而大大提高了渗流量的计算精度，解决了长期以来有限单元法中渗流量计算精度不高的问题。

$$Q_s = -\sum_{i=1}^{n}\sum_{e}\sum_{j=1}^{m} k_{ij}^e h_j^e \qquad (14.2-16)$$

式中　n——过流断面 s 上的总结点数；

$\sum_{e}$——计算域中位于水断面 s 一侧的那些环绕结点 i 的所有单元求和；

　m——单元结点数；

　k_{ij}^e——单元 e 的传导矩阵 $[k^e]$ 中第 i 行 j 列交叉点位置上的传导系数；

　h_j^e——单元 e 上第 j 个结点的总水头值。

14.2.7 排水子结构技术的改进

尽管坝体及坝基中排水孔的孔径尺寸很小，一般只有 10cm 左右，但因它们是渗流场域内的直接排水边界条件，且属事先须强迫性满足的第一类水头边界条件，它们对渗流场解的影响就显得特别大，对渗流场的控制起到主要作用，针对这一问题参考文献［4］提出了排水子结构的概念，用有限单元法中的子结构算法解决渗流场求解问题中的这个所谓的排水孔问题。其后参考文献［2］、［3］针对参考文献［4］在算法理论上存在的不足，进行了进一步深入的理论研究，提出改进排水子结构技术，终于在理论上严密地解决了这个极其重要的工程渗流场求解的问题。本次计算采用参考文献［2］、［3］提出的改进排水子结构技术，将结点虚流量法中的渗流实域、虚域、实单元、虚单元及过渡单元等概念引入排水子结构中去，而在其后渗流场的整体求解时又将子结构超单元技术纳入结点虚流量法中，最后也是在固定计算网格中求得问题的解。

14.2.8　排水孔渗流开关器

由于渗流场中的某些排水孔有时事先无法知道其设定的排水高程是否低于渗流自由面的高程，即事先无法确切地知道这些排水孔在渗流场中是处在排水状态，还是处在不排水状态，若解题时事先武断认为这些排水孔是处在排水工作状态或不排水工作状态，则有时会人为地给出非常错误的渗流场解来，尤其在这些排水孔的周围子域内渗流场的解是完全错误的，遗憾的是当前一些文献中仍然经常出现这种错误，误导了工程渗控方案的设计与施工。

针对这一问题，参考文献［9］提出了排水孔渗流开关器的概念，利用这一渗流开关器技术，在渗流场的求解过程中，事先在这些排水孔的自溢式排水顶端面逐一安置虚拟渗流开关器，且开关器事先可任意假定是处在"开"或"关"的状态，然后根据中间解再逐步逐个排水孔地进行识别，得出哪些是真正处于排水工作状态的，而哪些又是处于不排水状态的，确保了渗流场求解的正确性。

14.2.9　计算分析软件

本次计算采用的计算软件是中国水利水电科学研究院刘昌军开发的基于改进排水子结构方法模拟密集排水孔的稳定和非稳定饱和—非饱和渗流计算软件 GWSS（gound water simulation system）。

GWSS 软件可用于各种地下水渗流问题的模拟，该软件主要包括输入模块、计算模块和后处理模块 3 部分。该软件已应用在溪古水电站左岸泄洪洞、排沙洞三维渗流场计算分析，文登抽水蓄能电站枢纽三维渗流场计算分析和下阪地水电站大坝三维渗流计算分析等工程中，取得了较好的计算结果。

本软件采用作者自主开发的前处理程序，运用 Visual Fortran、Visual Basic 等较好的程序开发语言，针对地质工程和岩土工程、水工结构工程中的渗流计算难点进行了开发并且提供了网格的二次剖分技术，可用于模拟密集排水孔、排水孔幕和抽水井等各种排水措施的精细模拟，能够和 autocad、gid、ansys 等著名国际软件相结合，并提供相应的接口及友好的操作界面。

计算模块：整个计算模块包括三维饱和稳定、非稳定渗流的计算，三维饱和-非饱和稳定、非稳定渗流场的计算，降雨入渗下饱和-非饱和水气两相耦合渗流场的计算。

后处理模块：采用 Visual C++开发一套自己的后处理程序，可以显示空间任意剖面的水头线图、自由面图、流速及梯度图，并且针对某些具体工程开发了可以显示多个折面等水头线图的后处理技术，同时还可以处理有限差分计算结果。

14.3 计算模型概化

14.3.1 计算模型及计算边界

根据万家口子拱坝坝区地形地质情况和水文地质资料，本地区的地质条件比较复杂，存在较大的断层、节理带、裂隙带以及不整合面等集中渗流通道，本次对影响渗流场的主要渗流通道进行了详细模拟，其中包括不整合面和 F_1、F_5、F_6、F_7、F_8、F_9 断层等。

确定万家口子拱坝坝基坝肩稳定渗流场的计算范围及相应的边界条件应以不使工程区渗流状态失真并满足工程设计需要为原则。综合考虑计算区天然地下水位、水文地质资料、地形资料、帷幕延伸长度等，确定的三维渗流场计算边界为：横河向宽度 2500m，其中左岸部分宽 1467m，右岸部分宽 1033m；顺河向长 1350m，其中下游长 765m，上游长 585m。铅直向由坝基以下高程 950.00m 延伸至地表，该计算域左右坝基计算范围约为 15 倍坝高，坝轴线上游范围约为 4.78 倍坝高，下游范围约为 5 倍坝高，坝体建基面以下深度约为 2 倍坝高。

根据上述计算范围、地质资料及天然地下水分布，充分考虑断层、不整合面、帷幕、排水孔、裂隙及岩体渗透分区等建立了三维地质模型，如图 14.3 - 1 所示。

根据上述地质模型，三维有限元渗流场计算的边界条件可简化为：

（1）上游横河向边界面取为隔水边界。由于两岸山体天然地下水高于水库正常蓄水水位，根据天然泉水和钻孔观测水位，确定左岸边界最高水位为 1850.00m，右岸边界水位 1650.00m。

（2）上游库水位内边界为定水头边界，大小为正常蓄水位 1450.00m，库水位以上为可能逸出边界；下游河床部分水位取为河床水位 1300.00m，河水位以上部分为可能逸出边界；底面边界取为隔水边界。

（3）坝体下游水面以上山体表面边界认为是逸出面边界，但由于逸出点位置随地下水水位和蓄水位不同而不断变化，因此定为未知边界，节点水头通过计算迭代求出。

14.3.2 有限元网格的划分

坝基、山体、帷幕及排水孔全部采用六面体单元，其中排水孔采用六面体单元来模拟，每个单元的边长等于排水孔设计周长的 1/4，约为 0.085m。1285.00m 高程以下排水孔为定水头边界，其余高程排水孔单元 4 个面采用可能逸出边界来模拟。稳定渗流场计算模型共剖分单元 25765 个，节点 29151 个。剖分子结构后总单元为 42913 个，节点数为 52339 个。坝基渗流场计算模型及有限元三维网格如图 14.3 - 1 所示。排水孔三维网格分布如图 14.3 - 2 所示，局部子结构网格图如图 14.3 - 3 所示。不整合面空间分布如图 14.3 - 4 所示。

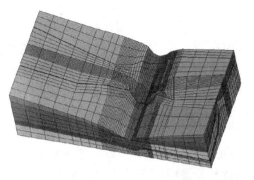

图 14.3-1 坝基渗流场计算模型及有限元三维网格

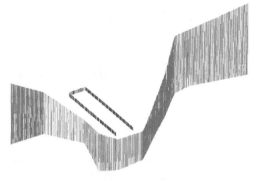

图 14.3-2 排水孔三维网格分布图

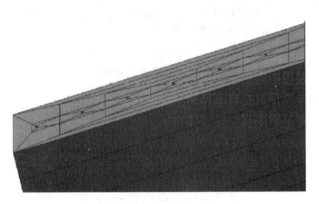

图 14.3-3 排水孔剖分放大图

图 14.3-4 不整合面三维网格详图

14.3.3 计算参数的选取

根据岩层的分层、岩体风化程度、岩体渗流特性、防渗帷幕和排水孔的位置、不整合面、断层及裂隙带，将渗流场计算域的材料划分为 7 个参数区，除帷幕灌浆、不整合面、裂隙带在各个工况取不同参数外，其他各岩体的透水率均取为地质图中压水试验透水率的最大值。各种材料均假定为各向同性材料，其渗透系数（鉴于表达习惯，以下对岩体的透水率和渗透系数不做严格的区分）见表 14.3-1。

表 14.3-1   材 料 渗 透 系 数 表

材料区号	透水率/Lu		达西渗透系数/(m/d)
岩体渗透性分区	$q<1$	1	0.007
	$1<q<3$	3	0.022
断层	200		1.3
强风化带	100		0.65
弱风化带	50		0.35
帷幕	3		0.022
不整合面	200		1.3

14.3.4 计算工况说明

按照设计要求，万家口子拱坝渗控设计帷幕深至 1Lu 线，在高程 1393.00m 以下打两排帷幕，后排帷幕深度为前排的 1/2，在帷幕后 3m 处布置一排排水孔，排水孔孔距为 3m。为了查清坝基渗流场的特性和帷幕排水孔的防渗排水效果并给出渗控措施的优化设计方案，本次计算考虑了 12 个计算工况。在工况 1、工况 2 中，重点考察帷幕渗透系数分别为 3Lu 和 1Lu 时对坝基渗流特性的影响；工况 3 主要考察水垫塘四周增加一排排水孔后对渗流场特性的影响；工况 4 和工况 5 主要是考察不整合面渗透敏感性对渗流场影响；工况 6 主要考虑两岸帷幕延长对整个渗流场特性的影响；工况 7、工况 8、工况 9 主要研究排水孔失效分别为 20%、50%、100% 的情况下坝基渗流场特性的改变；工况 10 分析在左右坝肩下游侧抗力体内布置四排排水洞和排水孔幕时的渗流场；工况 11 分析去掉下游侧靠近坝体第一排和第二排排水洞、排水孔幕时的渗流场分布；工况 12 分析去掉下游侧靠近坝体第一排和第三排排水洞和排水孔幕时的渗流场分布。以上所有工况均采用上游计算水位为 1450.00m，下游河水位为 1300.00m，各计算工况详见表 14.3 - 2。

表 14.3 - 2　　　　　　　　　　　坝基渗流场分析的全部工况

工况序号	帷幕渗透系数/Lu	岩体参数	帷幕厚度/m	帷幕深度/Lu	上游水位/m	帷幕长度
1	3	表 14.3 - 1	2	1 线	1450	设计
2	1	同 1	同 1	同 1	同 1	设计
3	同 1	同 1	同 1	同 1	同 1	水电塘无排水孔
4	同 1	不整合面参数取 50Lu	同 1	同 1	同 1	设计
5	同 1	不整合面参数取 100Lu	同 1	同 1	同 1	设计
6	同 1	同 1	同 1	同 1	同 1	两坝肩帷幕向两岸山体延长
7	同 1	同 1	同 1	同 1	同 1	排水 20% 失效
8	同 1	同 1	同 1	同 1	同 1	排水 50% 失效
9	同 1	同 1	同 1	同 1	同 1	排水失效
10	同 1	同 1	同 1	同 1	同 1	坝后岩体布置排水洞和排水孔（设计方案）
11	同 1	同 1	同 1	同 1	同 1	去掉下游侧靠近坝体第一排和第二排排水洞和排水孔幕，其他同设计方案
12	同 1	同 1	同 1	同 1	同 1	去掉下游侧靠近坝体一排和第三排排水洞和排水孔，其他同设计方案

14.4　计算结果分析

为了清楚地反映渗流计算成果，给出了如图 14.4 - 1 中所示 7 个剖面的渗流等水头线和高程 1270.00m、1286.00m 和 1340.00m 的 3 个高程面水头平切等值线图。各工况计算区的总渗流量及左岸、右岸绕坝渗流的渗流量见表 14.4 - 1。

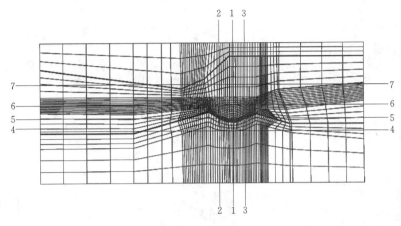

图 14.4-1　各水头等值线剖面位置示意图

表 14.4-1　　　　　　　　　　　　　各工况渗流量统计表

工况	沿坝轴线剖面总流量 /(m³/d)	左岸绕坝流量 /(m³/d)	右岸绕坝流量 /(m³/d)	通过防渗帷幕流量 /(m³/d)
1	37411.2	1942.08	1753.92	31017.6
2	26500.61	31304.67	1870.074	19218.75
3	37297.15	4942.08	1753.92	30774.32
4	34732.8	3758.4	1529.28	29376
5	35683.2	3507.84	1624.32	30067.2
6	52790.4	16675.2	1304.64	34060
7	37324.8	4553.28	1745.28	31017.6
8	37238.4	4544.64	1728	30931.2
9	16675.2	3620.16	1313.28	11923.2
10	35251.2	2911.68	3628.8	30931.2

14.4.1　工况 1、工况 2 计算结果分析

图 14.4-2 为计算区域地下水位等值线图；图 14.4-3～图 14.4-6 分别为工况 1 各剖面水头等值线图，图 14.4-7 为工况 1 高程 1286.00m 平面水头等值线分布图，其余各剖面计算结果见附图 1（注：其中附图如图"1.1"前一个 1 表示工况，以下均同）。

从图 14.4-2～图 14.4-7 中可以看出，由于帷幕的截水和排水孔的排水降压作用，大坝建基面附近的渗透能量 [上下游水位差 1450.00－1320.00＝130.00（m）] 几乎全部集中消耗在防渗帷幕上，帷幕起到了很好的防渗作用，这对于防止坝基岩体发生渗透变形破坏很重要，渗透力集中作用在帷幕上，而底部绕过帷幕底端的水流其能量就相对较均匀地损耗于坝基下方的深层岩体中。值得强调指出的是（图 14.4-7），坝建基面区域渗透水头等值线分布主要集中在防渗帷幕体上的现象是因为在帷幕后有排水孔的存在，排水孔的排水作用使得防渗帷幕的下游排水能力远大于帷幕上游面的入渗能力，从而使得位于防渗帷幕下游的排水孔附近区，甚至直至防渗帷幕的下游面处，岩体中的渗透水流得到了

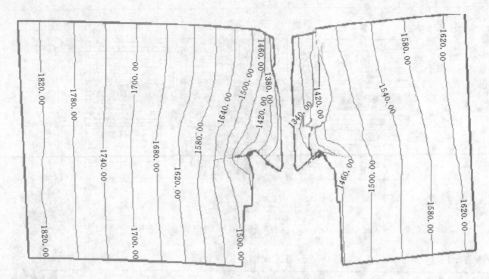

图 14.4 - 2　工况 1 浸润面三维视图

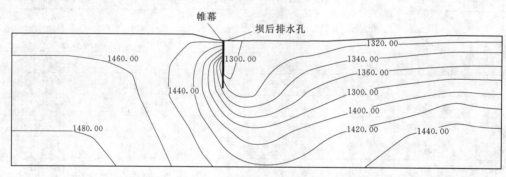

图 14.4 - 3　1—1 剖面顺河向沿中心线剖面（工况 1）

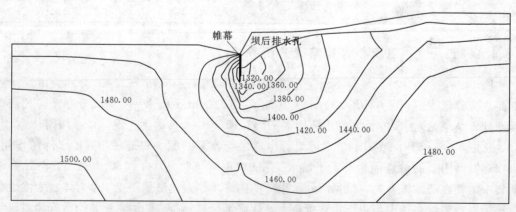

图 14.4 - 4　2—2 剖面水头等值线图（工况 1）

较充分的导排，渗透比降很小，几乎为 0，大大降低了岩体发生渗透变形的可能性。从表 14.4 - 1 可以看出，整个计算区通过帷幕轴线剖面总流量为 37411.2m³/d，约占水库年平均径流量 73.8m³/s 的 5.87‰，左岸绕坝流量为 4942.08m³/d，右岸绕坝流量为

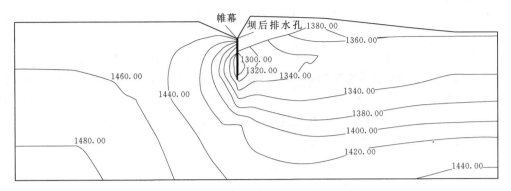

图 14.4 - 5 3—3 剖面水头等值线图（工况 1）

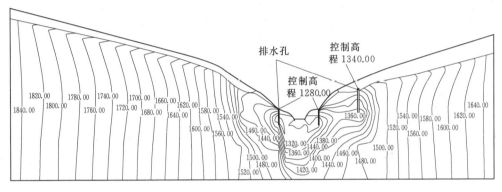

图 14.4 - 6 5—5 剖面水头等值线图（工况 1）

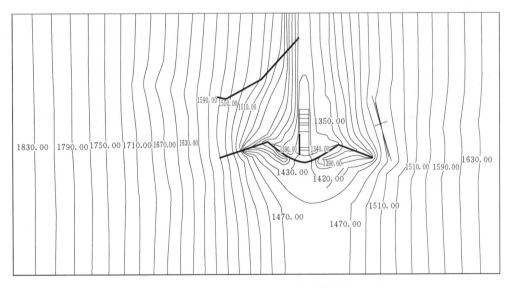

图 14.4 - 7 高程 1286.00m 平面水头等值线图（工况 1）

$4984.4m^3/d$；通过防渗帷幕渗透流量为 $31017.6m^3/d$，约占 83%。可以看出，排水孔和帷幕都起到了相当好的防渗作用；整个坝基渗流主要是通过大的渗流通道进行的，其中主要是不整合面、F_1 和 F_6 断层，对于 J11 裂隙带由于发育深度只有 60 多米，对渗流场影响较小。可以看出，整个计算区渗流基本上是通过大的导水通道进行的，完整岩体的渗流量很小。

从图 14.4-7 和表 14.4-2 可以看出，坝基建基面上防渗帷幕最大水力比降达到 37.6，主要发生在建基面帷幕附近，不整合面上最大水力比降为 6.7，断层 F_1、F_6 处的最大水力比降分别为 1.97 和 1.06，排水孔周围最大水力比降为 16.6，关键部位最大渗透比降详见表 14.4-2，本次计算关键部位值均大于拱坝的设计要求。帷幕起到了很好的防渗效果，坝基关键部位渗透变形符合设计要求，不会发生渗透破坏。

表 14.4-2   工况 1 关键部位最大渗透比降

位 置	x/m	y/m	z/m	最大渗透比降
坝基防渗帷幕	4422.146	6032.676	12553425	37.6
不整合面	1358.438	6040.378	1288.066	6.7
排水孔	1679.481	6082.036	1341.825	16.6
F_1	4306.125	6595.802	1415.999	1.97
F_6	4834.666	6071.477	1547.074	1.06
左岸防渗帷幕	4191.113	6121.411	1347.801	18.7
右岸防渗帷幕	4649.372	6088.9	1335.257	17.95

从图 14.4-3 和图 14.4-7 中可以看出，坝基面帷幕后水头为 1320m，上下游水位差为 130m，算出帷幕水头折减系数为 0.14，满足拱坝设计规范要求 $\alpha = 0.25$。在坝基防渗帷幕和排水孔共同作用下，坝体建基面上的扬压力受到了很好的控制，扬压力远小于设计允许值。

图 14.4-8～图 14.4-11 给出了工况 2 部分剖面水头等值线，即帷幕渗透系数为 1Lu 情况下部分剖面处的水头等值线图，其余剖面计算结果见附图 2。

从工况 2 计算结果可以看出（图 14.4-8～图 14.4-10），帷幕渗透系数为 1Lu 时，建基面上帷幕上下游水头损失为 140m，约占上下游水位差的 93%，而工况 1 即帷幕渗透系数为 3Lu 时，建基面上帷幕上下游水头损失为 130m，约占上下游水位差的 87%；从表 5.1 可以看出，渗透系数为 3Lu 时的渗流量为 37411.2m³/d，帷幕渗透系数 1Lu 时，整个计算区渗流量为 26500.61m³/d，因此帷幕渗透系数为 1Lu 时帷幕防渗效果明显要好于 3Lu。因此建议在条件允许的情况下，尽量做到帷幕渗透系数为 1Lu。

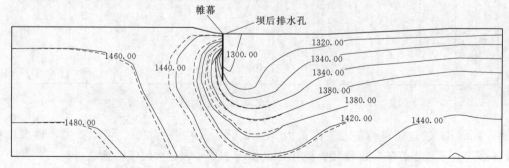

图 14.4-8 1—1 剖面水头等值线图（其中虚线为工况 1；实线为工况 2）

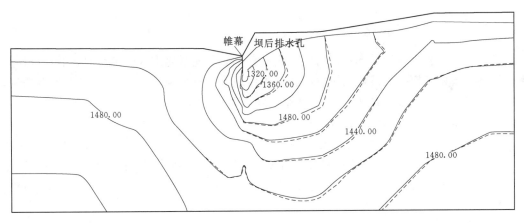

图 14.4-9　2—2 剖面水头等值线图（其中虚线为工况 1；实线为工况 2）

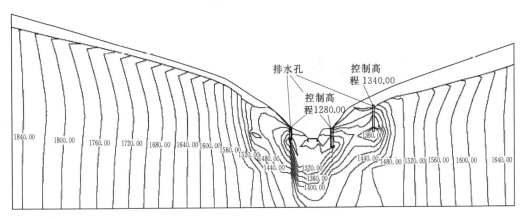

图 14.4-10　5—5 剖面水头等值线图（工况 2）

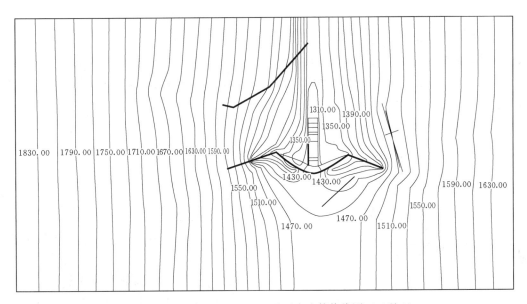

图 14.4-11　高程 1286.00m 平面水头等值线图（工况 2）

14.4.2 考虑右岸岩溶区

　　勘察显示工程区右岸局部地区岩溶较为发育，为研究强岩溶区对工程的影响，特计算本工况。由于精确模拟岩溶槽的位置和特点难度较大，而且在工程计算领域也尚无先例，所以本工况仍然采用简化的方法，近似模拟岩溶区对工程的影响，即在设计工况的基础上，放大右岸局部地区的渗透系数。

　　本工况考虑将右岸岩溶区（图 14.4-12）渗透系数放大 1000 倍，即渗透系数取 5000Lu，此时 5—5 剖面（该剖面正好穿过模拟岩溶区）的渗流场如图 14.4-12 所示，图中紫色线为不考虑岩溶区时（工况 1）的浸润线。本工况与设计工况（工况 1）的渗漏量对比见表 14.4-3。

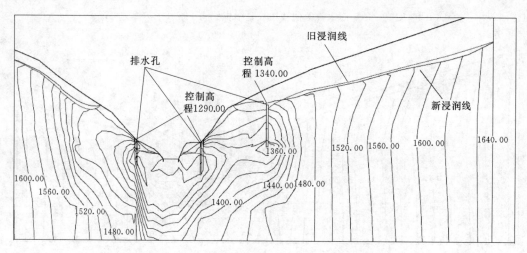

图 14.4-12　考虑岩溶区时 5—5 剖面渗流场

　　从计算结果可以看出：

　　（1）由于右岸地下水位较高，加上库水位的顶托，即使将右岸局部区域（模拟岩溶区）渗透系数放大 1000 倍，即考虑为 5000Lu，右岸地下水位变化仍然不明显。

　　（2）由于右岸模拟岩溶区渗透系数放大，使得右岸绕坝渗流和通过帷幕的流量均有所增加，说明岩溶对工程区的影响主要是增大渗漏量。

表 14.4-3　　　　　　　　　　本工况与设计工况渗漏量对比　　　　　　　　　　单位：m^3/d

工　况	沿坝轴线剖面总流量	左岸绕坝流量	右岸绕坝流量	通过防渗帷幕流量
设计工况	37411.2	4942.08	17514.92	31017.6
本工况	43476.5	4397.76	2013.12	37065.6

14.4.3　右岸帷幕延长

　　本工况考虑将右坝肩帷幕延伸到右岸断层附近，此时 5—5 剖面的渗流场如图 14.4-13 所示，各部位渗漏量与上一工况（仅考虑右岸岩溶区）的对比见表 14.4-4。从计算结果可以看出：①尽管帷幕延长到右岸断层附近，但区域内地下水位的变化并不明显，说明防渗帷幕并不能显著降低地下水位；②从渗漏量对比可知，右岸防渗帷幕延长后，右岸绕坝和通过防渗帷幕的渗漏量均减小，说明防渗帷幕对减少绕坝渗流有一定效果。

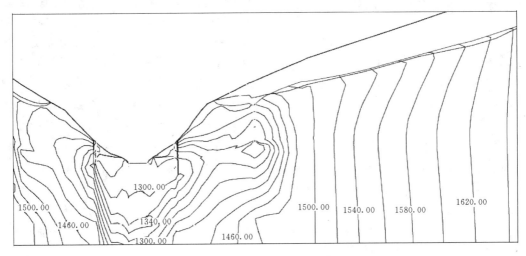

图 14.4 - 13　帷幕延长时 5—5 剖面渗流场

表 14.4 - 4　　防渗帷幕延伸前后渗漏量对比　　　　单位：m³/d

工况	沿坝轴线剖面总流量	左岸绕坝流量	右岸绕坝流量	通过防渗帷幕流量
设计工况	43476.5	6410.88	2013.12	37065.6
本工况	40348.8	4397.76	1296	34560

结论与建议：

通过计算右岸存在岩溶区及帷幕延长时的渗流场，可以发现：①右岸岩溶区的存在对该区域的地下水位影响不明显，当防渗帷幕穿过该区域抵达右岸断层时，该区域地下水位变动仍不明显；②通过渗漏量对比可以发现，右岸岩溶区的存在可使右岸绕坝渗漏量增加，当防渗帷幕延伸到右岸断层时，右岸绕坝渗流显著减少，但通过帷幕的渗漏量较设计工况仍增加 10% 左右。

根据计算结果，建议设计单位注意以下问题：

（1）加强右岸岩溶区的勘察，为安全起见，有条件时应将防渗帷幕延伸至右岸断层附近（较设计工况延长约 100m）。尽管防渗帷幕的延伸对地下水位和渗漏量的影响均不显著，但考虑到计算模型本身存在简化，同时，根据勘探结果，右岸本为强岩溶区，为防止集中渗漏通道的存在，因而，建议设计单位加强右岸的勘察，为安全起见，有条件时应将防渗帷幕延伸至右岸断层附近。

（2）如果条件允许，应将右岸防渗帷幕延伸至 1Lu 线。由于右岸为强岩溶区，如果防渗帷幕不能延伸至 1Lu 线，其效果很可能等同于堤防工程中的"悬挂式防渗墙"，这种结构起不到显著的防渗效果，因此，如果条件允许，可考虑将右岸防渗帷幕延伸至 1Lu 线。

14.5 结论与建议

14.5.1 结论

（1）根据各方案的计算结果，分析了万家口子拱坝坝基渗流场分布及渗流场特性，了解了防渗帷幕和排水孔的排水降压作用，得到了岩体各渗流通道的渗流量和各个部位渗透比降。坝基渗流场的水头分布和建基面上的扬压力主要受坝基排水孔和防渗帷幕控制，因此确保坝基排水孔的排水畅通和防渗帷幕的截水效果对坝基渗流控制和坝体稳定是至关重要的。

（2）因坝基岩体的透水能力较小，坝基防渗帷幕在其后排水孔的排水降压作用下，能够起到很好的防渗作用，在帷幕区，大坝上下游水位差的总渗透能量将会主要集中消耗在帷幕体范围的岩体中，大大地降低了排水孔区甚至是整个坝体建基面区岩体中的渗透水力比降，从而降低了坝基岩体发生渗透变形的可能性。其渗控机理是：位于防渗帷幕后的排水孔的排水作用使得帷幕后岩体中的渗透压力几乎得到了完全的消散，帷幕上下游面的渗透水头差就几乎完全作用在帷幕体上。

（3）岩体中的防渗帷幕与排水孔的渗控作用是相辅相成的，排水孔的排水降压作用是渗流场中改变或控制水头分布的最有效和最关键的工程措施，当防渗帷幕后有了排水孔的存在时，帷幕的集中防渗现象就显得特别突出，排水孔确保防渗帷幕的高效防渗作用。防渗帷幕的存在，能彻底解决排水孔区渗透水力梯度过大的问题，对稳定岩体的渗流特性，防止发生渗透变形破坏能起到关键性的作用。

（4）从帷幕向左右两岸延长工况计算结果可以看出，帷幕从坝肩向左右两岸分别延伸 365m 和 100m，深度到 1Lu 线，厚度 2m 是可以满足渗控设计要求的，由于帷幕延伸越远岩体越好，且帷幕延长后主要影响两岸地下水渗流场分布，对整个坝基渗流特性影响就越小，可以考虑适当将帷幕缩短。根据计算结果可知，现有帷幕满足渗控设计要求，可考虑不采用帷幕延长方案。为确保坝肩稳定，需通过坝肩稳定性分析，进一步确定帷幕长短对坝肩和坝基稳定的影响。

（5）通过对不整合面敏感性的分析可以看出，不整合面的渗透系数对坝基渗流特性影响是相当大的。在不整合面渗透系数取 50Lu、100Lu 和 200Lu 时，整个渗流场的渗流特性发生了改变，通过整个坝基总的渗流量分别为 $34733m^3/d$、$35683m^3/d$ 和 $37411m^3/d$。由此可看出不整合面渗透系数分别扩大 2 倍和 4 倍时，坝基总渗流量分别增大了 2.7% 和 7.7%。工况 4 不整合面最大水力比降为 6.2，工况 1 不整合面的最大渗透比降为 6.7，在不整合面和断层内水力梯度比较大，相应的渗流速度也比较大。因此坝基渗流主要是通过这些渗流通道进行的。从上述比较可以看出，不整合面是主要的渗流通道，对坝基渗流场特性有较大的影响。

（6）在坝下游侧水垫塘四周设置一排排水孔后，水垫塘底部水压力降低了约 25m，确保了水垫塘底板的抗渗透变形和抗渗透破坏。

（7）在左右坝肩下游侧布置排水洞和排水孔，左右坝肩下游侧水头分别降低了约

50m 和 80m，排水洞和排水孔起到了很好的排水降压作用。

（8）从排水孔失效 20％、50％和 100％计算结果可知，排水孔失效 20％和 50％时，对整个计算区渗流场影响不大，通过坝轴线渗流量也变化不大。但排水孔完全失效时，对渗流场影响较大。

（9）从下游侧排水洞和排水孔的两个优化方案计算结果可知：坝体下游侧去掉排水洞前地下水位左右岸都约为 1340.00m，而去掉第一排、第二排排水洞和排水孔后，坝下游侧左右岸地下水位也约为 1340.00m。排水洞去掉前后渗漏场等值线变化不大，地下水位也没有显著变化，主要原因是左右两岸的顺河向排水洞和排水孔及最下游侧的一排（即第四排）排水洞和排水孔起到了主要排水作用，而第一排到第三排排水孔几乎起不到排水作用。从计算结果来看，两种优化方案都满足设计要求。考虑到降雨入渗时的排水需求及施工方便，建议采用去掉第一排、第三排排水洞和排水孔的设计方案。

14.5.2　建议

（1）因坝基岩体内存在着断层、裂隙带和不整合面等大的导水通道，坝基渗流主要是通过大的导水通道进行的，因此也造成了这些部位存在着较大的渗透比降。如工况 1 所计算得出的不整合面上最大水力梯度为 6.7，断层 F_1、F_6 处的最大水力梯度分别为 1.97 和 1.06。建议对这些地方做进一步论证，看是否会发生渗透变形和渗透破坏。

（2）坝基渗流控制设计方案可以满足规范和设计要求，如坝后河床水垫塘砼底板不设置排水孔，水垫塘底板降承受较大的水头压力，不满足抗浮稳定要求，因此可考虑在水垫塘四周增设排水孔，沿四周布置一排孔距 3m、孔深 8m 的排水孔幕。

（3）由于左右坝肩下游侧地下水位较高，影响坝肩稳定性，建议在左右坝肩下游侧设计排水洞和排水孔进行排水，确保左右坝肩岩体稳定性。

（4）由于排水孔完全失效 50％时，对渗流场影响不大，在满足规范和设计要求情况下，可适当增大排水孔间距。但也应当防止排水孔施工质量不好，造成排水孔排水局部和整体不排水的情况发生。

（5）帷幕渗透系数为 1Lu 的渗控效果也远好于帷幕渗透系数为 3Lu 时的渗控效果，因此建议施工时，确保帷幕施工质量，尽可能使帷幕渗透系数达到 1Lu，且帷幕深度穿过不整合面深到 1lu 岩体内，或对左右坝基下不整合面进行灌浆处理。

（6）对下游侧两岸布置排水洞和排水孔设计方案看，垂直河向四排排水洞和排水孔排水作用较小，可考虑适当减少排水洞和排水孔布置，根据计算结果，建议采用去掉第一排、第三排排水洞和排水孔的设计方案。

（7）对于优选去掉下游侧抗力体内第一排、第三排排水洞和排水孔的方案，考虑到降雨入渗对抗力体稳定性的影响，建议采用以下辅助措施以降低降雨时抗力体内的地下水位：①做好抗力体地表的排水和防渗措施，尽量减少雨水在地表的停留时间，可考虑在坡度较缓的位置，采用砂浆等处理，并设置排水沟；②适当延长排水洞内排水孔的长度，建议将顶层排水洞中排水孔打至强透水层；③保证下游顺河向两排排水洞及排水孔的施工质量，这两排排水洞及排水孔对控制抗力体内地下水位起到至关重要的作用，必须高度重视。

参 考 文 献

[1] 朱伯芳，高季章，等. 拱坝设计与研究 [M]. 北京：中国水利水电出版社，2002.

[2] 朱岳明，等. 用改进排水子结构法求解地下厂房洞室群围岩区的复杂渗流场 [J]. 水利学报，1996（9）.

[3] 朱岳明，等. 渗流场求解的改进排水子结构法 [J]. 岩土工程学报，1997（3）.

[4] 王镭，等. 有排水孔幕的渗流场分析 [J]. 水利学报，1992（4）.

[5] 耿克勤. 复杂岩基的渗流、力学及其耦合分析研究以及工程应用 [D]. 北京：清华大学，1994.

[6] 朱岳明. Darcy 渗流量计算的等效结点流量法 [J]. 河海大学学报. 1997（4）.

[7] 朱岳明. 裂隙岩体渗流研究述评 [J]. 水利水电科技进展. 1991（1）.

[8] P. A. Hsieh, S. P. Neuman: Field determination of the three - dimensional hydraulic conductivity tensor of anisotropic media [J]. Water Resources Research，1985.

[9] 朱岳明，等. 右江百色水利枢纽招标设计专题报告——地下厂房厂区渗流场计算分析 [R]. 河海大学高坝及地下结构工程研究所，1999.

[10] 朱岳明，等. 光照重力坝坝体和坝基渗流与排水对大坝安全性影响研究 [R]. 河海大学高坝及地下结构工程研究所，1998.

[11] 朱岳明，等. 长江三峡工程 2 号和 5 号永久船闸高边坡三维饱和-非饱和渗流场分析及闸室混凝土衬砌墙外水荷载分析 [R]. 河海大学高坝及地下结构工程研究所，2000.

[13] 朱岳明，陈建余，龚道勇. 拱坝坝基三维整体渗流场的精细求解 [C]. 南京全国拱坝新技术研讨会论文集. 河海大学，2001.

[14] 朱岳明，孙燎军，吴小音. 裂隙岩体渗透系数张量的反演分析 [J]. 岩石力学与工程学报，1997，16（5）：461-470.

[15] 朱岳明，等. 百色地下厂房渗流场特性及围岩稳定性计算分析 [R]. 河海大学水工结构工程学部. 2002.

[16] 丁留谦，郭军，袁小勇，等. 堤防除险加固技术进展 [J]. 中国水利，2000，2：26-28.

[17] 丁留谦，孙东亚. 堤防工程中几个关键研究课题 [J]. 水利发展研究，2002，2（12）：59-62.

[18] 朱岳明，刘昌军，等. 碾压混凝土坝防渗与排水渗控设计方法 [J] 贵州水力发电，2005，19（3）：5-10.

附　　图

附录 A

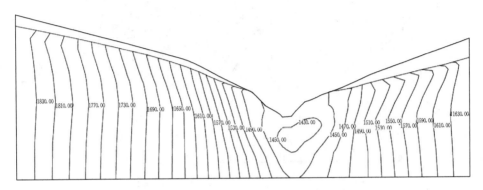

图 A.1　4—4 剖面水头等值线图（工况 1）

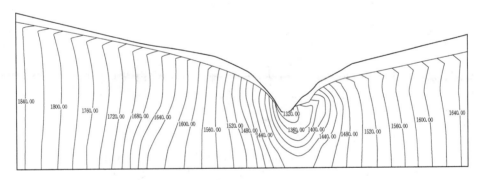

图 A.2　7—7 剖面水头等值线图（工况 1）

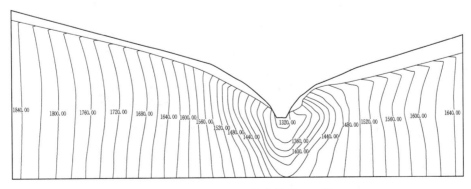

图 A.3　6—6 剖面水头等值线图（工况 1）

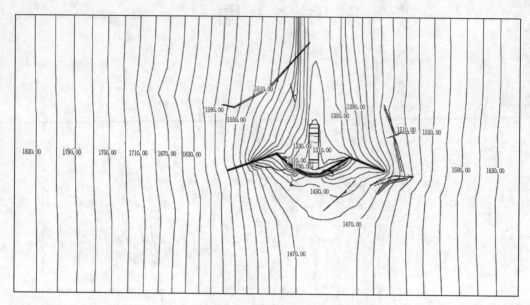

图 A.4　高程 1270m 平面水头等值线图（工况 1）

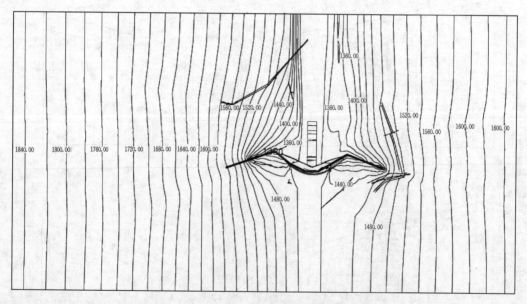

图 A.5　高程 1340m 平面水头等值线图（工况 1）

附录 B

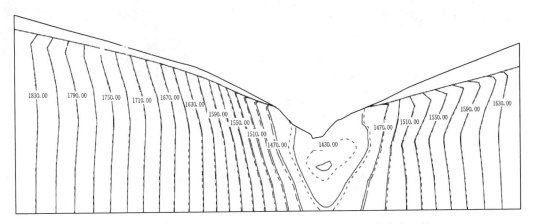

图 B.1 4－4 剖面水头等值线图（其中虚线为工况 1；实线为工况 2）